国家出版基金资助项目

中外数学史研究丛书

U0393294

数理统计学简史

Concise History of Statistics

· 陈希孺 著

哈尔滨工业大学出版社

HARBIN INSTITUTE OF TECHNOLOGY PRESS

内 容 简 介

本书论述了自 17 世纪以来的数理统计学发展的简要历史,内容包括概率基本概念的起源和发展,棣莫弗的二项概率正态逼近,贝叶斯关于统计推断的思想,最小二乘法,误差分布,社会统计学家对数理统计方法的主要贡献,高尔顿引进相关回归及皮尔逊将其完善的过程,戈塞特等人对小样本理论的贡献,皮尔逊等人发展假设检验这一分支的过程等.

本书可供具备初等概率统计知识的读者阅读.

图书在版编目(CIP)数据

数理统计学简史/陈希孺著.—哈尔滨:
哈尔滨工业大学出版社,2021.3(2023.5 重印)
(中外数学史研究丛书)
ISBN 978－7－5603－8306－4

Ⅰ.①数… Ⅱ.①陈… Ⅲ.①数理统计－数学史
Ⅳ.①O212－09

中国版本图书馆 CIP 数据核字(2019)第 113568 号

策划编辑　刘培杰　张永芹
责任编辑　刘立娟
封面设计　孙茵艾
出版发行　哈尔滨工业大学出版社
社　　址　哈尔滨市南岗区复华四道街 10 号　邮编 150006
传　　真　0451－86414749
网　　址　http://hitpress.hit.edu.cn
印　　刷　哈尔滨市颉升高印刷有限公司
开　　本　720 mm×1 020 mm　1/16　印张 14.5　字数 292 千字
版　　次　2021 年 3 月第 1 版　2023 年 5 月第 3 次印刷
书　　号　ISBN 978－7－5603－8306－4
定　　价　58.00 元

本书概述了自 17 世纪中叶以来数理统计学发展的历史.设定的读者对象有两类:一是本专业学生、研究生、青年教师和科研人员,二是对这门学科有兴趣的广大读者.阅读本书只要求有一点初步的概率统计知识即可.

对前一类读者,若开设"数理统计学史"这门课程,本书可备选作为教材或参考书.现今本专业开设统计史课程的尚不多,因为在这类课程的教材和课堂讲授中,着重的是本学科的现状.本书可作为基础课程的一种补充读物.由于篇幅和时间的关系,对学科中一些重要的成果的思想源头,对其如何从起初比较粗糙的形态发展成现今比较完善的形式,其中所涉及的人、事、著作及其对本学科发展史上的作用和影响,讲得不多.我们觉得,对这方面能有一个基本的了解,是本专业学生知识结构中应有的一部分.

对一般的读者,我们重视的是"统计思想"的养成.笔者认为,统计学不只是一种方法或技术,还含有世界观的成分——它是看待世界上万事万物的一种方法.我们常讲某事从统计观点看如何如何,指的就是这个意思.但统计思想也有一个发展过程.因此,统计思想(或观点)的养成,不单需要学习一些具体的知识,还要能够从发展的角度,把这些知识连缀成一个有机的、清晰的图景,获得一种历史的厚重感.

因此,作者在写作中,力图避免把书写成一个流水账式的记录,而把注意力集中在一些有深远影响的大事、思想源头、重要发展之间的关系,重要人物的思想和贡献,并尽可能表现出不同时期本学科的主要特征及其差异之所在.当然,以作者的学力,要完善地达到这一目标是不可能的,只能尽力而为,留待广大读者和同行专家来评判.

　　关于书的内容,在"导言"中有比较详细的交代.趁写这篇导言的机会,作者也表述了自己对数理统计学这门学科的性质的一些看法,其中有的与作者以往其他著作中所写的略有不同.对这些问题,专业同行中恐尚无一致的意见,希望能引起同行们对这个问题深入的思考和争鸣.

　　写作中一件重头事务是参考资料的收集,没有众多的同行友好的大力协助,此事无法完成.本书的写作得到了中国台湾"中研院"统计学所梁文骐教授,杭州大学林正炎教授,中国科技大学赵林城教授,华东师范大学王静龙教授,中科院系统科学所项可风教授,加拿大约克大学吴月华博士,东南大学韦博成教授及朱仲义同志等的帮助,谨借此机会对他们表示衷心的感谢.

陈希孺

写 这篇导言的目的,主要是对本书的内容做一个粗线条的、但比较全面的介绍.不太严谨地说,可以把读一本书比之于游览一座公园或一处名胜古迹.游客可能希望在入门之前,能有熟悉情况的人做一个总的介绍,特别是提醒他哪些是要紧之处,以便游览时心中有底.希望这里所写的能对读者起一点这种"导游"的作用.

这本书是写"数理统计学"的历史,因此,对这门学科的内涵,也需要说明一下.本来,这个问题在其他著作中已多有涉及,读者都是对数理统计学有所了解的人,似不必在此再浪费笔墨.但以笔者个人的观点看,有些地方容或还有可商榷之处或要点强调不够、不当之处,也存在着对这门学科的某些误解,因此有必要把笔者的观点清楚地表达出来.当然,这只是个人的一种看法.

按《不列颠百科全书》的说法,(数理)统计学是"收集和分析数据的科学与艺术".当然,数理统计学是"硬"科学,不是通常意义下的艺术(art).这里强调它的艺术性,是为着重说明统计方法需要灵活使用,很依赖于人的判断甚至灵感.强调这一点很有好处,它提醒人们不能以教条式的态度来看待数理统计方法,以为只要记住一些公式和方法,碰到什么问题套上去就行.

导

言

1

《不列颠百科全书》上说的是"statistics"（统计学），并未标出 mathematical 一词．这是因为在此名词的使用上我们和西方不同．西方的 statistics，我们这里叫 mathematical statistics．加上 mathematical 这个词，以与在我们这里存在的被视为一门社会科学的统计学加以区别．在西方，也有 mathematical statistics 的提法，那是特指统计方法的概率——数学理论基础那一部分，可以视为一种纯粹数学．在本书中为简化叙述，常将"数理"二字省去，这当不致引起误解．

在"收集和分析数据"前应加上"用有效的方法"几个字．这"有效"包含两个含义：人力、物力、时间的节省，以及使收集来的数据包含尽可能多的信息，并有一种便于分析的结构．分析方法的有效性包含精度的提高与可靠度的增加等方面．统计学中制定的种种优良性标准及寻找达到这种标准的解法，都是出于这个目的．可以说，这"有效"二字反映了数理统计学作为一门科学的实质所在．

收集和分析的数据是要带随机性的，即可以通过某种概率分布规律来描述．这是统计学与其他处理数据的学科（如数值分析）相区别的特征．也有人主张统计学是处理随机和非随机数据的学科，对此笔者不敢苟同．这并不意味着不能把统计学中的一些方法和概念移用于非随机的数据．例如你每日记家用账，到岁末你把逐日的费用一天不漏地加起来，再算出日平均开销．这也是一个统计指标．但这里没有统计学的问题，因为数据反映了全面情况，不需要进行包含不确定性的统计推断．坚持这一条使数理统计学有一个明确的研究对象．

收集和分析数据的目的是解决特定的问题，因此必须要做出一定的结论，以至为采取某种行动提供依据和建议．"分析"一词广义地说也可以认为包含这一层意思．但需要明确的是，数理统计学只是从数量表现的层面上来分析问题，完全不触及问题的专业内涵．例如有一种新药 A，经过设计合理且有一定规模的试验，用数理统计方法分析可能得出这样的结论：该药对治某一种病并不比现有的药 B 更有效．有人可能不同意这个结论，说是从某某理由看 A 应比 B 更有效．碰到这种情况，数理统计学者不参加争论．他只是说明：这是从分析数据得出的看法．统计方法都有一定的虽很小但仍属可能的犯错误的机会，不同意的人可以从学理上来研究这个问题，但最终总需有数据资料的证明．

笔者认为，明确数理统计学方法的这个性质，有重要的意义．它强调了两点：一是数理统计方法是一个中立性的工具．这"中立"的含义是，它既不在任何问题上有何主张，也不维护任何利益或在任何学科中坚持任何学理．作为一个工具，谁都可以使用．如果谁不同意这种方法，可以不用它，而做单纯定性式的讨论．如根据某种设定的理论或学说，某事该如何如何之类．但如果谁要把他的说法诉诸实证，那他在采集和分析数据时，就应遵守数理统计学方法的规范．如在医学试验中采用双盲法，设立对照组，在做数据分析时采用数理统计学中已确立的并由经验证明行之有效的方法等，这才能使自己的结论建立在健全的科学基础上，并得到公众的认可．

另一点是：由于数理统计方法只是从表面上的数量关系来分析问题，其结论不可混同于因果关系.这里有一个著名的例子.1957年,有两位学者在《不列颠医学杂志》上发表了一系列的报告,指出吸烟和肺癌有显著的联系.这件事惊动了当时最权威的统计学家费歇尔(关于他及其工作,本书有很多篇幅论及,此处不赘述),一是他认为不应将此问题拿到公共媒介上来渲染,他认为这应当是一个严肃的科研问题,二是他怀疑认定此二者有因果关系的理由还不充分.他认为人的基因构成可能是影响此二者的公共原因,并引证自己收集的同卵双生资料的统计分析来证明.这使他陷入一场争论,这问题经过几十年,情况依然是:不断收集的资料证明这二者有很强的关系,即数据显示吸烟者中患肺癌者的比率较高,但没有确实的证据表明是吸烟增加了患肺癌的可能性,因为缺乏排除了可能的干扰(如基因构成)的有说服力的统计分析结果.

数理统计方法在长时期中遭遇过形形色色的批判.早先在西欧有人从道德的观点进行批判,最严重的是在苏联的斯大林时期,其观点在我国20世纪80年代以前也有很大的影响.批判的内容,无非是说它抹杀了事物的本质,美化资本主义和丑化社会主义之类①.明确和标示数理统计方法的这两个特点——方法的中立性和工具性,以及它不肯定因果关系,可以回答这类意见,使数理统计学者处在一个超然的立场,避免陷入一些无谓的争论.

数理统计学算不算是数学的一个分支?笔者的回答是肯定的.理由只有一条:数理统计学所研究的数据收集和分析,是抽象的,脱去了任何实际意义的数据.比如 t 检验,只要你有理由假定数据是抽自正态分布,则不论这数据是人的身高也好,是产品的某项指标也好,或其他什么也好,t 检验都可以,而且用一样的方式使用.故我们在教科书上只要写"$x_1,\cdots,x_n$ 抽自正态分布"就行.这正如在算术中我们说 $1+2=3$,丝毫也不过问这 $1,2$ 是何事物.数学是研究数和形的学问,数理统计学符合这个标准.

有的数理统计学者讳言"数理统计是数学的分支",是因为怕这样说会否定或冲淡这门学科的高度实用性.其实这种担心是多余的.数学本身就是一门高度抽象的学科.数和形,都只存在于人们的观念中.故在西方,一般不把数学放在自然科学之列.但人们并不因此而否定数学的实用价值,认定数理统计学是数学的分支,给了这门学科一个明确的定位.将其作为社会科学的统计学之下的一个分支,倒还有些困难之处,即数理统计学在性质上与社会科学完全无缘.当然,这是学科如何组织和发展的问题,从更有利于发展这门学科看,建立独立于数学的系、研究所和学会,与社会经济统计学界建立更密切的合作关系,都是正当有益的举措,这些具体措施不应与学科的性质和定位问题混淆起来.

以上所谈就是笔者对数理统计学的性质这个问题的看法,其中容或有不妥之处,欢迎同行学者提出批评指教.在本书中,我们就将基本上本着这个认识来

①关于这方面的情况,陈善林、张浙编著的《统计发展史》一书(p.350~355)有较仔细的介绍,可以参考.

叙述数理统计学的历史.

下面对本书内容做一简略的介绍.

本书分导言、正文 10 章和一个"卷尾语".

第 1 章是介绍概率论早期发展的历史, 到伯努利的《推测术》为止, 内容涉及有关概率的基本概念如何从博弈活动中产生. 惠更斯的著作和帕斯卡与费马的通信, 这一切为伯努利的伟大著作的出现做了准备, 着重介绍了伯努利的大数律及其意义, 也涉及他关于概率的观点. 写这一章是因为概率论与数理统计学有密切的关系. 在相当大的程度上, 这个内容也可以算作统计史的一部分. 尤其是大数律, 它可以说是整个数理统计学的一块基石. 故对这一段的历史情况应当有所了解.

第 2 章介绍棣莫弗的二项分布正态逼近的工作, 形式上讲它也是属于概率论的范围. 但这项研究首次引入了两个事物: 正态分布和中心极限定理. 这二者都是整个数理统计学的基石, 其在数理统计学中的地位和重要性, 怎么强调也不算过分. 它有理由被写入统计史的篇章.

第 3 章介绍贝叶斯的工作和贝叶斯学派, 着重在贝叶斯本人工作中的原始思想. 这个内容放在书中靠前的位置, 是照顾时间因素, 因贝叶斯的论文发表在 18 世纪中期. 贝叶斯统计在教科书中一般有所介绍, 但贝叶斯的原始思想如何, 比如说他那个"贝叶斯假设"(对二项分布的概率 p 取 $R(0,1)$ 先验分布) 是如何产生的, 则多付阙如, 而只有了解一些, 才能对这一学派的精神有较深刻的把握.

第 4 章讨论最小二乘法及相关联的发展历史, 涉及勒让德发明此法前有关的研究, 勒让德发明此法的情况, 包括那个著名的子午线长测量问题, 介绍了最小二乘法产生的历史, 以及特别值得一提的是, 介绍了有关线性模型早期 (1900 年前) 研究的重要情况.

最小二乘法在统计学中的地位, 主要是由于它通过线性模型发挥作用. 可是反过来, 线性模型之引入虽最初系出自天文学的需要, 但若没有这一方法, 该模型就难于发挥作用. 二者在一定程度上是一种共生关系. 对这个"共生体"的研究到 19 世纪末已达到了很高的水平. 现今教科书上必有的内容如高斯—马尔科夫定理、残差平方和服从 χ^2 分布及最小二乘估计与残差平方和独立等线性模型理论的基石, 在 1900 年以前就有了. 这些情况如今在著作中很少提及, 使读者搞不清这模型理论的源头. 本章对此模型从提出到以上发展为止的情况勾画了一个轮廓.

第 5 章以正态分布的历史为主题. 虽则棣莫弗在 18 世纪 30 年代已引进了正态分布的形式, 但当时只是作为一个数学函数, 此分布作为分析统计数据的概率模型经历了两步: 第一步是高斯在 19 世纪初提出正态误差理论, 以正态分布描述随机测量误差的分布, 这使棣莫弗在约 70 年前引进的那个函数首次取得了"概率分布"的身份. 第二步是 19 世纪中叶至末期, 凯特勒在社会领域和高尔顿等在生物学领域中,引进这个分布来描述统计数据[1],于是正态分布在统计学中大行其道.本章描述了第一步的历史,包括自伽利略起到拉普拉斯止有关误差分布研究的简单情况,介绍了高斯引进正态误差理论的想法,也简单介绍了多维正态分布产生的情况.

这一章也顺便介绍了有关"偏态分布"的历史情况.到 19 世纪后期,一些学者发现正态分布并非"放之四海而皆准".他们希望扩大统计分析中所能使用的分布的范围.主要的发展有两个方面:渐近展开与皮尔逊分布族.后者对统计学的影响较大,是我们重点介绍的对象,也介绍了若干同时代学者的一些批评意见.

第 6 章是社会统计.这一章的性质在书中有些特殊.因为本书是以讨论数理统计学史为任务,社会经济统计学的历史不在范围之内,故关于书中是否应写进这样一章曾考虑再三.最后决定写入是因为考虑到社会统计学家的活动中,有不少直接或间接对数理统计学发展有影响的贡献,一部数理统计学史应当对此有所反映.章名为求简短也不甚确切,较确切的提法应为"社会经济统计学家对数理统计学的贡献".由于作者对这方面的情况了解有限,介绍谈不上系统,只能涉及一些较重大的事件,如格朗特的《观察》一书及其在统计史上的地位,早期人口学家所做的假设检验的工作、凯特勒的工作及抽样调查的早期历史等.

第 7 章介绍相关回归的早期历史,包括高尔顿如何从研究遗传学问题而发现这些概念的故事,其他学者,包括埃奇沃思、卡尔·皮尔逊和尤尔等,如何在高尔顿发现的基础上进一步工作,使一些基本概念明确化并使其在数学上有了一个可用的形式.这个过程终止于 20 世纪 10 年代,可算是相关回归方法的草创和描述性时期,着重指出了这一发现对统计学发展进程的影响,即为下一阶段(以小样本为特征)统计学的现代化做了铺垫,并使英国继承欧洲大陆成为 20 世纪上半叶国际统计学发展的中心.

第 8 章介绍小样本理论,时间跨度从 1908 年到 20 世纪 30 年代中期,小样本理论和方法是统计学告别其描述性时代而走向推断时代的两大重要标志之一(另一个标志是几乎同时代的耐曼·皮尔逊理论,它把统计问题归结为优化问题).可以写的内容很多,我们把重点放在三件大事上:Student 关于 t 分布的工作,它被认为是小样本时代开创的标志;费歇尔 1915 年关于样本相关系数真确分布的工作,它是相关回归分析中一系列小样本结果的开端,这方面的研究继续了从高尔顿开创到卡尔·皮尔逊这一段的工作,使之达到严格的数学标准并大大开拓了其应用的潜力.最后一项,可能也是最重要的一项,是关于费歇尔发展 F 检验和方差分析的情况.

---

[1]指像人的身高之类对实物的指标的测量数据.在早期,不把这与测量误差(对同一实体某指标反复测量的误差)同等看待.

线性模型之介入数理统计有三块里程碑.第一块是高斯及 19 世纪若干学者的工作,这在前面已提到了.第二块是卡尔·皮尔逊在 19 世纪末发现线性模型与多元正态分布的联系(多元正态的回归为线性),把相关回归分析纳入这一模型的旗下.第三块则是费歇尔将线性模型中自变量取值离散化,引入 F 检验和方差分析,把受人工控制的试验结果的分析也收入此模型的版图.此后,很大程度上直到今日,与线性模型有关联的方法在应用统计中一直起着主导的作用,这过程起于高斯而完成于费歇尔.当然,后来的学者也做出了很大的贡献,使他们创立的架构得到充实、确切化和多样化.

第 9 章的主题是假设检验的历史,主要涉及几大权威的工作:卡尔·皮尔逊的拟合优度检验,费歇尔的显著性检验与"耐曼和(埃贡·)皮尔逊的故事",介绍了若干有关的背景情况,如卡尔·皮尔逊的工作与 19 世纪 90 年代他注意的某些博弈性质的问题及他的曲线族有关,费歇尔的思想与他的试验设计的总的思想有关,以及其他学者对耐曼—皮尔逊形成其理论的基本思想的影响等.借这一章的机会也简略介绍了我国杰出统计学家许宝騄教授的工作.许教授在概率统计方面的研究成就是多方面的.笔者觉得其在统计学中影响最大的可能是与线性模型有关的检验理论问题,故重点介绍了这一方面.这是笔者个人的见解,不当之处也请同行学者批评指正.

第 10 章是关于参数估计的历史情况,介绍了皮尔逊矩估计与费歇尔极大似然估计及二位学者围绕这一问题的争论,费歇尔的充分性概念的提出,费歇尔关于点估计大样本理论的框架,点估计优良性研究的简单情况,以及有关耐曼置信区间理论及费歇尔信任推断法的情况等.这方面材料很多,以细节为主而涉及原则和概念创新的工作大多从略了.

最后写了一个"卷尾语",笔者用这样一个标题,是想着重其非正式的性质.这不是一个总结,作者的意图是对"后费歇尔时代"的统计学发展形势及由此引起的若干当代统计学思潮做一个简述,其中也掺杂了一些个人的见解.目的是想提出这样一个问题:"费歇尔时代的统计学"与今日统计学现状是怎样的关系?那一个时代的统计学发展从今日看其得失何在,并对我们展望本学科未来有何启示.这题目太大,不是作者所能写好的,权作抛砖引玉,提供大家一些思考的资料吧.

章末附的注解,大多涉及数学内容,作为一本介绍统计史的书,不应也不可能把正文中涉及的数学内容都予以证明.但有两种情况:一是古人当时研究这个问题时的做法,这有史料价值,可帮助对正文中有关史实的叙述增进理解.例如伯努利对其大数律的证明,与现在在教本上见到的大不相同.又如高斯是经过怎样的推理得出误差正态分布的.二是有些事实的证明,虽不提也不妨碍对史实的理解,但多少可作为一个旁注,且其证明也不是常见书籍中所易查到的,也写出来供对数学细节有兴趣的读者参考.

⊙
目

录

第 1 章　早期概率论——从萌芽到《推测术》 ………… 1

　1.1　卡尔达诺的著作 ……………………………… 3

　1.2　分赌本问题 …………………………………… 5

　1.3　帕斯卡与费马的通信 ………………………… 6

　1.4　惠更斯的《机遇的规律》 …………………… 8

　1.5　《推测术》前三部分内容提要 ……………… 10

　1.6　关于概率的几点看法 ………………………… 13

　1.7　伯努利大数定律 ……………………………… 14

第 2 章　棣莫弗的二项概率逼近 ………………… 22

　2.1　棣莫弗的研究的动因 ………………………… 23

　2.2　棣莫弗的初步结果 …………………………… 25

　2.3　初步结果的改进·与斯特林的联系 ………… 26

　2.4　积分形式·P_d 的近似公式 ………………… 27

　2.5　棣莫弗工作统计意义的讨论 ………………… 30

　2.6　二项概率逼近的其他工作 …………………… 31

第 3 章　贝叶斯方法 ……………………………… 40

　3.1　贝叶斯及其传世之作 ………………………… 40

　3.2　贝叶斯的问题提法 …………………………… 42

　3.3　贝叶斯假设 …………………………………… 43

　3.4　问题的解答 …………………………………… 44

　3.5　贝叶斯假设的另一种解释 …………………… 46

　3.6　拉普拉斯的不充分推理原则 ………………… 47

　3.7　贝叶斯统计学 ………………………………… 47

　3.8　经验贝叶斯方法 ……………………………… 52

第 4 章　最小二乘法 ··· 57
4.1　从算术平均谈起 ··· 57
4.2　勒让德以前的有关研究 ·· 59
4.3　勒让德发明最小二乘法 ·· 61
4.4　测量子午线长的工作 ·· 62
4.5　高斯的贡献 ··· 65
4.6　其他方法 ··· 68

第 5 章　误差与正态分布 ··· 79
5.1　早期天文学家的工作 ·· 81
5.2　辛普森的工作 ·· 82
5.3　拉普拉斯的工作 ··· 85
5.4　高斯导出误差正态分布 ·· 87
5.5　多维正态分布 ·· 89
5.6　偏态分布 ··· 92

第 6 章　社会统计 ·· 101
6.1　格朗特及其《观察》 ·· 102
6.2　配第和他的"政治算术" ··· 105
6.3　阿布什诺特等人的人口检验工作 ··· 106
6.4　凯特勒的正态拟合 ·· 108
6.5　普通人 ··· 115
6.6　抽样调查 ··· 116

第 7 章　回归与相关:发现与早期发展 ··· 120
7.1　高尔顿和正态分布 ·· 121
7.2　回归的发现 ·· 122
7.3　高尔顿与相关系数 ·· 130
7.4　埃奇沃思 ··· 131
7.5　皮尔逊和尤尔 ··· 134

第 8 章　小样本:统计学的新台阶 ·· 141
8.1　戈塞特和 t 分布 ·· 143
8.2　费歇尔及其相关系数分布 ·· 149
8.3　费歇尔和 F 分布·方差分析 ··· 156

第 9 章　假设检验 ·· 165
9.1　卡尔·皮尔逊的拟合优度 ·· 166
9.2　费歇尔的显著性检验 ·· 173
9.3　耐曼和皮尔逊的故事 ·· 179
9.4　许宝騄教授的贡献 ·· 185

第 10 章　参数估计 ·· 191
10.1　矩法和极大似然法 ··· 192
10.2　充分统计量 ··· 194

　10.3　费歇尔点估计大样本理论 ·································· 195

　10.4　小样本 ·· 198

　10.5　区间估计 ·· 200

卷尾语 ·· 208

参考文献 ·· 216

3

早期概率论 —— 从萌芽到《推测术》

第
1
章

概率是一个事件发生、一种情况出现的可能性大小的数量指标,介于 0 与 1 之间.这个概念形成于 16 世纪,与掷骰子进行赌博的活动有密切关系.现已很难准确指出此概念最早由何人在何时提出.

事件有"可重复性"和"一次性"之分.前者是指那种在同样或基本同样的条件下,原则上可以无限次重复的事件.例如"掷骰子"这个动作,原则上是可以在相同的条件下无限次重复的,故任何一个与此相关联的事件,如"掷出偶数点",也就是可重复的.我们注意到:这里实际所指的是试验(掷骰子)的可重复性.又如"出生的婴儿是男性"这样的事件,可以极大量重复但非无限的.而且,由于不同的人情况有差异,这或者可以影响到出生男婴的可能性,因此"同样条件"的设定就非严格成立.对这种情况,也将其作为可重复性事件来看待."一次性事件"的含义,从其字面上即已明了.如"2010 年 1 月 1 日北京市会下雨""2050 年以前不会爆发世界大战""火星上存在生命"之类,都是一次性事件的例子.

现今我们把可重复事件的概率称为客观的,而一次性事件的概率称为主观的.客观概率的决定有一定的、公认的法则可凭,不随人的主观意志转移.主观概率则取决于人的主观看法,没有一个公认的方法可决定一个唯一的值.例如办某件事有一定难度,但并非不可能.在未进行之前估计其成功的可能性,十个人有十种说法.哲学家认为这是由于人的知识的不完全性:如果关于某事件有关的知识"完全"掌握了,则一次性事件的概率只有 0 和 1 两种.比如若干年后,人们搞清楚了火星上有无生命,则"火星上存在生命"这个事件的概率,就能给予确切回答 —— 当然,这仍要取决于某人是否了解那时的这一科学进展.这类事在生活中很多,例如医学家可能确切了解某种病不存在通过空气传播的可能性,但对不了解这一点的公众来说,其可能性大小则有主观猜测的余地.主观概率可以反映一种信仰.例如,对"求神拜佛可以治病"的可能性,不同信仰的人估量不一.此外,逻辑学家和神学家对主观概率也有其解释.

客观概率有两种形式,或说两种决定方法.第一种是依据该事件在试验大量重复中出现的频率.例如某地区 12 岁以下的儿童有 100 万人,其中患某种疾病的人有 5 000 人,就说该地区 12 岁以下儿童患此病的概率为 0.005.这实际上只是对该概率的一种估计.即使生活条件(包括医疗、环境等)没有变化,这些时候统计资料也会有变,而这个估计值也会略有不同.故在此,"概率"一词的含义也不易说清楚,但其客观性不容置疑:上述估计法大概能为人们所公认,不存在主观估量的余地.

客观概率的另一种形式是:试验的可能结果只有有限个,且根据对称性的考虑,任一种可能结果都没有比另外结果占优势的地方,于是只能认为各结果有同等出现的机会(等可能性).若总的可能结果有 N 个,而某一事件包含其中的 M 个结果,则该事件的概率为 $\frac{M}{N}$.例如掷一个均匀骰子,6 种结果有同等可能(这实际上是被取为"骰子均匀"这一前提的定义)."掷出 3 的倍数点"这个事件包含 2 个结果:6 和 3.故此事件的概率为 $\frac{2}{6} = \frac{1}{3}$.若骰子不均匀,则这一论证失效,而上述事件的概率需要用第一种方法,即通过将骰子投掷大量次数去决定之.

这种方式定义的概率现今叫作古典概率(与此相对,第一种方式定义的概率叫作统计概率).这是唯一的一种情况,其中概率可以用简单明确的方式去定义并给出有效的计算方法.到 1933 年,苏联大数学家柯尔莫哥洛夫(A. H. Kolmogorov,1903—1987)制定了概率论的公理体系,其中对概率是什么不加定义,只指出关于其运算所必须遵守的几条规则,这样就回避了如何定义概率这个难题.现今谈概率,不论是客观、主观,大体都遵守柯氏的公理体系.这有极大的好处:不论对概率的本质理解有何不同,在运算推理上大家都遵守公认的准则,而不各行其是.

主观概率和客观概率在数理统计学中都有重要地位.前者是数理统计学中的贝叶斯学派的基础(参看本书第 3 章),后者则迄今仍占领了数理统计学的大部分阵地(称为频率学派).

古典概率适用的一个典型场合,就是以掷骰子为代表的机遇性赌博.所以概率论萌发于这一活动,实在是理有固然.

使用骰子作为赌博工具渊源很早.据记载,公元 960 年左右怀特尔德大主教计算出掷三颗骰子时,不计骰子次序所能出现的不同组合数,有 56 种(三颗全同 6 种,两颗同另一颗异 30 种,三颗全异 20 种).到 14 世纪时,用骰子作赌博在欧洲已形成风气.至于纸牌,迟至 1350 年文献中尚无记录.此后,由于造纸术传入的促进,以高赌注玩纸牌在欧洲的富裕阶层中日渐常见,但由于教会的反对及一些国家的明令禁止,纸牌的流行在很长时期内远不及骰子.直到 18 世纪初,纸牌才取代骰子成为主要赌具.另外,玩纸牌中涉及的机遇问题比骰子复杂得多,故促进概率论诞生的功劳归于骰子.

赌博结果既然全凭机遇,参赌者自然会关心各种情况出现机遇的大小.在早期,概率(probability)与机遇(chance)两词的用法有区别:前者用于主观概率而后者用于客观概率,直到 18 世纪初才渐归于统一,但以后仍有学者坚持这种区别.另外,在早期,人们更多用"胜率(odds)"一词,其与机遇的关系是:若甲与乙赌而甲胜的机遇为 $\frac{1}{3}$,则说他的胜率为 1:2(胜率为双方获胜概率之比,一般只讲整数比),这个词直到现在仍然常用.

在文艺复兴前,概率(或机遇,以下不加区别)还是一个非数学概念.到 16世纪初,开始有一些意大利数学家讨论掷骰子中各种情况出现的机遇问题.这种研究得出了前文提到的古典概率定义,即要把所研究的情况分解为一些看似同等可能的简单情况,其数目与全部可能结果数之比,即取为该情况出现的概率.此定义最初始自何人已不可考,因为这些早期的赌博家或学者,都没有著作流传下来.现今为人所知的一位是卡尔达诺(G. Cardano,1501—1576).如果把古典概率的发明归于他的名下,或许也无人反对.

1.1 卡尔达诺的著作

卡尔达诺在数学上知名是因为他发现了一般的三次代数方程的解法.其在概率史上的地位,是因为他有一本名叫《机遇博弈》的著作(英译书名为 *The Book of Games of Chance*).可惜的是,此书到他去世很久以后的 1663 年才得以发表,其时关于概率论的若干重要著作已然问世,这削弱了该著作及其作者在概率史上的地位和影响(该书约成于 1564 年).

卡尔达诺早年学过医学和数学,曾在 1526 年获医学博士学位.1532 年他在米兰任数学讲师,写过两本数学著作,其中发表于 1545 年的那一本代数教科书,包含了使他名留后世的关于三次代数方程解的公式.虽说卡尔达诺是一个多才多艺的人,但穷其一生,用于赌博及相关研究.这位伟大的赌博家积累了丰富的经验,以之为基础写成了《机遇博弈》这本著作,从道德、理论和实践等方面对赌博做了全面的探讨.全书有 32 章.关于这一研究的意义,他写道:"正如生理上的疾病需要研究一样,赌博这种社会病,也有理由作为一种可医治的疾病来研究."

在这部著作中,有一些材料主要是基于他个人的实践经验.如什么时候宜于赌博,如何判断赌博是否公正,如何识别和防止赌博中的欺诈,赌博者的个性对结局的影响等.对概率史有意义的是另外一些材料,它与概率概念的形成有关.例如,他明确指出骰子应为"诚实的"(honest),意指 6 面中各面都有同等机会出现.他广为应用了如下的结果:多个"诚实的"骰子投掷结果有同等机会,并明确定义胜率是有利结果数与不利结果数之比.在卡尔达诺时代,人们关于排列组合的结果所知寥寥,因此他的书包含了一些计算全部(等可能)结果数的内容.其一例如下:

掷 3 颗骰子,先分成 3 种状态:a. 全同;b. 二同一不同;c. 全不同.分别有 6,30 和 20 种可能.a 中每一个只有 1 种排列,b 中每个有 3 种,而 c 中为 6 种,故不同结果总数为[①]

$$6 \times 1 + 30 \times 3 + 20 \times 6 = 216$$

现在我们直接用 $6^3 = 216$ 算出这个结果.这个例子也从侧面反映了当时有关排列组合的知识甚为粗浅.书中包含了他在这方面的若干研究成果,例如他算出:n 个相异物件,至少取 2 个,不同的取法有 $2^n - n - 1$ 种.他对组合系数 C_n^k 当 $n \leqslant 11$ 时列了表,并证明了递推公式

$$C_n^k = C_n^{k-1} \frac{n-k+1}{k}$$

由此他导出现今习见的组合公式

$$C_n^k = \frac{n(n-1) \cdots (n-k+1)}{k!}$$

但书中没有利用这个有力的工具去处理赌博中情况数的计算问题.另一点令人费解的是:卡尔达诺作为一个积累了丰富经验的赌博家,在其著作中却没有关

---

① 这里当然假定了:3 颗骰子可以加以区别,如果不加以区别,则所得 56 种不同结果不是等可能的.

于在实际赌博中各种结果出现频率的记载.这可能是由于他及同时代人对频率与概率的关系,特别是对"频率逼近概率"这一后来被伯努利称为"笨人皆知"的事实,尚无所认识.

卡尔达诺的《机遇博弈》一书对当时及此前在赌博家中逐渐形成的一些概念,即古典概率的定义和计算,做了整理和总结.除此以外,他还在1539年在另一本著作中,提出了他对当时引起很大兴趣的"分赌本问题"的一种解法.此问题在概率论发展史上起过重要作用,值得花一点篇幅来谈谈.

1.2　分赌本问题

A,B 二人赌博,各出注金 a 元,每局各人获胜概率都是 $\frac{1}{2}$,约定:谁先胜 S 局,即赢得全部注金 $2a$ 元.现进行到 A 胜 S_1 局、B 胜 S_2 局(S_1 和 S_2 都小于 S)时赌博因故停止,问:此时注金 $2a$ 元应如何分配给 A 和 B,才算公平? 此问题文字上最早见于1494年帕西奥利的一本著作,是针对 $S=6,S_1=5$ 和 $S_2=2$ 的情况.

由于对"公平分配"一词的意义没有一个公认的正确理解,在早期文献中出现过关于此问题的种种不同的解法,如今看来都不正确.例如,帕西奥利本人提出按 $S_1:S_2$ 的比例分配.塔泰格利亚则在1556年怀疑找到一种数学解法的可能性,他认为这是一个应由法官解决的问题.但他也提出了如下的解法:

若 $S_1>S_2$,则 A 取回自己下的注金 a 元,并取走 B 下的注金的 $\frac{S_1-S_2}{S}$.这等于按 $(S+S_1-S_2):(S-S_1+S_2)$ 的比例瓜分注金.法雷斯泰尼在1603年根据某种理由,提出按 $(2S-1+S_1-S_2):(2S-1-S_1+S_2)$ 的比例分配.卡尔达诺在其1539年的著作中,通过较深的推理提出了一种解法:记 $r_i=S-S_i$,$i=1,2$,把注金按 $r_2(r_2+1):r_1(r_1+1)$ 的比例分给 A 和 B.他这个解法如今看来虽然仍不正确,但有一个重要之点,即他注意到起作用的是 S_1 和 S_2 与 S 的差距,而不在其本身.

这个问题的症结在于:它关乎各人在当时状况下的期望值.从以上这些五花八门的解法,似乎可以认为,这些作者是已多少意识到这一点,但未能明确期望与概率的关系.而此处有关的是:假定赌博继续进行下去,各人最终取胜的概率.循着这个想法问题很易解决:至多再赌 $r=r_1+r_2-1$ 局,即能分出胜负.为 A 获胜,他在这 r 局中至少需胜 r_1 局.因此按二项分布,A 取胜的概率为

$$p_A=\sum_{i=r_1}^{r}\binom{r}{i}2^{-r}$$

而 B 取胜的概率为

$$p_B = 1 - p_A$$

注金应按 $p_A : p_B$ 的比例分配给 A 和 B,因 $2ap_A$ 和 $2ap_B$ 是 A,B 在当时状态下的期望值.这个解是帕斯卡(B. Pascal,1623—1662)在 1654 年提出的.他用了两种方法,其一是递推公式法,其二是用"帕斯卡三角"(杨辉三角).1710 年,蒙特姆特在一封信中给出了我们在前面写出的解法,且不必规定二人的获胜概率相同.后来他又把此问题推广到多个赌徒的情形.

分赌本问题在概率史上起的作用,在于通过这个在当时来说较复杂的问题的探索,对数学期望及其与概率的关系,有了启示.有的解法,特别是帕斯卡的解法,使用或隐含了若干直到现在还广为使用的计算概率的工具,如组合法、递推公式、条件概率和全概率公式等.可以说,通过对这个问题的研究,概率计算从初期简单计数步入较为精细的阶段.

1.3　帕斯卡与费马的通信

帕斯卡与费马(P. de Fermat,1601—1665)的名字,对学习过中学以上数学的人来说,想必不陌生.帕斯卡三角,在我国称为杨辉三角,中学教科书中已有提及.至于费马,因其"费马大定理"(不存在整数 $x,y,z,xyz \neq 0$ 和整数 $n \geqslant 3$,使 $x^n + y^n = z^n$)于近年得到证明,名声更远播数学圈子之外.费马在数学上的名声主要因其数论方面的工作,其在概率史上占到一席地位,多少有些出乎偶然——由于他与帕斯卡在 1654 年 7—10 月间来往的 7 封信件,其中帕斯卡致费马的有 3 封.

这几封信全是讨论具体的赌博问题.与前人一样,他们用计算等可能的有利与不利情况数,作为计算"机遇数"即概率的方法——他们没有使用概率这个名称.与前人相比,他们在方法的精细和复杂性方面大大改进了.他们广泛使用组合工具和递推公式,初等概率一些基本规律也都用上了.他们引进了赌博的值(value)的概念,值等于赌注乘以获胜概率.3 年后,惠更斯改"值"为"期望"(expectation),这就是概率论的最重要概率之一——(数学)期望的形成和命名过程.前文已指出:此概念在更早的作者中已酝酿了一段时间.这些通信中讨论的一个重要问题是分赌本问题,还讨论了更复杂的输光问题:甲、乙二人各有赌本 a 元和 b 元(a,b 为正整数),每局输赢 1 元,要计算各人输光的概率.这个问题拿现在的标准看也有相当的难度.由此也可以看出这些通信达到的水平及其在概率论发展史上的重要性.有的学者,如丹麦概率学者哈尔德,认为帕斯卡、费马二人在 1654 年的这些信件奠定了概率论的基础.这话相当有道理,但也应指出,这些通信的内容是讨论具体问题,没有提炼出并明确陈述概率运算的原则性的东西.例如,他们视为当然地使用了概率加法和乘法定理,但未将其作为一般原则凸现出来.

促使帕斯卡、费马二人进行这段通信的是一个名叫德梅尔的人,他曾向帕斯卡请教几个有关赌博的问题.1564年7月29日帕斯卡首先给费马写信,转达了这些问题之一,请费马解决.所提问题并不难,不知为何帕斯卡未亲自回答:将两颗骰子掷24次,至少掷出一个"双6"的机遇小于$\frac{1}{2}$(其值为$1-\left(\frac{35}{36}\right)^{24}\approx$ 0.491 4).但从另一方面看,掷两颗骰子只有36种(等)可能结果,而24占了36的$\frac{2}{3}$,这似乎有矛盾,如何解释.现今学过初等概率论的读者,都必能毫无困难地回答这个问题.

帕斯卡、费马通信中涉及的有关赌本问题的解法,包含了一些在当时看很先进且直到现在仍广为使用的想法和技巧,值得一述.

以r_1和r_2分别记取得胜利A,B尚需赢得的赌局数.帕斯卡认识到,注金的公正分配只应与r_1和r_2有关.因为若赌博继续下去,A(及B)最终取胜的概率,只与r_1和r_2有关.记此概率为$e(r_1,r_2)$,则有边界条件

$$e(0,r_2)=1,当\ r_2>0$$
$$e(r_1,0)=0,当\ r_1>0$$
$$e(a,a)=\frac{1}{2} \tag{1}$$

且成立递推公式

$$e(r_1,r_2)=\frac{\left[e(r_1-1,r_2)+e(r_1,r_2-1)\right]}{2} \tag{2}$$

帕斯卡在此用了全概率公式,即考虑若再赌一局,有"A胜""B胜"两种可能.帕斯卡由(1)(2)出发,依次算出$e(2,1),e(1,2),e(3,1),e(1,3),e(3,2)$,$e(2,3),\cdots$,对其值进行观察,他综合出一般解的形式

$$e(r_1,r_2)=\sum_{i=0}^{r_2-1}C_{r_1+r_2-1}^i2^{-(r_1+r_2-1)} \tag{3}$$

为了证明,先验证(3)适合边界条件(1),这不难验证.帕斯卡用归纳法证明(3)适合(2),也很容易,读者可以一试.

费马的解法有所不同.不妨设$r_1<r_2$.为A最终取胜,所再赌的局数可能为$r_1,r_1+1,\cdots,r_1+r_2-1$(完备事件群),其间$B$取胜的局数$i=0,1,\cdots,r_2-$ 1.若B胜i局,则到A最终取胜为止再赌了r_1+i局,其中前r_1+i-1局中A胜r_1-1局,而第r_1+i局为A胜.这个事件的概率为

$$C_{r_1-1+i}^{r_1-1}2^{-(r_1+i-1)}\cdot2^{-1}=C_{r_1+1+i}^{r_1-1}2^{-(r_1+i)}$$

7

在得出这一结果时已用到了二项式定理及概率乘法定理. 对 $i=0,1,\cdots,r_2-1$ 相加,得

$$e(r_1,r_2)=\sum_{i=0}^{r_2-1}\mathrm{C}_{r_1-1+i}^{r_1-1}2^{-(r_1+i)}\qquad(4)$$

这里隐含了使用概率加法定理. 由以上可以看出,帕斯卡、费马二人在当时已了解并使用了我们现今初等概率计算中的主要工具. (3)(4) 两个解在形式上很不一样,但不难由一个化到另一个,留给读者(本章末注 1).

1.4　惠更斯的《机遇的规律》

惠更斯是一个有多方面成就的、在当时名声与牛顿相当的大科学家. 人们熟知他的贡献之一是单摆周期公式 $T=2\pi\sqrt{\dfrac{l}{g}}$. 他在概率论的早期发展史上也占有重要地位,其主要著作《机遇的规律》出版于 1657 年,出版后得到学术界的重视,在欧洲作为概率论的标准教本长达 50 年.

该著作的写作方式不大像一本书,而更像一篇论文. 他从关于公平赌博 (fair game) 的值的一条公理出发,推出关于"期望"(这是他首先引进的术语) 的 3 条定理. 基于这些定理并利用递推法等工具,惠更斯解决了当时感兴趣的一些机遇博弈[①]问题. 最后,他提出了 5 个问题,对其中的 3 个问题给出了答案,但未加证明.

3 条定理加上 11 个问题,被称为惠更斯的 14 个命题. 前 3 条如下所述:

命题 1　若某人在赌博中分别以等概率 $\dfrac{1}{2}$ 得 a,b 元,则其期望为 $\dfrac{a+b}{2}$ 元.

命题 2　若某人在赌博中以等概率 $\dfrac{1}{3}$ 得 a,b 和 c 元,则其期望为 $\dfrac{a+b+c}{3}$ 元.

命题 3　若某人在赌博中分别以概率 $p,q(p+q=1)$ 得 a,b 元,则其期望为 $pa+qb$ 元.

看了这些命题,现代的读者或许会感到惶惑:为何一个应取为定义的东西,要当作需要证明的定理. 答案在于,这反映了当时对纯科学的一种公认的处理方法,即应从尽可能少的"第一原理"(first principle,即公理)出发,把其他内容推演出来. 惠更斯只从一条公理出发而导出上述命题,其推理颇为别致,此处不细述了.

―――――――――――――

①机遇博弈,指胜负纯凭运气(机遇)的博弈,有别于取胜机会与参与者技艺有关的博弈(如下棋,打球).

这几个命题是期望概念的一般化. 此前涉及或隐含这一概念,只是相当于命题 3 中 $b=0$ 的特例,即注金乘取胜概率,因而本质上没有超出概率这个概念的范围. 惠更斯的命题将其一般化了,是这个重要概念定型的决定性的一步. 实际上,惠更斯的命题不难证明:若某人在赌博中分别以概率 $p_1, \cdots, p_k$ ($p_1 + \cdots + p_k = 1$) 得 $a_1, \cdots, a_k$ 元,则其期望为 $p_1 a_1 + \cdots + p_k a_k$ 元. 这与现代概率论教科书中关于离散随机变量的期望的定义完全一致.

余下的 11 个命题及最后的 5 个问题,都是在形形色色的赌博取胜约定下,去计算各方取胜的概率,其中命题 4~9 是关于 2 人和多人的分赌本问题. 对这些及其他问题,惠更斯都用了现行概率论教科书中初等概率计算方法,通过列出一定的方程求解,大体上与帕斯卡的做法相似. 这种方法后来被伯努利称为"惠更斯的分析方法". 最后 5 个问题较难一些,其解法的技巧性也较强. 现举其一为例:A, B 二人约定按 $ABBAABBAABB\cdots$ 掷两颗骰子,即 A 先掷一次,然后从 B 开始轮流各掷两次. 若 A 掷出和 6 点,则 A 胜;若 B 掷出和 7 点,则 B 胜. 求 A, B 获胜的概率.

A 在一次投掷时掷出和 6 点的概率为 $p_A = \dfrac{5}{36}$,而 B 在一次投掷时掷出和 7 点的概率为 $p_B = \dfrac{6}{36} = \dfrac{1}{6}$. 记 $q_A = 1 - p_A$,$q_B = 1 - p_B$,又记 $e_i =$ 在第 $i-1$ 次投掷完时 A, B 都未取胜,在这一条件下 A 最终取胜的概率,则利用全概率公式,并注意到约定的投掷次序,可以列出方程组

$$\begin{cases} e_1 = p_A + q_A e_2 \\ e_2 = q_B e_3 \\ e_3 = q_B e_4 \\ e_4 = p_A + q_A e_1 \end{cases}$$

由此容易得出

$$e_1 = \frac{p_A(1 + q_A q_B^2)}{1 - q_A^2 q_B^2} = \frac{10\ 355}{22\ 631}$$

略小于 $\dfrac{1}{2}$. 故此赌法对 A 不利.

机遇博弈在概率概念的产生及其运算规则的建立中,起了主导的作用. 这一点不应当使人感到奇怪:虽说机遇无时不在,但要精确到数量上去考虑,在几百年前那种科学水平之下,只有在像掷骰子这类很简单的情况下才有可能. 但这门学科建立后,即脱离赌博的范围而找到了多方面的应用. 这也是一个有趣的例子,表明一种看来无益的活动(如赌博),可以产生对人类文明极有价值的副产物.

把概率论由局限于对赌博机遇的讨论拓展出去的转折点和标志,应是

1713 年伯努利划时代著作《推测术》的出版,是在惠更斯的《机遇的规律》出版后 56 年. 截至惠更斯这一著作,内容基本上全限于掷骰子等赌博中出现各种情况的概率的计算,而伯努利这本著作不仅对以前的成果做了总结和发挥,更提出了"大数定律"这个无论从理论还是应用角度看都有着根本重要性的命题,可以说其影响一直持续到今日. 其对数理统计学的发展也有不可估量的影响,许多统计方法和理论都是建立在大数定律的基础上. 有的概率史家认为,这本著作的出版,标志着概率概念漫长的形成过程的终结与数学概率论的开端.

假定有一个事件 A. 根据某种理论,我们算出其概率为 $P(A) = p$. 这理论是否正确呢? 一个检验的方法就是通过实际观察,看其结果与此理论的推论 —— $P(A) = p$ 是否符合. 或者,一开始我们根本就不知道 $P(A)$ 等于多少,而希望通过实际观察去估计其值. 这些包含了数理统计学中两类重要问题的形式 —— 检验与估计. 这个检验或估计概率 p 的问题,是数理统计学中最常见、最基本的两个问题.

要构造具体例子,最方便的做法是使用古典概率模型. 拿一个缶子,里面有大小、质地一样的球 $a+b$ 个,其中白球 a 个,黑球 b 个. 这时,随机从缶中抽出一球(意指各球有同等可能被抽出),则"抽出之球为白球"这事件 A 有概率 $p = \dfrac{a}{a+b}$. 如果不知道 a,b 的比值,则 p 也不知道. 但我们可以反复从此缶内抽球(每次抽出记下其颜色后再放回缶中). 设抽了 N 次,发现白球出现 X_N 次,则用 $\dfrac{X_N}{N}$ 去估计 p. 这个估计含有其程度不确定的误差,但我们直观上会觉得,抽取次数 N 越大,误差一般会缩小. 这一点如伯努利所说,"哪怕是愚笨的人,也会经由他的本能,不需他人的教诲而理解". 但这个命题却无人能给出一个严格的理论证明.

伯努利决心着手解决这个问题,其结果促使了以他的名字命名的大数定律的发现. 这个发现对概率论和数理统计学有极重大的意义. 伯努利把这一研究成果写在他的著作《推测术》的第四部分中,是该著作的精华部分. 由于该书在概率统计史上的重要意义,值得对伯努利及此书的整个面貌先做一点介绍.

1.5 《推测术》前三部分内容提要

伯努利 1654 年出生于瑞士巴塞尔. 在他的家庭成员中,程度不同地对数学各方面做出过贡献的,至少有 12 人,有 5 人在概率论方面,其中杰出的除他本人外,还有其弟弟约翰与侄儿尼科拉斯.

伯努利的父亲为他规划的人生道路是神职人员,但他的爱好是数学. 他对数学的贡献除概率论外,还包括微积分、微分方程和变分法等,后者包含著名的悬链线问题.他是牛顿和莱布尼茨的同时代人并与后者保持密切的通信联系,因而很了解当时新兴的微积分学的进展.学者们认为他在这方面的贡献,是牛顿、莱布尼茨以下的第一人.他对物理学和力学也做出过贡献.

他与惠更斯长期保持通信联系,仔细研读过他的著作《机遇的规律》,由此启发了他对概率论的兴趣.

从他与莱布尼茨的通信中,可知他写《推测术》这一著作是在他生命的最后两年.在 1705 年他去世时,此书尚未整理定稿.由于家族内部的问题,整理和出版遗稿的工作,迟迟未能实现.先是其遗孀因对其弟约翰的不信任,不愿把整理出版的事委托给他,后来又拒绝了欧洲一位富有的学者捐资出版的建议.最后在莱布尼茨的敦促下,才决定由其侄儿尼科拉斯来承担这件事情.尼科拉斯也是当时重要的数学家,与欧拉和莱布尼茨保持通信联系.当时尚无科学期刊,学者之间的通信是学术交流的一种重要方式.

《推测术》一书共 239 页,分四个部分.第一部分(p. 2 ~ 71)对《机遇的规律》一书做了详细的注解,总量比惠更斯原书长 4 倍.第二部分(p. 72 ~ 137)是关于排列组合的系统的论述.第三部分(p. 138 ~ 209)利用前面的知识,讨论了一些使用骰子等的赌博问题.第四部分(p. 210 ~ 239)是关于概率论在社会、道德和经济领域中的应用,其中包括了此书的精华,奠定了此书在概率史上不朽的地位的,是以他的名字命名的大数定律 —— 大数定律的名称不是出自此书,它首见于泊松 1837 年的一部著作中.此书如缺了这一部分,则很可能会像某些早期概率论著作那样湮没无闻,或至多作为一本一般著作被评价.此书最后有一个长 35 页的附录,以与友人通信的形式讨论网球比赛中的计分问题.

《推测术》的前三部分,是古典概率的系统化和深化.相比于此前的概率论著作多是讨论具体的赌博取胜概率的计算,此书则更着重指导这种计算的一般规律及其数学证明,并以数字实例来解释其应用.这已与现代编写教科书的模式相符合.如在论及有重复操作的博弈 —— 例如在一局赌博中涉及把一颗骰子投掷 5 次时,他指出在每次重复中所涉及的事件概率不变,且各次重复独立.前人的著作中也默认了这一点,但伯努利第一个将其明确指出,因此,如今符合这样条件的模型被称为伯努利概型.他明确指出了独立情况下概率乘法定理的表述形式,在此基础上严格证明了二项概率公式 $C_n^i p^i q^{n-i}$.他开创了通过无穷级数求和去计算概率的方法.在伯努利时代,无穷级数尚属新的数学研究领域,而他在这方面有重要贡献.

在第二部分中,他首次引进了"排列"的概念,证明了 n 个相异物件的不同排列数为 $n!$,而从 n 个中取 r 个排列的不同排列数为 $n(n-1)\cdots(n-r+1)$.他也得出了 n 个物件不全相异时排列数的公式.在组合方面,他研究了组合系数

11

的性质,可以重复的组合数,超几何分布,特别是正整数幂次和的表达式

$$\sum_{i=1}^{n}i^{m}=\frac{n^{m+1}}{m+1}+\frac{n^{m}}{2}+\sum_{i=1}^{\left[\frac{m}{2}\right]}\frac{1}{2i}B_{2i}C_{m}^{2i-1}n^{m-2i+1} \tag{5}$$

B_{2i} 叫伯努利常数,其最初几个值为

$$B_2=\frac{1}{6}$$

$$B_4=-\frac{1}{30}$$

$$B_6=\frac{1}{42}$$

$$B_8=-\frac{1}{30}$$

一般值由下式归纳地定出

$$\frac{1}{2}=\frac{1}{2k+1}+\sum_{i=1}^{k}\frac{1}{2i}B_{2i}C_{2k}^{2i-1},k=1,2,\cdots \tag{6}$$

在伯努利之前,已有一些数学家,其中包括莱布尼茨,研究过组合系数,但较系统的著作始于《推测术》一书.故此书在长时期内成为广泛使用的排列组合教本,其出版不独对概率论,对组合学也是一个重要事件.

在第三部分中,伯努利运用前两部分中发展的新工具,去讨论那一类曾由帕斯卡、费马和惠更斯等人讨论过的赌博问题.他一共讨论了 24 个在当时流行的赌博问题,今日看都不难.在计算等可能数目时用组合法,并使用加法定理、乘法定理、条件概率及递推法等工具去计算概率.例如问题 14:A 先掷一均匀骰子,若得到 x 点,则再投掷 x 颗骰子,以 y 记这 x 颗骰子点数之和.若 $y<12$,A 输 1 元;若 $y>12$,A 赢 1 元;若 $y=12$,不赢不输,求 A 赢的期望值,即 $P(y>12)-P(y<12)$.问题 21:一副纸牌有 $2n$ 张,其中 k 张标上 a,其余的标上 b.A 先抽 1 张,若为 a,则赢 1 元;若为 b,则不放回这一张而再抽 1 张;若为 a,A 输 1 元;若为 b,则按开始时的规则继续(但已抽出的两张 b 不放回去),一直到分出输赢或牌光为止,求 A 赢的期望值.有兴趣的读者不妨自己算一算.答案是 $-\frac{514}{31\ 014}$ 及 $\sum_{i=1}^{n}\frac{C_{2i-2}^{k-2}}{C_{2n}^{k}}$.

在该书的附录中,伯努利讨论了一些关于网球赛中取胜概率的计算问题.这些问题的难度较大,取一个较简单的例子如下:A,B 二人打网球,每局 A 胜的概率为 p,B 胜的概率为 $q(p>0,q>0,p+q=1)$.规定:赛至一方领先不少于 2 局,且领先一方至少已胜 4 局时,该方取胜.求 A 取胜的概率.答案是(注2)

$$\frac{r^7+5r^6+11r^5+15r^4}{r^7+5r^6+11r^5+15r^4+15r^3+11r^2+5r+1} \tag{7}$$

其中 $r = \dfrac{p}{q}$.

1.6　关于概率的几点看法

在《推测术》中,伯努利对概率这个概念发表了若干对后世有影响的观点.他也是采取把概率分为"主观概率"和"客观概率"的立场,其余也有的兼采取了前人的看法.值得注意的新观点有以下几条:

1.他把客观概率明确区分为两类:其一是"可以先验地计算"的概率,另一是"后验地计算"的概率.用现在的术语说,前者指古典概率,其计算依据建立在对称性(这是一种先验的事实,无须经过计算)基础上的等可能性①.后者指统计概率,如"出生男婴"这个事件的概率,要通过大量观察的结果(后验)去计算之.注意此处"先验"一词的含义,与贝叶斯统计(第3章)中"先验"的意义不同.

2.伯努利对事物采取了一种机械决定论的观点.就是说,世界上的一切事物都受到严格的因果律的支配.他分析掷骰子这个例子,认为:若把一切有关条件,包括骰子的形状大小、质量分布、投掷的初始位置、外界条件等全弄准了,则投掷结果也就决定了,因此并无随机性可言.后来大科学家拉普拉斯也是采取这种立场,对这个较简单的例子可以提供如下一个解释:因为投掷的结果对有关条件的依赖极为敏感(条件的极微小改变即足以影响结果),而我们事实上无法把全部有关条件弄清楚,以至掷出的结果事实上不可预测,即有随机性.

3.伯努利引进了所谓"道德确定性"(moral certainty)的概念.一个事件,虽不能确然断定其会发生,但它若被认为以极大的可能性以至几乎不会不发生,就称它有道德确定性.简言之,即概率很接近1的事件.当然,要接近到何种程度才算有道德确定性,没有也无法明指.其反面,即概率很接近0的事件,自可称为"道德否定"的.这个概念对后世的数理统计学有重大影响.在进行统计推断时,一般我们无法保证推断能百分之百地不出错.这时,我们指定一个很小的数 $\alpha > 0$,而使做出的推断出错的概率不超过 α.由于 α 很小,一个其概率不超过 α 的事件,在一次试验中"道德确定地"不可能发生,因而我们就相信所做推断的可靠性.以后会指出一些具体的例子.现今我们把伯努利的道德确定性叫作"事实上的确定性"的看法,叫作"小概率事件原理".我们每天都在运用这个原理:有些危险(如飞机失事)发生的机会很小,我们就置之不理;当买一张彩

---

①按这个意思,还可以把几何概率包括进来,其中等可能的情况数不是有限的.

票时,你对中头奖的可能并不抱多少希望.

4.伯努利把古典概率中"等可能性"的思想推广到主观概率的场合.他主张,如果没有任何理由可以认为众多可能性中的某一个或某一些比其他可能性更具优势时,应给予这些可能性以同等的主观概率.例如,当我对 A,B 两位棋手的棋艺一无所知时,我对"A 强于 B"及"B 强于 A"这两种情况同给予主观概率 $\frac{1}{2}$.当我对某个量 a 毫无所知但知道其取值必在区间 $[c,d]$ 之内时,我认为 a 取 $[c,d]$ 内任一值有同等的可能性(这里,可能性有无穷多),即取 $[c,d]$ 内的均匀分布 $R(c,d)$ 为 a 的主观概率分布等.后世的学者把这个原则称为"同等无知原则".它在数理统计史上有极重要的意义.英国学者贝叶斯在 1763 年发表的、开创了统计学中的贝叶斯学派的论文(见第 3 章),即基于这一思想,虽然我们不清楚,贝叶斯当时是否了解伯努利这一著作.大数学家拉普拉斯所提出的"不充分理由原则",其思想也与此相同.

1.7 伯努利大数定律

现在我们来介绍伯努利《推测术》的最重要部分 —— 包含了如今我们称之为伯努利大数定律的第四部分.回到本章开始那个缶中抽球的模型:缶中有 a 个白球,b 个黑球,$p=\frac{a}{a+b}$.有放回地从缶中抽球 N 次,记录抽到白球的次数为 X,以 $\frac{X}{N}$ 去估计 p.这个估计法现今仍是数理统计学中最基本的方法之一.此处的条件是,每次抽取时都要保证缶中 $a+b$ 个球的每一个有同等机会被抽出.这一点在实践中并不见得容易.例如,产生中奖号码时用了复杂的装置.在实际工作中,统计学家有时用一种叫作"随机数表"的工具.这是一本大书,各页按行、列排列着数字 $0,1,\cdots,9$,它们是用"充分随机"的方法产生的[①].在使用时,"随机地"翻到其中一页并"随机"点到一个位置,以其处的数字决定抽出的对象.

伯努利试图证明的是:用 $\frac{X}{N}$ 估计 p 可以达到事实上的确定性 —— 他称之为道德确定性.其确切含义是:任意给定两个数 $\varepsilon>0$ 和 $\eta>0$,总可以取足够大的抽取次数 N,使事件 $\left\{\left|\frac{X}{N}-p\right|>\varepsilon\right\}$ 的概率不超过 η.这意思很显然:

---

①现今人们并无一种可操作的方法实现绝对的等可能.故所谓"随机数"常被人们称为伪随机数或拟随机数.

$\left|\dfrac{X}{N}-p\right|>\varepsilon$ 表明估计误差未达到指定的接近程度 ε,但这种情况发生的可能性可以随心所欲地小(代价是加大 N).为忠实于伯努利的表达形式,应指出两点:一是伯努利把 ε 限定为 $(a+b)^{-1}$,虽然其证明对一般的 ε 也有效.他做这一限定与所用缶子模型的特殊性有关:必要时把缶中的白、黑球个数分别改为 ra 和 rb 个,则 p 不改变,$(a+b)^{-1}$ 改为 $\dfrac{1}{ra+rb}$,只需取 r 足够大,可使此数任意小.伯努利要证的是:对任给 $c>0$,只需抽取次数 N 足够大,可使

$$P\left(\left|\frac{X}{N}-p\right|\leqslant\varepsilon\right)>cP\left(\left|\frac{X}{N}-p\right|>\varepsilon\right) \tag{8}$$

这与前面所说的是一回事.因为由上式得

$$P\left(\left|\frac{X}{N}-p\right|>\varepsilon\right)<(c+1)^{-1} \tag{9}$$

取 c 充分大可使它小于 η.二是伯努利使用的这个缶子模型使被估计的 p 值只能取有理数,因而似乎有损于其结果的普遍性.但其证明对任意的 p 成立,故这一细节并不重要.

伯努利上述对事实上确定性的数学理解,即式(8),有一个很值得赞赏之点,即他在概率论的发展刚起步的阶段,就给出了问题的一个适当的提法.因为,既然我们想要证明的是当 N 充分大时,$\dfrac{X}{N}$ 和 p 可以任意接近,则一个看来更直截了当的提法是

$$\lim_{N\to\infty}\frac{X}{N}=p \tag{10}$$

而这不可能实现.因为原则上不能排除"每次抽到白球"的可能性,这时 $\dfrac{X}{N}$ 总为 1,不能收敛于 $p<1$.或者退一步:要求式(10)成立的概率为 1,这个结论是对的,但直到 1909 年才由波莱尔证明,其难度比伯努利的提法大得多.设想如当时伯努利就采用这个提法,他也许不一定能在有生之年完成这一工作.波莱尔的结论比伯努利强,故现今把他们的结论分别称为强大数律和弱大数律.

如今具有概率论初步知识的人都知道,伯努利大数律是切比雪夫不等式的简单推论.但在伯努利时代尚无方差概念,更不用说这一不等式了.伯努利用的是直接估计概率的方法,大意如下:令

$$A_0=P(Np<X<Np+N\varepsilon)$$
$$A_k=P(Np+kN\varepsilon<X\leqslant Np+(k+1)N\varepsilon),k=1,2,\cdots$$

只需证明:当 N 充分大时有(注 3)

$$A_0>c(A_1+A_2+\cdots) \tag{11}$$

这就解决了 $X>Np$ 的一边.对 $X<Np$ 的一边如法炮制,即可得出式(8).

附带指出可以把伯努利的结论(9)引申一点点:如果我们知道缶中球的总数 $a+b$,或者更广一些,知道 $a+b$ 不超过某已知数 M,则可以把式(3)改进为可以找到 p 的一个估计 $\hat{p}(X)$(不是 $\frac{X}{N}$),使当 N 充分大时有

$$P(\hat{p}(X) \neq p) < (c+1)^{-1} \tag{12}$$

但如不给定 $a+b$ 的界限,则找不到这样的估计量 $\hat{p}(X)$(注4).

伯努利当初提出的目标,比单纯证明式(9)要高:式(9)只肯定了当取 N 充分大时,用 $\frac{X}{N}$ 估计 p 可达到任意指定的精度 ε,而可靠度不小于 $1-(c+1)^{-1}$.伯努利希望弄清楚到底需要 N 多大.解决了这个问题,在实用上就可以根据所需的精度和可靠度去规划所需观测次数 N.他证明了以下的结果:定义

$$m_1 = 不小于 \frac{\log[c(b-1)]}{\log(a+1) - \log a} 的最小整数 \tag{13}$$

$$m_2 = 不小于 \frac{\log[c(a-1)]}{\log(b+1) - \log b} 的最小整数 \tag{14}$$

$$N_1 = \frac{m_1(a+b) + b(a+b)(m_1-1)}{a+1} \tag{15}$$

$$N_2 = \frac{m_2(a+b) + a(a+b)(m_2-1)}{b+1} \tag{16}$$

则取 $N = \max(N_1, N_2)$ 能满足式(9).伯努利给了若干数字例子,其一为:$a=30, b=20(p=\frac{3}{5}), \varepsilon=\frac{1}{50}, c=1\,000$.用上述结果算出所需的次数 N 为 25 550.

可以与由切比雪夫不等式计算的结果做一比较.按此不等式,有(注5)

$$P\left(\left|\frac{X}{N} - \frac{3}{5}\right| > \frac{1}{50}\right) \leqslant \left(\frac{1}{50}\right)^{-2} N^{-1}\left(\frac{3}{5}\right)\left(\frac{2}{5}\right) = \frac{600}{N}$$

为使此值不超过 $(c+1)^{-1} = \frac{1}{1\,001}$,$N$ 至少应为 600 600,这比伯努利给出的值大 20 多倍.这反映了一个事实:伯努利在证明式(9)中所做的概率估值,比根据切比雪夫不等式所做的要精细得多.虽然如此,25 550 这个数仍嫌过大.美国统计史学者斯蒂格勒认为,伯努利之所以久未发布其研究成果,与他对这一点的不满意有关.因为在伯努利时代,一个中等城市的规模尚不过几千人,25 550 简直可算是"天文数字".不过,后世的学者所看重的不在这些地方.如今大家都承认,由伯努利工作发端的大数定律已成为整个数理统计学的基础.人们也对伯努利工作的哲学意义给予很高的评价.如斯蒂格勒指出:伯努利证明了数学家不仅可以后验地认识世界,还可以用数学去估量他们的知识的限度.伯努利在结束《推测术》时就其结果的意义做了如下的表述:"如果我们能把一切事件永恒地观察下去,那么我们终将发现世间的一切事物都受到因果律的支配,而我

们也注定会在种种极其纷纭杂乱的事项中认识到某种必然."

关于决定最小 N 值的问题,一些与伯努利同时代或稍后的学者也研究过,例如伯努利的侄儿尼科拉斯在 1713 年写给一位友人的信件中报告了他得出的一个有关结果,比伯努利的上述结果有所改善.如对伯努利的例子,用尼科拉斯的公式估出所需 N 为 17 350.稍后到 1733 年,棣莫弗发展了用正态分布逼近二项分布的方法(见第 2 章),这是一个实质性的、意义深远的改进.按此法估出的 N 约为 6 600,这已是没有改进余地的了.6 600 这个数字仍然很大,它显示,虽然自然界的奥秘可通过试验观察发现,但自然界并不轻易就露出自己的真面目.这个例子也提醒我们:在报纸杂志等中不时可以看到的、根据一小批样本而计算出的某种特征的个体的比率,作为样本来自的大群体中该特征所占比率的估值,其准确度和可靠性,通常远小于没有受过统计学训练的公众所认为的程度.

注 1 (3)(4) 两式等价的证明.

把 $2^{-(r_1+i)}$ 写为 $2^{-(r_1+r_2-1)} 2^{r_2-1-i}$,式(4)化为

$$e(r_1, r_2) = 2^{-(r_1+r_2-1)} \sum_{i=0}^{r_2-1} C_{r_1-1+i}^{r_1-1} 2^{r_2-1+i}$$

此式与式(3)进行比较可看出:只需证明

$$\sum_{i=0}^{r_2-1} C_{r_1+r_2-1}^i = \sum_{i=0}^{r_2-1} C_{r_1-1+i}^i 2^{r_2-1+i} \tag{A_1}$$

此式当 $r_2 = 1$ 时成立.用归纳法,假定(A_1)在 $r_2 \leqslant k$ 时成立.在(A_1)左边令 $r_2 = k+1$.因为

$$C_{r_1+k}^i = C_{r_1+k-1}^i + C_{r_1+k-1}^{i-1}$$

有

$$\sum_{i=0}^{k} C_{r_1+k}^i = \sum_{i=0}^{k} C_{r_1+k-1}^i + \sum_{i=0}^{k} C_{r_1+k-1}^{i-1} =$$
$$\sum_{i=0}^{k} C_{r_1+k-1}^i + \sum_{i=0}^{k-1} C_{r_1+k-1}^i =$$
$$C_{r_1+k-1}^k + 2 \sum_{i=0}^{k-1} C_{r_1+k-1}^i$$

对后一和用归纳假设,由(A_1)得

$$\sum_{i=0}^{k} C_{r_1+k}^i = C_{r_1+k-1}^k + \sum_{i=0}^{k-1} C_{r_1-1+i}^i 2^{k+i} =$$
$$\sum_{i=0}^{k} C_{r_1-1+i}^i 2^{k+i}$$

证明了(A_1)在 $r_2 = k+1$ 也成立.

注 2 式(7)的证明.

以 $h(i,j)$ 记在 A 已胜 i 局、B 已胜 j 局的情况下,A 最终获胜的概率. 则我们要求的就是 $h(0,0)$. 按规定,有

$$h(i,j) = 1,当 i \geqslant 4, i-j \geqslant 2$$
$$h(i,j) = 0,当 j \geqslant 4, j-i \geqslant 2$$
$$h(2,2) = h(3,3) = \cdots$$

假定再赌一局. 若 A 胜(概率 p),情况变为 $(i+1,j)$. 若 B 胜(概率 q),情况变为 $(i,j+1)$. 故按全概率公式,有

$$h(i,j) = ph(i+1,j) + qh(i,j+1) \qquad (*)$$

令 $i=j=3$,得

$$h(3,3) = ph(4,3) + qh(3,4)$$

分别在式($*$)中令$(i,j) = (4,3)$ 及 $(3,4)$,得 $h(4,3)$ 和 $h(3,4)$ 的表达式,代入上式得

$$h(3,3) = p^2 h(5,3) + 2pqh(4,4) + q^2 h(3,5) =$$
$$p^2 + 2pqh(3,3)$$

于是得

$$h(3,3) = \frac{p^2}{p^2 + q^2} = \frac{r^2}{r^2 + 1}$$

再在式($*$)中令$(i,j) = (2,3)$,得

$$h(2,3) = ph(3,3) + qh(2,4) = \frac{pr^2}{r^2 + 1}$$

注意到

$$r = \frac{p}{q} = \frac{p}{1-p}$$

有

$$p = \frac{r}{r+1}$$

于是

$$h(2,3) = \frac{r^3}{r^3 + r^2 + r + 1}$$

循此以往,依次得 $h(3,2),h(2,2),h(3,1),h(1,3),\cdots$,直至 $h(0,0)$,就是式(7).

这个问题可以推广为:一方胜局达到 m 且比对方的胜局多 n,则此方获胜. 式(7)对应于 $m=4,n=2$ 的情况. 一般情况原则上也可用上述步骤求解,但对大的 m 和 n 公式将繁杂得难以想象.

注 3 式(11)的证明.

我们先介绍一个证明,其思想与伯努利的原始证明一致,但形式略广一些,

然后指出其与伯努利原始证明的差异之处. 我们只点明主要的步骤, 一些容易的细节请读者自己补出.

1. 先证明存在常数 u(与 k 无关), 使

$$A_{k+1} < uA_k, k = 0, 1, 2, \cdots \tag{A$_2$}$$

若此式已证, 则有 $A_k < u^k A_0$, 故

$$A_1 + A_2 + \cdots < u(1-u)^{-1} A_0 \tag{A$_3$}$$

为证 (A_2), 记

$$b_k = Np + kN\varepsilon + 1$$

按 A_k 的定义, 有

$$\frac{A_{k+1}}{A_k} = \frac{P(X=b_{k+1}) + P(X=b_{k+1}+1) + \cdots + P(X=b_{k+1}+N\varepsilon-1)}{P(X=b_k) + P(X=b_k+1) + \cdots + P(X=b_k+N\varepsilon-1)} \leqslant$$

$$\max\left[\frac{P(X=b_{k+1})}{P(X=b_k)}, \cdots, \frac{P(X=b_{k+1}+N\varepsilon-1)}{P(X=b_k+N\varepsilon-1)}\right]$$

此处有一个 b_k 可以不是整数的问题. 这需要在写法上做一点小的调整. 以下为行文简单, 略去这一调整, 这与实质无损(在伯努利的原始证明中, $p = \frac{a}{a+b}$, $\varepsilon = \frac{1}{a+b}$, 而他取 N 为 $a+b$ 的整数倍, 故这时 b_k 必为整数, 不存在上述问题).

容易证明: 当 $r < s$ 且 $l > 0$ 时, 有

$$\frac{P(X=s)}{P(X=r)} \geqslant \frac{P(X=s+l)}{P(X=r+l)}$$

当然这里要求 $r \geqslant 0$ 且 $s + l \leqslant N$. 上式易由二项概率公式证明. 由以上两式得

$$\frac{A_{k+1}}{A_k} \leqslant \frac{P(X=b_{k+1})}{P(X=b_k)} = \frac{P(X=b_1)}{P(X=b_0)} \equiv u$$

而 u 与 k 无关.

2. 证明当 $N \to \infty$ 时, $u \to 0$. 若此已证, 则由 (A_3) 立即得到式(11). 按二项概率公式有 $(q = 1-p)$

$$u^{-1} = \frac{(Np+2)(Np+3)\cdots(Np+N\varepsilon+1)}{(Nq-N\varepsilon)(Nq-N\varepsilon+1)\cdots(Nq-1)}\left(\frac{q}{p}\right)^{N\varepsilon} =$$

$$\prod_{i=1}^{N\varepsilon} \frac{Np+i+1}{Nq-i}\left(\frac{q}{p}\right)^{N\varepsilon} =$$

$$\prod_{i=1}^{N\varepsilon} \frac{\dfrac{pq+(i+1)q}{N}}{\dfrac{pq-ip}{N}} >$$

$$\prod_{i=1}^{N\varepsilon} \left(1 + \frac{(i+1)p}{N}\right) >$$

$$\sum_{i=1}^{N\varepsilon} \frac{(i+1)p}{N} >$$

$$\frac{p\varepsilon^2 N}{2} \to \infty, \text{当 } N \to \infty$$

于是证明了 $u \to 0$.

式 (11) 证毕.

这个证明对 p 和 ε 及 N 无限制. 在伯努利的原始证明中, $p = \dfrac{a}{a+b}$, $\varepsilon = \dfrac{1}{a+b}$, 而 N 是 $a+b$ 的整数倍. 这时不仅不存在上述 b_{k+1} 可能不为整数的困难, 而且在去掉公因子 $(a+b)^{-N}$ 之后, 可以用整数 $\dbinom{N}{i} a^i b^{N-i}$ 代替 $P(X=i)$, 处理较方便, 但步骤和证明的实质部分无所差异.

注 4 满足式 (12) 的 $\hat{p}(X)$ 不存在的证明.

固定一个自然数 N, 取整数 r 充分大, 使 $r(a+b) > N$, 缶中有白球 ra 个, 黑球 rb 个, 对此缶, 在不知道白、黑球个数的情况下, 白球个数可能取 $0, 1, \cdots, r(a+b)$ 等值, 故 p 值 $\left(\dfrac{\text{白球数}}{\text{球总数}}\right)$ 有 $r(a+b)+1$ 个可能值, 分别记为 $p_1, \cdots, p_M$, $M = r(a+b)+1$, 取 $i < M$. 若 $\hat{p}(X)$ 满足式 (12), 应有

$$P_{p_i}[\hat{p}(X) = p_i] > 0$$

此处 P_{p_i} 表示概率是在白球比率为 p_i 时计算的. 由此式知, 集合

$$D_i = \{j : j = 0, 1, \cdots, N; \hat{p}(j) = p_i\}$$

非空, 即它至少有一元, 因为 $D_1, \cdots, D_{M-1}$ 这 $M-1$ 个集两两无公共点, 故其并至少有 $M-1 \geqslant N+1$ 元, 这推出集 D_M 必为空集. 因而

$$P_{p_M}[\hat{p}(X) = p_M] = 0$$

与式 (12) 矛盾. 这证明了 $\hat{p}(X)$ 的不存在性.

注 5 关于伯努利的结果与用切比雪夫不等式得出的结果的比较, 还应注意几点: 其一是伯努利的结果只适用于 $\varepsilon = \dfrac{1}{a+b}$ 的情况, 而切比雪夫不等式中的 ε 无限制. 更重要的是: 伯努利是在 $p = \dfrac{a}{a+b}$ 已知的前提下去算的, 而 p (即 a, 此处假定 $a+b$ 是固定且已知的) 其实未知. 这样一来, 当求 N_1 时, 应结合 (13)(15) 两式, 把 N_1 表为 a 的函数 (再说一遍, $a+b$ 已知), 然后对 $a = 0, 1, \cdots, a+b$ 求极大值作为 N_1, N_2 则通过类似处理由 (14)(16) 两式导出. 这样一来, 所

定出的 N 可能会有较大幅度的增加.

对切比雪夫不等式当然也有类似问题,但情况简单得多,因方差在 $p = \dfrac{1}{2}$ 时达到最大,只需按 $p = \dfrac{1}{2}$ 计算方差即可. 做了这样的处理后,按切比雪夫不等式所算出的 N 由 600 600 增为 625 625.

棣莫弗的二项概率逼近

设某事件 A 出现的概率 p 未知. 在同样条件下独立地进行 N 次试验或观察("同样条件"一语意味着,事件 A 出现的概率 p 在各次试验中保持不变),发现事件 A 发生 X 次,$\frac{X}{N}$ 称为事件 A(在这 N 次试验中)的频率. 用我们现在的语言来说,伯努利在其划时代的著作《推测术》中证明了:当 $N \rightarrow \infty$ 时频率 $\frac{X}{N}$ 依概率收敛于 p. 伯努利试图解决如下的问题:给定 $\varepsilon > 0$ 和 $c > 0$(ε 很小而 c 很大),为使事件 $\left\{\left|\frac{X}{N} - p\right|\right\} \leqslant \varepsilon$ 的概率不小于 $\frac{c}{c+1}$,试验次数 N 至少需达到多少?伯努利提供的答案不够令人满意,与此同时,伯努利的侄儿兼《推测术》的定稿人尼科拉斯也提供了一个答案. 记

$$P_d = P(\mid X - Np \mid \leqslant d) \tag{1}$$

尼科拉斯的做法是固定 N 去估计 P_d,而不是从设定的对 P_d 值的要求出发去估计 N. 他得到公式

$$P_d \geqslant 1 - \max(a, b)$$

其中

$$a = \left\{ \frac{[N(1-p)-d+1]Np^2}{(Np+d)(Np+1)(1-p)} \right\}^{\frac{d}{2}}$$

$$b = \left\{ \frac{(Np-d+1)N(1-p)^2}{[N(1-p)+d][N(1-p)+1]p} \right\}^{\frac{d}{2}}$$

为了使 $P_d \geqslant \frac{c}{c+1}$,则必须找最小的 N 使满足

$$a \leqslant (c+1)^{-1}, b \leqslant (c+1)^{-1}$$

上章结尾处曾就一个具体例子指出,尼科拉斯的解较之伯努利的解,有相当的改进. 注意 a 及 b 的计算依赖于 p,而在实际问题中 p 未知,上述比较是将 p 作为已知代入算得,因此还不能算是圆满. 实际中计算 a,b 的一个方法是用 $\frac{X}{N}$ 代替 p,但所造成的误差不好估计. 另一个做法是设法证明:式(1) 定义的 P_d 作为 p 的函数,在 $p = \frac{1}{2}$ 时达到最小. 因此只需对 $p = \frac{1}{2}$ 的情况去处理这个问题.

尼科拉斯的解虽多少有所改进,但仍失之于粗糙. 究其原因,P_d 是一些二项概率之和,在当时的条件下,缺乏有效的处理这种和的方法. 而棣莫弗则是从估计单个的二项概率入手,取得了本质性的突破. 他的成就对后世有极大的影响,值得我们辟出一章来叙述他的发现的历史.

2.1 棣莫弗的研究的动因

亚伯拉罕·棣莫弗出生在法国一个新教徒的家庭中. 19 岁那年他曾因宗教信仰被捕入狱,度过了 2 年的铁窗生涯. 为躲避这种迫害,他于 21 岁时流亡到伦敦,担任一名教师. 在那里,他在教书生涯之余继续研习数学,主要是阅读刚出版不久的牛顿的著作《自然哲学的数学原理》. 他在数学领域内取得了多方面的成就,这使他在 1697 年当选为英国皇家学会会员,这年他刚届而立. 他的一项广为人知的成果,是著名的棣莫弗公式

$$(\cos \theta + \mathrm{i} \sin \theta)^n = \cos n\theta + \mathrm{i} \sin n\theta$$

(但棣莫弗没有把他的公式写成这个形式).

在 1718 年,棣莫弗出版了《机遇论》(*Doctrine of Chances*) 一书,此书奠定了他在概率史上的地位. 该书一共出了三版,分别在 1718,1738 和 1756 年. 人们常说,较早期的概率史上有三部里程碑性质的著作,棣莫弗的《机遇论》即为其一. 另两部是伯努利的《推测术》及拉普拉斯在 1812 年出版的《概率的分析理论》.

有趣的是,吸引棣莫弗投身于二项概率的研究的契机,倒不是伯努利的工

23

作.事实上,1718年版的《机遇论》一书表明,棣莫弗对伯努利的工作颇有一些看法.棣莫弗之所以注意到这个问题,与下述偶然情况有关.

1721年,有一个名叫亚历山大·喀明的人向棣莫弗提出一个问题:A,B二人在某甲家赌博,每局 A 获胜的概率为 p,B 获胜的概率为 $(1-p=)q$.赌 N 局,以 X 记 A 胜的局数.约定:若 $X \geqslant Np$,则 A 付给甲 $X-Np$ 元;若 $X < Np$,这时 $N-X > Nq$,则 B 付给甲 $[(N-X)-Nq=]Np-X$ 元.问甲所得的期望值是多少? 按定义,此期望值为

$$D_N = E(|X-Np|) = \sum_{i=1}^{N} |i-Np| b(N,p,i)$$

这里 $b(N,p,i)$ 为二项概率 $C_N^i p^i (1-p)^{N-i}$.棣莫弗在 Np 为整数的条件下得到

$$D_N = 2Npqb(N,p,Np) \tag{2}$$

且他只对 $p=\dfrac{1}{2}$ 的特例给出证明.不过,其证法易推广到一般的 p.棣莫弗声称此公式他在1721年已得到,但证明首次发表是在1730.现在我们容易在一般情况下证明(注1)

$$D_N = 2\mu q b(N,p,\mu), \mu=[Np]+1 \tag{3}$$

此处及以下,$[a]$ 表示不超过 a 的最大整数,易验证:当 Np 为整数时,公式(2)(3)一致.

上述公式回答了喀明提出的问题,但在 N 较大时,$b(N,p,i)$ 的计算不易,因此棣莫弗想找到一个便于计算的近似公式.在叙述他对这个问题的研究之前,我们先就上述公式做一点讨论.记

$$K_N = E\left(\left|\frac{X}{N}-p\right|\right) = \frac{D_N}{N}$$

则由式(2)有

$$K_N = 2pqb(N,p,Np)$$

容易证明(注4)

$$\lim_{N \to \infty} b(N,p,Np) = 0 \tag{4}$$

这个证明可以用初等方法得到,而不必利用当时尚不知道的斯特林(James Stirling,1692—1770)公式(注2).由此得出

$$\lim_{N \to \infty} K_N = 0$$

再由

$$P\left(\left|\frac{X}{N}-p\right| \geqslant \varepsilon\right) \leqslant \varepsilon^{-1} K_n$$

即得

$$\lim_{N \to \infty} P\left(\left|\frac{X}{N}-p\right| \geqslant \varepsilon\right) = 0$$

这就是伯努利的大数定律. 这个证法当然与用切比雪夫不等式的证法基本一致, 但要记住当时尚无方差这个概念. 棣莫弗后来证明了当 $N \to \infty$ 时, $b(N, p, Np)$ 是以 $\dfrac{1}{\sqrt{N}}$ 的速度趋于 0, 因此 K_N 也是以同一速度趋于 0. 这可以解释为: 用频率 $\dfrac{X}{N}$ 估计概率 p 的精度, 大致上是与试验次数 N 的平方根成比例, 而非初看起来可能以为的那样与 N 本身成比例. 后面我们还要回到这个重要的问题.

2.2 棣莫弗的初步结果

棣莫弗首先假定 N 为偶数 $2m$, 概率 $p = \dfrac{1}{2}$, 来研究中心项 $b(2m, \dfrac{1}{2}, m)$, 然后再研究中心项与一个任意项之比, 即 $\dfrac{b(m)}{b(m+d)}$ [此处已简记 $b(i) = b(2m, \dfrac{1}{2}, i)$]. 棣莫弗在 1721 年得到下述结果: 当 $N \to \infty$ 时

$$b(m) \sim 2.168 \frac{\left(1 - \dfrac{1}{N}\right)^N}{\sqrt{N-1}} \tag{5}$$

$$\log\left(\frac{b(m)}{b(m+d)}\right) \sim \left(m + d - \frac{1}{2}\right) \log(m + d - 1) +$$
$$\left(m - d + \frac{1}{2}\right) \log(m - d + 1) -$$
$$2m \log m + \log\left(\frac{m+d}{m}\right) \tag{6}$$

我们把棣莫弗的原始证明放到章末的注记中, 以备给对这一段史实感兴趣的读者参看. 对于只对史实的梗概感兴趣而不追求数学细节的读者, 可以略去这些. 这还因为, 有的细节如今已没有多少现实意义. 例如, 式(5) 在当今的教科书上已根本看不到. 即在棣莫弗当时, 式(5) 对他在这方面的进一步研究也未起多少作用, 但其证法则有其重要性. 另外还要指出, 式(6) 的成立对 d (可随 N 变化) 有一定的限制, 这一点棣莫弗没有明确指出. 现在我们利用斯特林公式不难得出应限制 $\dfrac{d}{N} \to 0$. 不过, 棣莫弗在利用这个公式做进一步的论证时, 并未违背这个限制.

2.3　初步结果的改进·与斯特林的联系

（5）（6）两式解决了喀明提出的问题（与一般 p 的结果类似,见后文）,但还不能用于更重要的目的 —— 给由式（1）定义的 P_d 找出一个近似公式,而后者,后来的事实证明,是棣莫弗的工作对后世发挥主要影响的部分.这方面进展的下一步推动力来自斯特林.他在数学上以其关于阶乘的渐近公式而知名.原来在 1725 年,喀明把棣莫弗的结果告知了斯特林,这激起了斯特林的兴趣,他因之做出了关于 $b(m)$ 的两个级数表达式

$$b^2(m) = \frac{2}{\pi(2m+1)}\left[1 + \frac{1}{4\left(m+\frac{3}{2}\right)} + \frac{9}{32\left(m+\frac{3}{2}\right)\left(m+\frac{5}{2}\right)} + \cdots \right] \qquad (7)$$

$$b^{-2}(m) = \pi m\left(1 + \frac{1}{4(m+1)} + \frac{9}{32(m+1)(m+2)} + \cdots \right) \qquad (8)$$

其证明极为繁复,此处不细述.值得注意的是,这是 π 这个符号首次被引进到这类公式中来①.特别地,注意到 $m = \dfrac{N}{2}$,令 $N \to \infty$,在式（8）右边只取主项 1,即得到下面的重要结果

$$b(m) \sim \sqrt{\frac{2}{\pi N}} \qquad (9)$$

这个结果的意义很重大.因为,式（5）中的"$\sim$"只表示两边接近的意思,不含有当 $N \to \infty$ 时两边比值趋于 1 的结论（这不难从形式上看出,因为 2.168 这个数显然是近似计算的结果,而非极限所得）,而式（9）所指则正是这个结论.设想棣莫弗停留在式（5）上,则尽管由此可形式上得到

$$b(m) \sim \frac{2.168\mathrm{e}^{-1}}{\sqrt{N}}$$

但此式与下文式（13）结合,只能得到式（15）积分前的常数因子为 $\left(\dfrac{1.084}{\mathrm{e}} \approx \right) 0.398\,781\,3$,而非正确值 $\left(\dfrac{1}{\sqrt{2\pi}} \approx \right) 0.398\,942\,3$.这个差别虽然从数值计算的观点看也许不重要,但终究不是标准正态密度.另外,对较小的 N,式（5）的近似程度略优于式（9）.例如 $N = 6$ 时,$b(3)$ 的正确值:0.312 500 0;式（5）:0.325 603 5;式（9）:0.325 735 0,而 $N = 12$ 时,以上三个值分别为

---

①这一段史实显示:在二项分布的正态逼近这一重要论题中,也有斯特林的一份功劳.但如今教科书中多把这一成果全归于棣莫弗.

0.225 585 9,0.230 236 5 和 0.230 329 4.在 $N = 18$ 时,(5)仍略优于(9).

所幸的是棣莫弗与斯特林有联系,后者把其结果通知了前者.很快棣莫弗发现,重要结果(9)可以通过应用瓦里斯在 1655 年得到的下述无穷乘积结果

$$\lim_{N\to\infty} \sqrt{\frac{1}{2N+1}} \, \frac{2\cdot 4\cdot 6\cdots 2N}{1\cdot 3\cdot 5\cdots (2N-1)} = \sqrt{\frac{\pi}{2}} \qquad (10)$$

而很容易得出,这只需注意

$$b(m) = \frac{1\cdot 3\cdot 5\cdots (2m-1)}{2\cdot 4\cdot 6\cdots 2m}$$

从棣莫弗得到式(9)的时间上看,认为他只注意到其问题与瓦里斯公式的关系是出于斯特林的促进,大概是不错的.若是棣莫弗能更早注意到其问题与瓦里斯公式的关系,则他可以更早得到公式(9),从而更早地完成整个研究.这也可以使他省略推导不起作用的公式(5)的麻烦.

斯特林公式最初发表于 1730 年.斯特林在当年做出了一个更一般的结果,其著名的阶乘公式则是其一个推论.1730 年棣莫弗证明了以下比较简洁的形式(斯特林公式原来的形式比这复杂)

$$m! = \sqrt{2\pi} \, m^{m+\frac{1}{2}} \exp\left(-m + \frac{1}{12m} - \frac{1}{360m^3} + \cdots\right) \qquad (11)$$

略去后面那个随 $m \to \infty$ 而趋于 0 的部分,可得到教科书上常见的形式

$$m! \sim \sqrt{2\pi} \, m^{m+\frac{1}{2}} \mathrm{e}^{-m} \qquad (12)$$

2.4 积分形式·P_d 的近似公式

以上就是 1730 年时的情况,更重要的对 P_d 的公式,还得等待 3 年以后.现在看来,棣莫弗是受了式(6)"过于精确"之累,因为它含有一些高阶项,因而不利于转化为一个形式简单的被积函数.到 1733 年,他走出了具有决定意义的一步,证明了当 $N \to \infty$ 时有

$$\frac{b(m+d)}{b(m)} \sim \exp\left(-\frac{2d^2}{N}\right) \qquad (13)$$

符号"~"的意义是两边的比趋于 1.从式(13)的证明(见注 3)可以看出:在 d 可随 N 变化但 $\frac{d}{\sqrt{N}}$ 保持有界时,式(13)当 $N \to \infty$ 时对这样的 d 一致成立.把(9)与(13)结合,得

$$b(m+d) \sim \frac{2}{\sqrt{2\pi N}} \mathrm{e}^{-\frac{2d^2}{N}} \qquad (14)$$

利用(14),并近似地以定积分代替和,得

$$P_d = \sum_{i:\,|m-i|\leqslant d} b(i) \sim \frac{2}{\sqrt{2\pi N}} \sum_{i:\,|m-i|\leqslant d} e^{-2\left(\frac{d}{\sqrt{N}}\right)^2} \sim$$

$$\frac{2}{\sqrt{2\pi}} \int_{-\frac{d}{\sqrt{N}}}^{\frac{d}{\sqrt{N}}} e^{-2x^2}\, dx =$$

$$\frac{1}{\sqrt{2\pi}} \int_{-\frac{2d}{\sqrt{N}}}^{\frac{2d}{\sqrt{N}}} e^{-\frac{x^2}{2}}\, dx \tag{15}$$

但棣莫弗给出的不是(15),而是其单边形式

$$\sum_{i:\,c_1\sqrt{N}\leqslant m-i\leqslant c_2\sqrt{N}} b(i) \sim \frac{1}{\sqrt{2\pi}} \int_{2c_1}^{2c_2} e^{-\frac{x^2}{2}}\, dx \tag{16}$$

这里 $-\infty < c_1 < c_2 < \infty$,$c_1, c_2$ 有界且可与 N 有关.

给定 $c > 0$,在式(15)中令 $d = c\sqrt{N}$,得

$$P_{c\sqrt{N}} = P\left(\left|\frac{X}{N} - \frac{1}{2}\right| \leqslant \frac{c}{\sqrt{N}}\right) \sim \frac{1}{\sqrt{2\pi}} \int_{-2c}^{2c} e^{-\frac{x^2}{2}}\, dx \tag{17}$$

拉普拉斯在 1774 年证明了

$$\frac{1}{\sqrt{2\pi}} \int_{-\infty}^{\infty} e^{-\frac{x^2}{2}}\, dx = 1$$

由此式及(17),可知若取 c 充分大,则对足够大的 N,事件 $\left\{\left|\frac{X}{N} - \frac{1}{2}\right| \leqslant \frac{c}{\sqrt{N}}\right\}$ 发生的概率可任意接近于 1. 由于 $\lim\limits_{N\to\infty} \frac{c}{\sqrt{N}} = 0$,可推出对任给 $\varepsilon > 0$,有

$$\lim_{N\to\infty} P\left(\left|\frac{X}{N} - \frac{1}{2}\right| \leqslant \varepsilon\right) = 1$$

即伯努利大数定律.

现在我们常把式(15),或更一般的形式(16),叫作棣莫弗中心极限定理. 可以说直到 20 世纪 30 年代初为止,独立变量和的中心极限定理的研究在概率论中已占据了中心地位,而这个主题即以棣莫弗在 1733 年的工作发其端. 中心极限定理在数理统计学中的重要作用也是众所周知. 由此看,说棣莫弗的工作是数理统计学发展史上的一块里程碑,也不算过分.

上面讨论的是对称(即 $p = \frac{1}{2}$)的情况. 棣莫弗也给出了对任意 p 的结果

$$b(N, p, Np + d) \sim (2\pi Npq)^{-\frac{1}{2}} \exp\left(\frac{-d^2}{2Npq}\right) \tag{18}$$

此处 $q = 1 - p$(当 Np 非整数时,$Np + d$ 改为 $[Np] + d$). 奇怪的是,他没有给出对应的积分形式的公式,即

$$P_d = \sum_{i:\,|i-Np|\leqslant d} b(N, p, i) \sim$$

$$\frac{4}{\sqrt{2\pi}} \int_0^{\frac{d}{2\sqrt{Npq}}} e^{-2x^2} dx \qquad (19)$$

或更一般的形式

$$\sum_{d_1 \leqslant i-Np \leqslant d_2} b(N,p,i) \sim \frac{1}{\sqrt{2\pi}} \int_{\frac{d_1}{\sqrt{Npq}}}^{\frac{d_2}{\sqrt{Npq}}} e^{-\frac{x^2}{2}} dx \qquad (20)$$

当然,由(19)推出(20)的方法,与由(14)推出(15)完全一样.也许由于这一点,他就没有把(19)或(20)明显地写出来.

作为对由式(1)定义的 P_d 的逼近,棣莫弗的结果优于伯努利及尼科拉斯的结果,这可以用两种方法来比较.记住我们的问题是找出 N,使

$$P_d \geqslant \frac{c}{c+1}$$

一种比较的方法是固定 N 和 c 来比较 d, d 小者为优①.有一组涉及生男孩概率问题的实际数据,其 $N=14\,000$, $\frac{c}{c+1}=0.954$,而 $p=0.514\,3$, d 值分别为:

伯努利:$0.021\,0a$;尼科拉斯:$0.010\,4a$;棣莫弗:$0.008\,4a$.

其中

$$a=\sqrt{Npq}=\sqrt{14\,000(0.514\,3)(1-0.514\,3)} \approx 59.136\,6$$

另一种方法是固定 $\frac{d}{N}$② 和 c 来比较 N,这更符合最初的意思.使用在上一章中用过的例子,其 $p=0.6$, $c=1\,000$,而 $\frac{d}{N}=0.02$.用伯努利和尼科拉斯方法所得的 N 值已在上一章末尾指出,而用棣莫弗逼近所得的 N 约为 $6\,600$.

棣莫弗也考虑了积分 $\int_0^a e^{-\frac{x^2}{2}} dx$ 的数值计算问题.对较小的 a,他把函数 $e^{-\frac{x^2}{2}}$ 展开为幂级数,逐项积分算其有限项之和.对较大的 a,他在区间 $\left[\frac{1}{2},a\right]$ 内用二次多项式近似代替 $e^{-\frac{x^2}{2}}$.结果表明,当 a 较小时效果甚佳,而 a 较大时仍可以.例如,对 $d=\frac{\sqrt{N}}{2}$, $p=\frac{1}{2}$,按式(15)有

---

① 从严格的数学意义上看这里还存在一个问题,即在固定 ε 时,概率 $P\left(\left|\frac{X}{N}-p\right| \leqslant \varepsilon\right)$ 不一定随 N 增加而非降,视 $N=3$, $p=\frac{1}{3}$, $\varepsilon=\frac{1}{3}$ 的例可知.但在 N 很大时,这个现象从实用的观点看并不重要.

② 因为事件 $\{|X-Np| \leqslant d\} = \left\{\left|\frac{X}{N}-p\right| \leqslant \frac{d}{N}\right\}$,固定 $\frac{d}{N}$ 即固定了对频率和概率的差距的要求.

$$P_d \sim \frac{1}{\sqrt{2\pi}} \int_{-1}^{1} \mathrm{e}^{-\frac{x^2}{2}} \mathrm{d}x$$

按棣莫弗的近似算法得 P_d 的近似值为 0.682 688,而 P_d 的精确到 6 位之值为 0.682 689. 对较大的 d 有:

$d = \sqrt{N}$:棣莫弗近似 0.954 28,确值 0.954 50.

$d = \frac{3\sqrt{N}}{2}$:棣莫弗近似 0.998 74,确值 0.997 30.

以现代的计算工具,不难把 $\int_{0}^{a} \mathrm{e}^{-\frac{x^2}{2}} \mathrm{d}x$ 这样的积分计算到所需的位数. 因此,我们关心的问题是概率 P_d 与积分的差距. 目前已知,即使 N 小到 30 左右,只要 p 不太接近 0 或 1,逼近的精度从实用的观点看是令人满意的. 棣莫弗自己也考虑过这个问题. 他说"经过试算证实",在 N 为 100 左右仍属满意. 这大概是指通过硬算(用二项分布精确计算 P_d,并把积分算到很准确). 在没有电子计算机的时代,这实在是一个令人望而生畏的任务.

2.5 棣莫弗工作统计意义的讨论

公式(17)说明了:就"用频率估计概率"这个特例而言,观察值的算术平均(在此例即频率)的精度,与观察次数 N 的平方根 $\sqrt{N}$ 成比例[①]. 这澄清了一个当时在学者中有分歧的问题:有的学者认为取平均其效果不必优于从那批数据中挑选出的质量最好的一个,另一个极端则是认为平均值的精度应正比于 N. 棣莫弗以数学的精确性肯定了真相是介于二者之间,即精度正比于 $\sqrt{N}$. 这可以看作人类认识自然的一个重大进展. 棣莫弗也因之看出了 $\sqrt{N}$ 这个量的特殊地位,他为此特别引进了"模"(modulu)这个称呼,这个概念后来没能保存下来,而被现时常用的概念标准差所取代了.

棣莫弗的工作对数理统计学最大的影响,当然还在于现今以他的名字命名的中心极限定理. 棣莫弗得出他的成果后约 40 年,拉普拉斯建立了中心极限定理较一般的形式,独立和中心极限定理最一般的形式到 20 世纪 30 年代才最后完成. 此后统计学家发现,一系列的重要统计量,在样本量 $N \to \infty$ 时,其极限分布都有正态的形式,这构成了数理统计学中大样本方法的基础. 如今,大样本方法在统计方法中占据了很重要的地位,饮水思源,棣莫弗的工作可以说是这一重要发展的源头.

[①]一般的中心极限定理表明,这一点对一般观测值的算术平均仍成立.

这是我们以当代的观点来回顾棣莫弗工作的意义.可是在当时,棣莫弗的工作并未受到应有的重视.原因在于,棣莫弗本人不能算是一个统计学家,他从未从统计学的观点去考虑其工作的意义.他的出发点始终是:把 p 作为一个已知值,如何在数值上逼近概率 $b(N,p,i)$ 和 P_d,而不是把 p 看作未知值,如何通过观察值 X 去对 p 进行推断的问题.比如,依他对自己结果的看法,无法回答下述当时在统计界关心的问题:以 p 记生男孩的概率,现观察了 20 468 个婴儿,发现男婴有 10 442 个,问根据这一数据,对"$p \leqslant \frac{1}{2}$"的可能性能有如何之估计?

其实,只需从适当角度加以解释,棣莫弗的结果可以对此问题给出合理的回答,与我们今日所用的推理一致.另外,如不拘泥于固定 p 已知这一看法,棣莫弗的结果可以很容易地转换成对 p 的区间估计的形式.这一点要等到 200 年后才由波兰统计学家耐曼(Jerzy Neyman,1894—1981)提出来.从这个例子我们也看到科学研究中开创性观点提出之不易.有时,产生某一新观点所需材料都已具备,甚至接近了这一观点的边缘,但由于没有往这个方向着眼,这创新观点差这一步就出不来,数理统计学史上颇不乏这样的例子.

2.6 二项概率逼近的其他工作

继棣莫弗之后,还有些学者研究过二项概率逼近这个重要问题,其一是伯努利的另一侄儿,丹尼尔·伯努利.他在 1770 年的一篇论文中提出了二项概率的下述逼近公式

$$b(N,p,Np+d) \sim \frac{0.564\,13}{\sqrt{\frac{N}{2}}} e^{\frac{-N(p-q)^2}{2}} (2qp^p q^{-p})^N e^{\frac{-d^2}{2Npq}} \tag{21}$$

其中 $q=1-p$.不过,他这个公式只在 p 很接近 $\frac{1}{2}$ 时才有效(具体地说,要求 $p=\frac{1}{2}+O(N^{-\frac{1}{2}})$ 和 $d=O(\sqrt{N})$).这个公式适用面窄,证明难(不同于棣莫弗的方法)且形式累赘,因而没有流传下来.应当指出:为了当 $N \to \infty$ 时式(21)两边之比趋于 1,右边的 0.564 13 应当以 $\frac{1}{\sqrt{\pi}}(\approx 0.564\,189\,58)$ 来取代.

丹尼尔曾将他的公式用于一个人口统计问题.此问题是继阿布什诺特(见第 6 章)在 1710 年做了一个有关人口问题的统计假设检验之后的另一个假设检验问题,其复杂性大为增加且在观念上具有现代假设检验理论的特征,值得在此稍做介绍.

31

丹尼尔用的数据是自 1664 年至 1758 年伦敦每年受洗（在此等同于出生）男、女婴儿数. 他算出男、女婴儿数之比为 $\left(\dfrac{737\ 629}{698\ 958}\approx\right)1.055$. 丹尼尔发现,若每 10 年一计,则上述比值的最小值在 1721—1730 年这一时期内达到,为 $\left(\dfrac{92\ 813}{89\ 217}\approx\right)1.040$,他想要回答的问题是:这一差异究竟是出自偶然呢,还是由于男婴出生率在 1721—1730 年这一时期内确有下降. 于是有两个可能性

$$p_0=\frac{1\ 055}{2\ 055},\ p_1=\frac{1\ 040}{2\ 040}$$

其中 p_0 是在认定上述现象系出自偶然的假定下,1721—1730 年期间男婴的出生率,而 p_1 则是在该期间内男婴出生率确有下降的假定下的男婴出生率.

丹尼尔对 1721—1730 年的每一年计算 np_0-x 及 np_1-x 之值. 例如对 1721 年,x ＝该年出生男婴数＝9 430,n ＝该年出生婴儿总数＝18 370. 结果该年

$$np_0-x=1,\ np_1-x=-65$$

他发现,10 个 np_0-x 值都为正,但 10 个 np_1-x 值中,3 正 7 负. 这显示 p_1 这个值较为合理. 更进一步,丹尼尔算出每一年 np_0-x 和 np_1-x 的或然误差 (probable error)[1]. 在做这一计算时就要涉及二项概率. 例如,要算 1721 年 np_0-x 的或然误差 a 等于求方程

$$\sum_{np_0-a\leqslant i\leqslant np_0+a}\mathrm{C}_n^i p_0^i(1-p_0)^{n-i}=\frac{1}{2}$$

其中 $n=18\ 370$,$p_0=\dfrac{1\ 055}{2\ 055}$,丹尼尔用式 (21) 计算上式中的二项概率并用试错法来解 a. 在没有适当计算工具的古代,这实在是不容易.

对每个 np_0-x 和 np_1-x 都算出其或然误差 a_0 和 a_1 后,丹尼尔发现,在 10 个 np_0-x 中,满足 $|np_0-x|>a_0$ 的有 5 个,而在 10 个 np_1-x 中,满足 $|np_1-x|>a_1$ 的有 3 个. 从这个角度看似乎数据更支持 p_0（因为按或然误差定义,$|np_i-x|(i=0,1)$ 超过其或然误差者应约为一半）. 但概率为 $\dfrac{1}{2}$ 的事件在 10 次观察中出现 3 次并不稀奇,故后一分析也并不构成对 p_1 不利的证据. 然而可能由于这一点,丹尼尔没有明确提出"在 1721—1730 年期间男婴出生率有所下降"的结论. 从我们今日的观点来看,如果把符号检验用于前一半分析的结果（np_1-x 全为正号）,那么有充分理由做出这样的结论.

拉普拉斯在其于 1812 年出版的著作《概率的分析理论》中也讨论了这个问

---

[1] 若 ε 为随机误差（例如此处的 np_0-x）,则满足条件 $P(|\varepsilon|\leqslant a)=\dfrac{1}{2}$ 的 a,就称为 ε 的或然误差.

题. 记

$$m = (N+1)p$$
$$z = m - Np$$

拉普拉斯在 $\dfrac{d}{\sqrt{N}}$ 保持有界的条件下证明了

$$b(N, p, m+d) = \frac{1}{\sqrt{2\pi Np'q'}} e^{\frac{-d^2}{2Np'q'}} \cdot$$

$$\left\{ 1 - \frac{dz}{Np'q'} - \frac{d}{2}\left(\frac{1}{Np'} - \frac{1}{Nq'}\right) + \frac{d^3}{3!}\left[\left(\frac{1}{Np'}\right)^2 - \left(\frac{1}{Nq'}\right)^2\right] + \cdots \right\} \quad (22)$$

这里 $p' = \dfrac{m}{N}$, $q' = 1 - p'$. 这并非一确切的等式而是渐近公式[①]. 取(22)右边的主项, 得到棣莫弗的公式(18). 这个公式的作用, 在于对 $p \neq \dfrac{1}{2}$ 的非对称情况给予一些校正.

丹尼尔和拉普拉斯的公式在现今教本中已很少提及, 但另一个渐近公式则不然, 它就是下述著名的公式

$$\lim_{N\to\infty} b(N, p, k) = e^{-\lambda}\frac{\lambda^k}{k!}, \quad k = \lim_{N\to\infty} Np \quad (23)$$

这公式在教本中通称为泊松逼近公式, 它是泊松在 1838 年于一本有关概率在法律审判的应用的书中所引进的. 此公式适用于 p 很小, N 很大而 Np 不甚大时, 这正好填补了棣莫弗公式的不足, 因后者只适用于 p 不太接近于 $0,1$ 的时候. 不过, 从历史上看, 棣莫弗早在 1712 年已实质上做出了这个结果.

设 x 为一具有二项分布的随机变量. 出于赌博上的需要, 有一些学者考虑过下述问题: 决定 c, 使 $P(X \leqslant c-1) = P(X \geqslant c)$, 或者说

$$\sum_{i=0}^{c-1} C_N^i p^i q^{N-i} = \frac{1}{2}, \quad q = 1 - p$$

棣莫弗将上式改写为

$$2\sum_{i=0}^{c-1} C_N^i r^{-i} = q^{-N}, \quad r = \frac{q}{p}$$

此即

$$(1 + r^{-1})^N = 2(1 + C_N^1 r^{-1} + C_N^2 r^{-2} + \cdots + C_N^{c-1} r^{-(c-1)})$$

令 $N \to \infty$. 因 $Np \to \lambda$, 有 $\dfrac{N}{r} \to \lambda$, 于是得到

$$e^{-\lambda} \approx 2\left(1 + \lambda + \frac{\lambda^2}{2} + \cdots + \frac{\lambda^{c-1}}{(c-1)!}\right)$$

---

①两边取 $d = 0$ 比较即知.

由此式,用试错(trial and error)的方法去决定 c. 此式的实质,无非是用 $e^{-\lambda}\dfrac{\lambda^k}{k!}$ 去取代二项概率 $b(N,p,k)$. 但按棣莫弗给出的上述形式,取代上式中的 λ 位置的,是 $\dfrac{N}{r}=\dfrac{Np}{q}$,而非泊松形式中的 Np,要复杂一些. 更要紧的是,棣莫弗没有把这个公式作为一个单独的实体拿出来,因而也就没有取得这一公式的优先权.

泊松的名字对学概率论和数理统计的人来说,可谓耳熟能详,原因主要在于这个近似公式,以及更重要的,源于这个近似公式的泊松公式,其在离散型分布中的重要性和知名度仅次于二项分布. 泊松另一个重要的工作,是把伯努利大数定律推广到每次试验中事件概率不同的情况,现称为泊松大数定律,它也是首先出现在前述 1838 年的著作中. 我们前面已指出:大数定律这个名称就是出自泊松的这一著作.

有很长一个时期,统计方法在社会问题中的应用主要限于人口统计,特别是男、女婴儿出生的比例问题. 这是一个典型的与二项分布有关的统计问题. 二项分布相对比较简单的形式,也使它成为一个概率方法可有用武之地的模型. 因此也就不奇怪,推断统计的最早一个对象就是这个模型. 人们说,在 19 世纪以前,数理统计是二项分布的天下,进入 19 世纪后,随着高斯误差分布理论的建立,正态分布才越来越在数理统计学中取得中心地位,一定程度上直到如今亦如此.

二项分布在数理统计史上另一个重大作用是,正是由于对此分布中未知概率的推断的探讨,早在 18 世纪中叶就促使了贝叶斯推断思想的建立. 如今这种思想已发展成为数理统计学中的重要学派 —— 贝叶斯学派. 这方面发展的历史就是我们在下一章中要讨论的主题.

注 1 式(3)的证明.

记

$$F(p)=\sum_{i\geqslant\mu}b(N,p,i),\mu=[np]+1$$

则

$$F'(p)=\sum_{i\geqslant\mu}i C_N^i p^{i-1}(1-p)^{N-1}-$$
$$\sum_{i\geqslant\mu}(N-i)C_N^i p^i(1-p)^{N-i-1} \qquad (\mathrm{A}_1)$$

因此

$$2pqF'(p)=2\sum_{i\geqslant\mu}[iq-(N-i)p]b(N,p,i)=$$
$$2\sum_{i\geqslant\mu}(i-Np)b(N,p,i)$$

因为

$$\sum_{i=1}^{N}(i-Np)b(N,p,i)=0$$

有

$$\sum_{i<\mu}(i-Np)b(N,p,i)=-\sum_{i\geqslant\mu}(i-Np)b(N,p,i)$$

由以上两式即得

$$D_N=2pqF'(p) \qquad (A_2)$$

但由式(A_1),并利用$b(N-1,p,N)=0$,得

$$F'(p)=\sum_{i\geqslant\mu}[Nb(N-1,p,i-1)-Nb(N-1,p,i)]=$$
$$Nb(N-1,p,\mu-1)-b(N-1,p,N)=$$
$$Nb(N-1,p,\mu-1)$$

以此代入(A_2),并注意$pNb(N-1,p,\mu-1)=\mu b(N,p,\mu)$,即得所要的结果.

注2 式(5)的证明.

因为

$$b(m)=\frac{2m(2m-1)\cdots(m+1)}{m!}2^{-2m}=2^{-2m+1}\prod_{i=1}^{m-1}\frac{m+i}{m-i}$$

有

$$\log b(m)=(1-2m)\log 2+\sum_{i=1}^{m-1}\log\frac{1+\frac{i}{m}}{1-\frac{i}{m}} \qquad (A_3)$$

利用展开式

$$\log\frac{1+x}{1-x}=2\sum_{k=1}^{\infty}\frac{x^{2k-1}}{2k-1},\ |x|<1 \qquad (A_4)$$

得

$$H\equiv\sum_{i=1}^{m-1}\log\frac{1+\frac{i}{m}}{1-\frac{i}{m}}=2\sum_{i=1}^{m-1}\sum_{k=1}^{\infty}\frac{1}{2k-1}\left(\frac{i}{m}\right)^{2k-1}=$$

$$2\sum_{k=1}^{\infty}\frac{1}{(2k-1)m^{2k-1}}\sum_{i=1}^{m-1}i^{2k-1}$$

对后一个和用第4章式(1),并记$t=\frac{m-1}{m}$,得

$$H=2(m-1)\sum_{k=1}^{\infty}\frac{t^{2k-1}}{2k(2k-1)}+\sum_{k=1}^{\infty}\frac{t^{2k-1}}{2k-1}+$$

$$2\sum_{k=1}^{\infty}\sum_{i=1}^{k-1}\frac{B_{2i}}{(2k-1)2im^{2i-1}}C_{2k-1}^{2i-1}t^{2k-2i}$$

对(A_4)两边从0到t积分,得上式右边第一个和,第二个和即(A_4).至于第三个和,记其值为L,改变求和次序,得

$$L = 2\sum_{i=1}^{\infty} \frac{B_{2i}}{2im^{2i-1}} \sum_{k=i}^{\infty} \frac{1}{2k-1} C_{2k-1}^{2i-1} t^{2k-2i} \tag{A$_5$}$$

因为

$$\sum_{k=i}^{\infty} \frac{1}{2k-1} C_{2k-1}^{2i-1} t^{2k-2i} = \sum_{k=i}^{\infty} \frac{1}{2i-1} C_{2k-2}^{2i-2} t^{2k-2i} =$$

$$\frac{1}{2i-1} \sum_{j=0}^{\infty} C_{2i-2+2j}^{2i-2} t^{2j} =$$

$$\frac{1}{2i-1} \frac{1}{2} \big[(1-t)^{-(2i-1)} + (1+t)^{-(2i-1)} \big] =$$

$$\frac{1}{2(2i-1)} \left[m^{2i-1} + \left(1 + \frac{m-1}{m}\right)^{-(2i-1)} \right]$$

以此代入(A_5),令$m \to \infty$,有

$$\lim_{m \to \infty} L = \frac{B_{2i}}{2i(2i-1)}$$

由此及$(A_3)$$(A_5)$,得

$$\log b(m) \sim \left(2m - \frac{1}{2}\right) \log(2m-1) - 2m\log(2m) +$$

$$\log 2 + \sum_{i=1}^{\infty} \frac{B_{2i}}{2i(2i-1)} \tag{A$_6$}$$

此处"$\sim$"的意思是,当$m \to \infty$时,左、右两端之比趋于1. 棣莫弗的麻烦在于他无法算出(A_6)右边那个和的确值,只好取其前4项和作为近似,得

$$\log 2 + \frac{1}{12} - \frac{1}{360} + \frac{1}{1\,260} - \frac{1}{1\,680} \approx 0.773\,9$$

而$e^{0.773\,9} \approx 2.168\,2$,这样由$(A_6)$得到

$$b(m) \sim 2.168\,2(2m-1)^{2m-\frac{1}{2}}(2m)^{-2m} =$$

$$\frac{2.168\,2\left(1 - \frac{1}{2m}\right)^{2m}}{\sqrt{2m-1}} = \frac{2.168\,2\left(1 - \frac{1}{N}\right)^{N}}{\sqrt{N-1}} \tag{A$_7$}$$

即式(5),但此处"$\sim$"已无两端之比趋于1的含义.

若是棣莫弗当时能算出

$$\sum_{i=1}^{\infty} \left(\frac{B_{2i}}{2i(2i-1)}\right) = 1 - \frac{1}{2}\log(2\pi) \tag{A$_8$}$$

则式(A_7)可以用

$$b(m) \sim 2e(2\pi)^{-\frac{1}{2}} \frac{\left(1 - \frac{1}{N}\right)^{N}}{\sqrt{N-1}} \sim$$

$$2\mathrm{e}(2\pi)^{-\frac{1}{2}}\frac{\mathrm{e}^{-1}}{\sqrt{N}}=\sqrt{\frac{2}{\pi N}}$$

来取代,而此时"～"已有两边之比趋于 1 的意义,这样就得到了关键的式(9). 反过来,既然已用另外的方法证明了式(9),则上述论证证明了式(A₈)成立.

注 3 式(6)和式(13)的证明.

$$\frac{b(m)}{b(m+d)}=\frac{m+d}{m}\prod_{i=1}^{d-1}\frac{m+i}{m-i}$$

有

$$\log\frac{b(m)}{b(m+d)}=\log\frac{m+d}{m}+\sum_{i=1}^{d-1}\log\frac{1+\frac{i}{m}}{1-\frac{i}{m}} \tag{A₉}$$

右边的和已在注 2 中处理过.令 $t=\frac{d-1}{m}$,得到右边的和等于以下两个主要项之和

$$2(d-1)\sum_{k=1}^{\infty}\frac{t^{2k-1}}{2k(2k-1)}+\sum_{k=1}^{\infty}\frac{t^{2k-1}}{2k-1}$$

加上一高阶无穷小.在注 2 中已指出过计算上式中的级数的方法,算出结果代入(A₉),即得式(6).

将式(6)中的 $\log(m+d-1)$ 写为 $\log m+\log\left(1+\frac{d-1}{m}\right)$,$\log(m-d+1)$ 可类似处理,利用展开式

$$\log(1+x)=x-\frac{x^2}{2}+\frac{x^3}{3}-\cdots$$

右边取两项,用之于 $\log\left(1+\frac{d-1}{m}\right)$ 及 $\log\left(1-\frac{d-1}{m}\right)$,代入式(6)整理即得式(13).

注 4 式(4)的证明.

我们可以证明更强的结果:对固定的 $p,0<p<1$,当 $N\rightarrow\infty$ 时有

$$\lim_{N\rightarrow\infty}\max_{0\leqslant i\leqslant N}b(N,p,i)=0 \tag{A₁₀}$$

事实上,记 $\mu=[(N+1)p]$.分析比值 $\frac{b(N,p,i)}{b(N,p,i-1)}$,易见 $b(N,p,i)$ 在 $i=\mu$ 时达到最大,且当 $i\geqslant\mu$ 时,$b(N,p,i)$ 随 i 增加而非增,故对固定的自然数 m,有

$$1=\sum_{i=0}^{N}b(N,p,i)\geqslant\sum_{i=\mu}^{\mu+m}b(N,p,i)\geqslant$$
$$(m+1)b(N,p,\mu+m) \tag{A₁₁}$$

37

因为

$$\frac{b(N,p,\mu+m)}{b(N,p,\mu)} = \frac{C_N^{\mu+m} p^{\mu+m}(1-p)^{N-\mu-m}}{C_N^{\mu} p^{\mu}(1-p)^{N-\mu}} \geqslant$$
$$\left(\frac{p}{1-p}\right)^m \left(\frac{N-\mu-m}{\mu+m}\right)^m \tag{A_{12}}$$

而对固定的 m 有

$$\lim_{N\to\infty} \frac{N-\mu-m}{\mu+m} = \frac{p}{1-p}$$

此与(A_{12})结合,可知当 N 充分大时,有 $\dfrac{b(N,p,\mu+m)}{b(N,p,\mu)} \geqslant \dfrac{1}{2}$. 以此代入($A_{11}$),可知当 N 充分大时有

$$1 \geqslant 2^{-1}(m+1)b(N,p,\mu)$$

因而

$$b(N,p,\mu) \leqslant \frac{2}{m+1}$$

当 N 充分大时,由 m 的任意性知

$$\lim_{N\to\infty} b(N,p,\mu) = 0$$

于是证明了所要的结果.

注意这一证明没有利用式(14)(若用该式,结论显然),目的是显示,在棣莫弗 1721 年结果的基础上,已很容易证明大数定律.

注 5 式(11)的证明.

因

$$\frac{m^m}{m!} = \prod_{i=1}^{m-1} \left(1-\frac{i}{m}\right)^{-1}$$

有

$$\log\left(\frac{m^m}{m!}\right) = \sum_{i=1}^{m-1} \sum_{k=1}^{\infty} \frac{1}{km^k} \sum_{i=1}^{m-1} i^k$$

用第 4 章的公式(1),上式右边可化为

$$H = (m-1)\sum_{k=1}^{\infty} \frac{t^k}{k(k+1)} + \frac{1}{2}\sum_{k=1}^{\infty} \frac{t^k}{k} +$$
$$\sum_{k=1}^{\infty} \sum_{r=1}^{\frac{k}{2}} \frac{1}{k} C_k^{2r-1} \frac{B_{2r}}{2rm^{2r-1}} t^{k-2r+1} \tag{A_{13}}$$

其中 $t = \dfrac{m-1}{m}$. 对展式

$$-\log(1-x) = \sum_{k=1}^{\infty} \frac{x^k}{k}$$

两边积分算出 H 右边第 1 项,最后一个和的处理方式,与式(A_5)右边相应的和

相同,经过这些处理,得

$$H = m - 1 - \frac{1}{2} \log m + \sum_{k=1}^{\infty} \frac{B_{2k}}{2k(2k-1)} (1 - m^{1-2k}) \sim$$

$$m - 1 - \frac{1}{2} \log m + \sum_{k=1}^{\infty} \frac{B_{2k}}{2k(2k-1)}, \text{当 } m \to \infty \qquad (A_{14})$$

再用(A_8),得

$$H \sim m - \frac{1}{2} \log m - \frac{1}{2} \log (2\pi)$$

即

$$\log \left(\frac{m^m}{m!} \right) \sim m - \frac{1}{2} \log m - \frac{1}{2} \log (2\pi)$$

由此得出式(12).

式(11)则由(A_{14})并利用(A_8)得出.

读者应当注意的是:在以上的注2,3和5中,我们介绍的是棣莫弗的原来的证法,现代教科书则从斯特林公式出发,论证要简单些.

贝叶斯方法

在前面介绍的伯努利和棣莫弗的两项重大成果中,主角都是二项分布.无疑,在早期的概率统计史中,这是唯一的一个分布,其研究达到相当的深度.应用上的重要性及其较简单的形式,是使二项分布得到众多学者关心的原因.

本章继续这个主题,讲述数理统计史上另一项以二项分布为主角的工作,其影响和重要性不亚于上述两项成果,这就是英国学者贝叶斯在 18 世纪中叶,为解决二项分布的概率的估计问题所提出的一种方法,但方法的思想并不只适用于这一特定问题.事实上,贝叶斯的思想,经过其支持者的发展并因其在应用上的良好表现,如今已成长为数理统计学中的两个主要学派之一 —— 贝叶斯学派,占据了数理统计学这个领域的半壁江山.

3.1 贝叶斯及其传世之作

托马斯·贝叶斯(Thomas Bayes,1702—1761)在 18 世纪上半叶的欧洲学术界恐怕不能算是一个很知名的人物.在他生前,没有发表片纸只字的科学论著.那时,学者之间的私人通信,是传播和交流科学成果的一种重要方式.许多这类信件得以保存下来并发表传世,而成为科学史上的重要文献,例如第 2 章中提到的费马和帕斯卡的通信. 但对于贝叶斯来说,这方面材料也不多. 在他生前,除在1755 年有一封致约翰·康顿的信(其中讨论了辛普森有关误差理论的工作,见第 5 章)见诸约翰的文件外,历史上没有记载他与当时的学术界有何重要的交往. 但他曾在 1742 年当选为英国皇家学会会员(相当于科学院院士),因而可以断定,他必定曾以某种方式表现出其学术造诣而为当时的学术界所承认. 如今,我们对这个生性孤僻、哲学气息重于数学气息的学术怪杰的了解,主要是他的一篇题为 *An Essay Towards Solving a Problem in the Doctrine of Chances*(《机遇理论中一个问题的解》)的遗作. 此文发表后很长一个时期在学术界没有引起什么反响,但到 20 世纪突然受到人们的重视,成为贝叶斯学派的奠基石. 1958 年,国际权威性的统计杂志 *Biometrika*(《生物计量》)重新刊载了这篇文章. 此文也有了中译本(见廖文等译的《贝叶斯统计学 —— 原理、模型及应用》的附录 4,中国统计出版社,1992 年版).

此文是他的两篇遗作之一,首次发表于 1764 年伦敦皇家学会的刊物 *Philosophical Transactions* 上. 此文在贝叶斯生前已写就,为何当时未交付发表,后来的学者有些猜测,但均不足定论. 据文献记载,在他逝世前 4 个月,他在一封遗书中将此文及 100 英镑付托给一个叫普莱斯的学者,而贝叶斯当时对此人在何处也不了然. 所幸的是,后来普莱斯在贝叶斯的文件中发现了这篇文章,他于 1763 年 12 月 23 日在皇家学会上宣读了此文,并在次年得到发表. 发表时普莱斯为此文写了一个有实质内容的前言和附录. 据普莱斯说,贝叶斯自己也准备了一个前言,这使人们无法确切区分:哪些思想属于贝叶斯本人,哪些是普莱斯所附加.

贝叶斯写作此文的动机,说法也不一. 一种表面上看来显然的说法,是为了解决伯努利和棣莫弗未能解决的二项分布概率 p 的"逆概率"问题,因为当时距这两位学者的成果发表后尚不久. 有的认为他是受了前面提到的辛普森误差工作的触动,想为这种问题的处理提供一种新的思想. 还有人主张,贝叶斯写作此文,是为了给"第一推动力"的存在提供一个数学证明. 这些说法现在都无从考证.

上面提到"逆概率"这个名词在较早的统计学著作中用得较多,现在已逐渐淡出. 顾名思义,它是指"求概率这个问题的逆问题":已知事件的概率为 p,可由之计算某种观察结果出现的概率如何. 反过来,给定了观察结果,问由之可以对概率 p 做出若何之推断. 推广到极处可以说,"正概率"是由原因推结果,是概率论;"逆概率"是由结果推原因,是数理统计[①].

———————————

①在不少统计学文献中,逆概率(inverse probability)是贝叶斯方法的一种指称.

41

3.2 贝叶斯的问题提法

在文章的前言中,明确提出了该文要讨论的问题:给定了一个事件在一系列观察中出现的次数和不出现的次数,并给定两个数,要求该事件在一次观察中出现的概率 θ 落在此两数之间的机遇.

有些隐含的假定没有在这一表述中明确写出来,即要求这一系列观察构成伯努利概型:在各次观察中,事件的概率 θ 保持不变,且各次观察独立.这样,在 N 次观察中事件出现的次数 X,服从二项分布 $B(N,\theta)$.用现代的记号,贝叶斯的问题可表述为:设 X 服从二项分布 $B(N,\theta)$,N 已知而 θ 未知,给定常数 a,b, $0 \leqslant a < b \leqslant 1$,在得到观察值 X 后,要求条件概率 $P(a \leqslant \theta \leqslant b \mid X)$.

贝叶斯的这个提法,可能受到当时流行的一些人口统计问题的影响.例如,为证明生男婴的概率 θ 比 $\frac{1}{2}$ 大,在所观察的 N 个出生婴儿中发现男婴 X 人,要由此计算 $P(\frac{1}{2} < \theta \leqslant 1 \mid X)$.若此值相当接近 1,则是 θ 大于 $\frac{1}{2}$ 的有力证明.由于人们对自己不确实了解的东西(如此处的 θ 值)都有一种从机遇的角度去看待的习惯,这个提法很符合于常人的思考方式.直到后来,当贝叶斯学派作为统计学中的一个大学派崛起时,人们才回过头去审视这一提法中所包含的问题.反对者所持的意见是:在任何一个特定的具体问题中,概率 θ 虽然未知,但总只能取一个确定的值,比如你面前有一个缶,缶中放白球若干,黑球若干.问题在于估计从此缶中抽出白球的概率 θ.你可以不知道 θ,但 θ 只能有一个值.照这样看,$P(a \leqslant \theta \leqslant b \mid X)$ 只能取两个值:或者为 1(如果 θ 真的在 $[a,b]$ 内),或者为 0(如果 θ 在 $[a,b]$ 之外),且这个条件概率与观察结果 X 无关!这个观点看来无懈可击,但还可以有其他的考虑:尽管 θ 在一特定问题中是有一个确定的值,但因为你不知道它 —— 观察值 X 透露了有关 X 的若干信息,但仍不能确定出 θ,这就有一个机遇的成分.贝叶斯的提法无非是把 θ 取各种可能值的机遇作为研究对象提出来.比如说,你现在去某人家里找他,明知结果不出"找到"和"找不到"这两种(且这是你在路上时就已确定了,不过你不知道而已),但你在路上也许仍然会禁不住去估计此行能找到某人的机会有多大.这实际上就是一种贝叶斯式的思考方式.

3.3　贝叶斯假设

提出求条件概率的问题,就意味着要把 θ 看成一个随机变量,这是贝叶斯学派的基本观点.这一点虽在看法上可以有分歧,不妨暂时搁置在一边,但有一个根本问题却是回避不了的:要计算 θ 的条件分布,就必须知道 θ 的无条件分布 —— 在观察到 X 之值以前 θ 有怎样的分布.贝叶斯论文的主体可以说就在于处理这个问题.他先用一种公理化数学中的演绎式推理推出若干命题,然后用一种别出心裁的模型与之结合,提出了所提问题的一种解法.

贝叶斯从概率概念开始,把概率定义为对某种未知情况出现可能性大小的一个主观测度,这与在他以前就流行的主观概率定义并无二致(故贝叶斯一开始就把他的方法与主观概率联系起来,时至今日,"正统"或"纯正"的贝叶斯派,也就是指其坚持主观概率这一点).接着他对这种概率证明了几个命题,其中有关于条件概率的命题 3 和命题 5:设 E_1 和 E_2 是按时间先后的两个事件,则有

$$P(E_2 \mid E_1) = \frac{P(E_1 \bigcap E_2)}{P(E_1)} \qquad \text{(命题 3)}$$

$$P(E_1 \mid E_2) = \frac{P(E_1 \bigcap E_2)}{P(E_2)} \qquad \text{(命题 5)}$$

现今的读者会觉得这些命题不过是条件概率的定义,尤其难以理解为何要分立出两个命题.贝叶斯的想法可能是当时流行于学术界的一种倾向:一切要从"first principle"出发.而且,由于事件 E_1 和 E_2 有先后时间顺序,两个命题的意义不同:一个是由过去(E_1)测未来,而另一个则是由未来(E_2)反测过去,二者不是一回事.

在做了这些准备后,贝叶斯回到关于 θ 的(无条件)分布问题.他构想了一个别出心裁的"台球模型" —— 这个名词是费歇尔的称呼,而非贝叶斯本人所用:有一张矩形的台球桌(图 3.1),不妨设其长边为 1.有甲、乙二人,甲先向桌上抛一个球 A,使此球落在桌面上任何一处有同等机会(球被视为一个点,下同).记 A 的横坐标为 θ,则由 A 服从台面上的均匀分布,可知 θ 服从 $[0,1]$ 区间上的均匀分布 $R(0,1)$.过 A 画一直线垂直于桌面的长边,它与长边之交点即为 θ.然后甲再向台面上抛掷 N 个球(图 3.1 中的"×"),每个球的位置服从台面上的均匀分布且各次抛掷独立,甲数清这 N 个球中,处在虚线左边的个数为 X.甲把 N 和 X 这两个数据告诉乙,但不告诉他 θ 之值.甲要求乙依据 N 和 X 去估计

θ 落在一指定区间 $[a,b]$ 内的概率①.

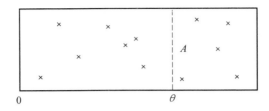

图 3.1

贝叶斯使用这样一个奇特的模型,是为了体现一个在他的问题提法中未言明的条件:事先对 θ 绝对一无所知,抛一个球在台面上且使它落在各处为等可能,则除非亲自朝台面看一看,有理由说我对球的位置一无所知.因此,贝叶斯把"对 θ 之值一无所知"这一含义不精确的说法,通过这个模型的直观上的观照,数学化为 θ 有 $R(0,1)$ 均匀分布这个确切的陈述.后人把" θ 有均匀分布 $R(0,1)$ "这一陈述称为贝叶斯假设,有时也称为"同等无知"假设. θ 的分布 $R(0,1)$,因为是在做试验之前定下的,故称为先验分布,所谓先验分布就是 θ 的无条件分布.

把 $\theta \sim R(0,1)$ 作为"在试验前对 θ 一无所知"的一种解释 —— 贝叶斯假设,到后来引起很多争议.诚然,就贝叶斯的台球模型而言,这是绝对合理的.贝叶斯的原意是:当我们面对一个对之毫无所知的概率值 θ 时,情况就正如台球模型中的 θ 一样.这一点就不见得毫无疑义了.百余年后费歇尔就曾提出了一个有力的反面意见:若是对 θ 一无所知,则对 θ 的一个函数,例如 θ^2,也是一无所知,故按贝叶斯假设, θ^2 也应该有均匀分布 $R(0,1)$,这就与 $\theta \sim R(0,1)$ 产生了矛盾.不过,贝叶斯对取 $\theta \sim R(0,1)$ 还提供了另一个有力的论据,见下文.

3.4　问题的解答

在有了先验分布 $\theta \sim R(0,1)$ 后,贝叶斯所提问题的解就不难写出:因为
$$P_\theta(\text{事件出现 } X \text{ 次}) = C_N^X \theta^X (1-\theta)^{N-X}$$
按全概率公式,有
$$P(\text{事件出现 } X \text{ 次}) = \int_0^1 C_N^X \theta^X (1-\theta)^{N-X} d\theta =$$
$$(N+1)^{-1}, X = 0, 1, \cdots, N \tag{1}$$

---

①为便于表达清楚,此处的叙述与贝叶斯的原文有些不同,实质是一回事.

上面 P_θ 表示概率是在固定 θ 时计算的,即给定 θ 值时的条件概率,而 P 是无条件概率.按贝叶斯的命题 5,有

$$P(a \leqslant \theta \leqslant b \mid \text{事件出现 } X \text{ 次}) =$$

$$\frac{P(a \leqslant \theta \leqslant b, \text{事件出现 } X \text{ 次})}{P(\text{事件出现 } X \text{ 次})} \tag{2}$$

再根据他的命题 3,有

$$P(a \leqslant \theta \leqslant b, \text{事件出现 } X \text{ 次}) = \int_a^b P_\theta(\text{事件出现 } X \text{ 次}) \mathrm{d}\theta =$$

$$\mathrm{C}_N^X \int_a^b \theta^X (1-\theta)^{N-X} \mathrm{d}\theta \tag{3}$$

结合(1)~(3),即得

$$P(a \leqslant \theta \leqslant b \mid \text{事件出现 } X \text{ 次}) = \frac{\int_a^b \theta^X (1-\theta)^{N-X} \mathrm{d}\theta}{\int_0^1 \theta^X (1-\theta)^{N-X} \mathrm{d}\theta} =$$

$$(N+1)\mathrm{C}_N^X \int_a^b \theta^X (1-\theta)^{N-X} \mathrm{d}\theta \tag{4}$$

这就是贝叶斯给出的解答.以现今读者的眼光看,上述推理过程是清清楚楚,直截了当的,它不过是常见的求条件概率密度方法的一个具体例子,但在贝叶斯时代没有这么简单.例如,那时全概率公式只有有限个事件组的情况,而关键的式(3)[式(1)是其特例]不属于这种情形.贝叶斯为得到此式经过了一番细心的论证,并通过用阶梯函数逼近 $\theta^X (1-\theta)^{N-X}$,以转化到有限事件组的情况.

这个解中所涉及的积分

$$\beta(u, v) = \int_0^1 x^{u-1}(1-x)^{v-1} \mathrm{d}x, u > 0, v > 0$$

称为完全 β 积分,而

$$\beta(u, v, a) = \int_0^a x^{u-1}(1-x)^{v-1} \mathrm{d}x, 0 \leqslant a \leqslant 1, u > 0, v > 0$$

称为不完全 β 积分.当 u, v 为整数(如在此处的情形)且有一个较小时,此积分可直接计算.但在实用上,二者都很大的情况也常见,这时问题就难办了.卡尔·皮尔逊曾编制了"不完全 β 函数表"以供此用途.贝叶斯自己在其论文中也讨论到这个问题,他的方法是用两个函数从上、下两方逼近被积函数以估计积分的上、下界,可是这上、下界的计算也不易,尤其是,二者并不充分接近.普莱斯也曾关注这个问题,他在贝叶斯论文的附录中,用贝叶斯的逼近算了一个实例,其中

$$X = 1\,000, a = \frac{10}{11} - \frac{1}{110}, b = \frac{10}{11} + \frac{1}{110}, N = 1\,100$$

他算出 $0.795\,3 < P(a \leqslant \theta \leqslant b \mid X) < 0.940\,5$.即使从实用观点看,这上、下界

的差异也太大了.

　　1774 年拉普拉斯在一篇关于逆概率的文章中也试图处理这个问题,但未能取得一个满意的结果.但在做这件事时他附带证明了一个有意思的结果,现在称为"贝叶斯相合性":设概率的真值为 θ_0,做 N 次试验,观察到事件出现 X_N 次,任给 $\varepsilon > 0$,按公式(4) 有

$$P(\theta_0 - \varepsilon \leqslant \theta \leqslant \theta_0 + \varepsilon \mid X_N) =$$
$$(N+1)C_N^{X_N} \int_{\theta_0 - \varepsilon}^{\theta_0 + \varepsilon} \theta^{X_N} (1-\theta)^{N-X_N} d\theta$$

拉普拉斯证明:当 $N \to \infty$ 时,上式右边依概率收敛于 1.这说明:只要试验次数 N 足够大,θ 将以任意接近于 1 的概率落在 θ_0 的一个任意小的近旁(注 1).

3.5　贝叶斯假设的另一种解释

　　贝叶斯的基本假设是 $\theta \sim R(0,1)$,要从对 θ "绝对一无所知"这种不确切的概念出发,经过逻辑推导而得出假设是不可能的,因而也就无法妥善地回答费歇尔提出的那种质疑.但是,细察贝叶斯论文中的论述,他对"绝对一无所知"另有一种解释,比较有说服力.

　　他的解释基于式(1),此式对 X 取 $0,1,\cdots,N$ 这 $N+1$ 个可能值中的每一个给以等概率 $(N+1)^{-1}$.他认为这个结果是对 θ "绝对一无所知"的一种合理的解释,而这一结果,正是贝叶斯假设 $\theta \sim R(0,1)$ 的直接结果.

　　可以用一个通俗的例子来说明这一点.设甲、乙二人打算下 N 局棋,每局甲胜的概率为 θ,以 X 记 N 局中甲胜的局数.设想你对甲、乙二人的棋艺"绝对一无所知",你对 X 取各种值的可能性会如何估计?看来合理的估计是:X 取 $0,1,\cdots,N$ 都有可能,且可能性相同.

　　对这一讲法,驳难者可能会说:这仍不能说服我.因为,如果我对甲、乙棋艺真是绝对一无所知,我也可以自然地假定甲胜的概率 θ 可取 $[0,1]$ 内任何值,且机会相同(即贝叶斯假设).所以,这个论点的力度并不见得大于贝叶斯假设的力度.但是这里有一点不同:直接取 $\theta \sim R(0,1)$ 不能避免费歇尔那种责难,而由式(1) 出发则没有这个问题.因为,设想你取任一个单调函数 g,则式(1) 与

$$P[g(X) = g(i)] = (N+1)^{-1}, i = 0,1,\cdots,N$$

是等价的,不存在(1) 这个假定随所选函数 g 之不同而改变的情况,因之费歇尔提出的那种质疑在此不成立.

　　剩下在理论上还有一个问题:固然,由贝叶斯假设 $\theta \sim R(0,1)$ 可推出(1),但反过来是否成立?即是否有 θ 的其他先验分布也可导出(1)?可以证明(注

2）：不存在 $R(0,1)$ 之外的这种先验分布，这样就最终确立了上述解释的合理性．这种解释方法还可以用于其他更复杂的情况，见后文．

3.6　拉普拉斯的不充分推理原则

前面已提及，贝叶斯的工作发表后很长一个时期，没有得到学术界的注意，因而他这种思想未能及早发展成为一种得到广泛应用的统计推断方法．但是，也有些学者独立地朝这个方向考虑，提出类似思想并付诸实用，其中最重要的是拉普拉斯．

拉普拉斯在1774年的一篇文章中提出了所谓"不充分推理原则"（principle of insufficient reasoning）．他的思想大致如下：如果一个问题中存在若干不同的原因（cause）$A_1,\cdots,A_n$，则在没有理由认为其中哪一个特别有优势时，先验概率应各取为 $\dfrac{1}{n}$，即认为各有同等机会出现．在统计问题中，这里所说的不同的"cause" $A_1,A_2,\cdots$ 可看作代表未知参数的不同的可能值．以 E 记在这种原因下可能产生的事件（例如，在某参数值之下观察到样本），拉普拉斯提出

$$\frac{P(A_i \mid E)}{P(E \mid A_i)} \text{ 与 } i \text{ 无关} \tag{5}$$

用现今熟知的概率论知识很容易证明(5)，但拉普拉斯在其文章中用了一个很复杂的证法．拉普拉斯的原则(5)可用于由 $P(E \mid A_i)$ 推 $P(A_i \mid E)$，这与贝叶斯的原则一样，后面（见第5章）我们将介绍拉普拉斯将这一原则应用于误差分析．可以看到，拉普拉斯的思想并未超出贝叶斯的范围，因此现在统计史上也不把他算作贝叶斯统计的一个奠基者．

3.7　贝叶斯统计学

统计推断一般的模式是：样本 X 的分布或概率密度 $f_\theta(x)$ 依赖于未知参数 θ，只知道 θ 属于某一集合 Θ，但不知它取 Θ 中的何值．统计推断的任务，就是依据所抽的样本 X 去做出某种有关 θ 之值的论断，例如对 θ 的值做一估计，或判断 θ 是否落在 Θ 的某个指定子集 Θ_1 之内等．例如对某事件观察了 N 次，以 X 记事件出现的次数，则样本 X 有二项分布 $B(N,\theta)$，只知道 $0 \leqslant \theta \leqslant 1$ 而不知道 θ 的确实值，要根据样本 X 对 θ 做出推断．

这种推断，或者说推理，是归纳式的，与在理论数学中常见的演绎式推理（例如凭借一组几何公理证明几何命题）不同，对它无法提出一套能被大家承

认的公理体系.虽然也有学者试图为这种推断提出一些原则.例如,A. P. Dawid 在 *Conformity of Inference Patterns*(见 *Recent Advances in Statistics*, p.245 ~ 256)一文中提出了 8 个这种原则,但多有其不足之处,且即使加以实行,也无法由之导出一个可操作的推断方法来.这本质上是因为,样本 X 中只包含了 θ 的部分而不是全部信息:在日常生活中,当大家对某件事件的情况了解不全面时,会有各种人提出看起来都有些道理的说法,而一旦对情况完全了解了,意见就可能归于一致.这个不大贴切的比喻多少显示了统计推断的为难之处,以及人们在此问题上产生分歧的情况.

按如今统计学的状况,人们关于统计推断该如何做这个问题的主张和想法,大都可以纳入两个体系之内,其一叫作频率学派,其特点是把需要推断的参数 θ 视为固定的未知常数而样本 X 为随机的,其着眼点在样本空间,有关的概率计算都是针对 X 的分布.另一叫作贝叶斯学派,其特点正好与上述相反:把参数 θ 视为随机变量而样本 X 为固定的[①],其着眼点在参数空间,重视的是参数 θ 的分布.

这二者的差别在估计二项分布概率 θ 的问题中可看得很清楚.以 X 记事件在 N 次观察中出现的次数,用频率 $\dfrac{X}{N}$ 估计 θ,其与 θ 接近的程度,可以用方差 $E\left(\dfrac{X}{N} - \theta\right)^2$ 去衡量,这求期望的运算是针对 X 的分布,θ 始终看作固定,没有随机性.可是前面讨论的贝叶斯的解法就不同,这个解法的实质内容在于:原来我们对 θ 的了解是它有分布 $R(0, 1)$(做试验前 θ 的先验分布).经过样本 X 的信息的加入,我们把对 θ 的了解调整为 β 分布 $(N + 1)C_N^X \theta^X (1 - \theta)^{N-X}$,其对比如图 3.2 的(a)(b);经过样本 X 信息调整后的 θ 的分布,即给定 X 条件下 θ 的条件分布.从图上看出:经过样本的作用,我们对 θ 的了解有了不同.原来认为 θ 取 $[0, 1]$ 内各值有同等的机会,现在认为,θ 取 $\dfrac{X}{N}$ 附近之值的机会较大,取离 $\dfrac{X}{N}$ 远的值则机会较小.这在某种程度上与前面用 $\dfrac{X}{N}$ 估计 θ 的做法合拍.

条件分布 $\theta \mid X$ 称为(有了样本 X 之后)θ 的后验分布."先""后"之分,全在于分布是产生在有了样本之前还是以后.所有的后续推断全是依据后验分布.比如说要找一个单一的值估计 θ,可以取后验分布的期望,在此例为 $\dfrac{X+1}{N+2}$.若要判断"$\theta \leqslant \dfrac{1}{2}$"的假设是否可信,可依此后验分布算出 $\theta \leqslant \dfrac{1}{2}$ 的概率,等等.

---

①在贝叶斯统计中,也要用到样本分布,因而看来也是把 X 视为随机.但其使用是技术性的:只为获得后验分布,与其在频率学派中的作用不同.

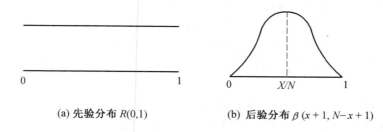

(a) 先验分布 $R(0,1)$　　　　(b) 后验分布 $\beta\,(x+1,\,N-x+1)$

图 3.2

按照这种方式进行统计推断的全部理论和方法,构成所谓"贝叶斯统计学",信奉这种统计学的统计学家,构成统计学中的"贝叶斯学派".

这个学派发端于贝叶斯的前述工作,经过百余年的沉寂,到 20 世纪上半叶,经过一些学者的鼓吹而复活,到 20 世纪下半叶进入全盛时期. 在这中间起过重要作用的有杰弗里斯(H. Jeffreys),他在 1939 年出版的《概率论》一书,如今成了贝叶斯学派的经典著作. 萨维奇(L. J. Savage)在 1954 年出版了《统计推断》一书,也是贝叶斯学派的力作. 还有林德莱(D. V. Lindley),他写了不少鼓吹贝叶斯统计的著作. 前述两人的著作偏于理论和思辨,而林德莱的著作则比较具体,他给一些重要的频率学派工作以贝叶斯统计的解释,因而在应用界有更大的影响.

贝叶斯学派在 20 世纪上半叶不得势的原因,一是像费歇尔、耐曼这样的大统计学家对它持否定态度. 耐曼本人终身属于频率学派,但他不大参与这两大学派的辩论. 费歇尔则不然. 他与杰弗里斯在 20 世纪 30 年代,以写论文一应一答的形式,进行了长时间的辩论,由于费歇尔当时在统计界执牛耳的地位而其对手又不是实用统计学家,他的倾向当然影响了一大群人. 另外,20 世纪上半叶正是频率派统计得到大发展的一个时期,发现了一些有普遍应用意义的、有力的统计方法. 在这种情况下,人们不会有"另寻出路"的想法. 自 20 世纪中叶以来,频率派统计学的发展开始碰到一些问题,如数学化程度越来越高,有用方法的产出相对减少,小样本方法缺乏进展,从而越来越转向大样本研究等,在应用工作者中产生了不满. 在这种背景下,贝叶斯统计以其简单的操作方式加上在解释上的某些合理性吸引了不少应用者,甚至使一些频率派统计学家改宗到贝叶斯派,也就是可以理解的了.

贝叶斯统计操作上的简单,是因为它有一个固定的模式:先验分布 ＋ 样本信息 ⇒ 后验分布,而这一转换只涉及条件分布的计算,没有原则的困难,不像在频率派统计学中,往往碰到难于处理的抽样分布问题. 而且,这个模式的解释也很自然,它符合人们认识事物的通常程序:在原来认识(先验分布)的基础上,由于有了新的信息(样本),而使我们修正了原来的认识,它体现在后验分布中.贝叶斯统计在解释上的合理性的另一个重要之点是:推断的精度和可靠度是"后验"性的,即取决于所得样本,而与那种可能有的但未真正得到的样本无关.频率派统计则相反.在这种统计中,一个方法的可靠度或精度,在获得样本之前已定下,与获得的具体样本无关.显然,前一种性质更合乎常理而易于被应用者所接受.

对贝叶斯学派来说,有一个根本的难点,就是如何定先验分布的问题.前面介绍了贝叶斯论文中对二项分布 $B(N,\theta)$ 中概率 θ 的先验分布的确定过程.我们看到,即使在这样一个相对简单的情况下,贝叶斯也花费了很大的精力去论证其 $R(0,1)$ 的选择,且说到底这种论证未必能说服所有的人.可以想象,在更复杂的情况下,这个问题更不好对付.20 世纪贝叶斯派的代表人物处理这个问题的基本思路,就是引申贝叶斯在 $B(N,\theta)$ 这个特例下的想法,他们把这个场合下贝叶斯假设 $R(0,1)$ 称为无信息先验分布.意思是:既然对参数 θ 之值绝对一无所知,那么设定的先验分布,就应避免可能的倾向性,因而包含的关于 θ 的信息是越少越好.其极端情况,信息少到为 0,就是无信息先验分布.但这是一个模糊概念(信息如何量化,尤其在此处的情况下,难得有公认的合理方法),不论怎样去将其具体化,都难免会有不尽人意之处.事实上,除了在位置参数和刻度参数这两种情况下有比较公认的可算满意的取法(注 3)外,其他场合下定义的所谓"无信息先验分布",都只有一种"谁愿相邻就相邻"的品格.例如,杰弗里斯为避免费歇尔提出的责难 —— 因参数取法不同而导致不同的先验分布,提出了一个法则:用 $I^{\frac{1}{2}}(\theta)\mathrm{d}\theta$ 作为先验分布,其中 $I(\theta)$ 为费歇尔信息量(注 4).这在其可用的场合的确避免了费歇尔提出的问题,但当把这一法则用于二项分布参数 θ 时,得到 θ 的先验分布密度为 $[\theta(1-\theta)]^{-\frac{1}{2}}$.作为无信息先验分布,实在看不出它如何比 $(0,1)$ 均匀分布更合理的地方.

几十年来,频率学派和贝叶斯学派进行了不少的辩论和驳难,成为 20 世纪数理统计学舞台上一个引人注目的亮点.回顾其中的经过,一方面感到这种辩论有其益处,即澄清了观点和深化了认识.对两派中为对方所批评的要害所在及其所根据的理由,看得更清楚了.通过辩论,对各派的优缺点所在,也有了一个比较实在的估量.例如频率学派中精度和可靠度为事前设定而不取决于具体样本一点,确与通常人们看待事物的习惯不符.另一方面,不得不承认:经过多年辩论,分歧点依然如故,没有看出在哪一个争执点上双方有达成共识或观点接近的情形.说来说去,理由也还是原来那一些.

根本之点在于:在不掌握完全信息的情况下归纳推理该如何做,尽管人们可以在若干抽象的原则上取得一致意见(比如,最明显的一条,就是任何一个推理系统都不能有内在矛盾,都必须遵从形式逻辑的基本规律等),但绝不可能在具体的推理方法上取得完全的一致.比如欧氏几何与罗巴切夫斯基几何,其公理系统有很多一致之处,但在平行公设上看法不同,彼此各发展成为一个逻辑上站得住脚的体系.如果一定要争论谁比谁优,是绝对得不出人人都接受的结论的.

频率学派与贝叶斯学派之争与此有些相似.两派其实有不少的共同点,例如都承认样本有概率分布,概率计算遵守共同的规则等.分歧在于是把未知参数 θ 看成一个未知的固定量,还是看成一个随机变量.其余的分歧都多少由此派生而来.这两派都建立了在逻辑上能自圆其说的体系,它们可以说是两股道上跑的车,用一个的理念去批评另一个,不会有结果.这不是反对对这类问题进行探讨,而是说应有一个开放的心态.当坚持自己的信念时,承认对方的观点并非虚妄,有其考虑的角度,不能站在一派的立场上去批评另一派的得失.

美国有一位统计学家伯杰(James O. Berger)写了一本《统计决策理论》的书.在序言中他说,在开始写作时,他原是打算对各派取不抱偏见的态度,但随着写作的进展,他成了一个"狂热的贝叶斯派".理由是他逐渐认识到,只有从贝叶斯观点去看问题,才能最终显示其意义.他提出人们对贝叶斯观点的两条批评:一是由于选择了不正确的先验分布而得出很坏的结果,二是贝叶斯方法缺乏客观性.对前一条批评他至今尚认为是一个问题,而对后一条则进行了反驳,理由是频率派的方法也是某一先验分布下的贝叶斯方法,其对先验分布的(无意识的)选择,并不见得比贝叶斯派更客观.可是不要忘记,频率学派中的多数常用方法,其背后的先验分布正是贝叶斯派所主张的那种"正确"选择,如无信息先验分布.要说是频率派实质上也用了贝叶斯方法,何尝不可以说贝叶斯派用了频率派的方法.更根本的是:频率方法的优良性是建立在未知参数固定非随机这个基本观点上,如果贝叶斯方法能在这个基本点的前提下把频率派比下去,那才能使人信服.若不能做到这一点,则各有各的标准,一切免谈.所谓"只有从贝叶斯观点看问题才有最终意义",也只能看作一种表态的声明.

但最后还有一个至高无上的裁判,即实用效果.统计方法无论在学理上如何精细高明,总要能以见诸实效为贵.迄今为止,这个裁判给这两派打的分都不低.也正是因为它们在应用上总的说都有良好的表现,才能各自聚合其追随者.当然,有一个在什么情况下什么方法更为方便合用的问题.如在某些参数模型且样本量不大的情况,贝叶斯方法免去了寻求抽样分布这个麻烦,应用上可能比频率方法要方便,而在非参数模型下,先验分布设定不易,频率学派的方法就可能更方便些.

这种差异不应成为比较两派优劣的理由.正好相反,这说明二者应是一种补充的关系:作为一个统计学家,我可以不执着于任何一派的观点,而是各取所长,为我所用.相信一般抱着开放心态的统计学者多是采取这种态度,认为到什么时候某一派会主导整个统计学,这种看法至少在目前还看不出有成为现实的可能.

3.8 经验贝叶斯方法

经验贝叶斯(Empirical Bayesian,简记为 EB)方法是美国现代统计学家罗宾斯(H. Robbins)在 1955 年提出的一种方法.起初,他的这个思想曾受到统计界一定的重视,被认为是试图沟通这两大学派的一种努力.有的学者,如耐曼,曾把这个方法称为统计学上的"一个突破".

前面已指出,贝叶斯统计的一个为人诟病之点,在于定先验分布无章可循,有相当大的主观随意性.但是,如果某一问题曾反复出现并在历史上记录有资料,则这种资料中应包含关于先验分布的信息,因而可以利用.这样,贝叶斯方法也就植根于实际经验,而非人脑的主观产物.上述思想就是罗宾斯方法的出发点.

可以举一个形象的例子.某工厂生产一种产品,其按日计算的不合格品率 θ,由于随机性,逐日有所波动.在此情况下,可以说 θ 是一个有一定分布 F 的随机变量,F 也就是 θ 的先验分布,但它是未知的,现设想该厂为估计当日产品的不合格品率,从当时的产品中抽取 N 个,测得不合格品有 X 个.假定该厂做这件事已有了很长一段时间,积累了资料 $X_1,\cdots,X_M$,它们分别包含了该日不合格品率 $\theta_1,\cdots,\theta_M$ 的信息,而 $\theta_1,\cdots,\theta_M$ 是先验分布 F 的随机样本.这样一来,既往的资料 $X_1,\cdots,X_M$ 就包含了关于先验分布 F 的信息,可以在估计 θ 中加以利用.就是说,若当日抽查的 N 个产品中有 X 个是不合格的,则在估计当日的不合格品率 θ 时,我们不单使用 X,还要把既往资料 $X_1,\cdots,X_M$ 也用上,目的是使我们能更接近在 F 已知时真正的贝叶斯解.这就是 EB 方法.其实,这样的思维方法在日常生活中也很常见.例如,某一选手在某次大赛中表现不佳.但当我们对这一选手的水平做出评估时,我们不仅注意到他在当前这次大赛中的表现,还要参考他在以往重要比赛中的表现.

其实,EB 方法从实质上说是一种频率学派的方法,与贝叶斯统计无涉,如果某一个先验分布有一种实际的或经验的根据(如在上述不合格品率的例子中那样),那么一切都可以归入频率学派的轨道内去解释,而贝叶斯学派与频率学派的根本相异之点,不单在于其推理模式

先验分布 ＋ 样本信息 ⇒ 后验分布

在形式上与频率学派之不同,还在于其先验分布是在主观意义上解释的,以及由此派生的一个重要事实:所有的概率计算都是在参数空间内进行,不容许有涉及样本分布的概率计算.对这些特点,EB 方法一点也不具备.

从这几十年数理统计学发展的情况看,EB 方法产生的影响不如当初期待的那么大.一则由于这方法要求的条件高,再则还有一个解释的问题.还是拿上面那个不合格品率的例子来说明.设已有了既往的资料 $X_1,\cdots,X_M$,现在当日抽取 N 件产品发现其中不合格品有 X 个.如果 X 很大,可能是某种临时性原因,导致不合格品率大大增加.这一点在一个一般来说情况较好的工厂中,也是会偶尔出现的.通过参考以往的记录而把它调低一些,不见得合理.因为我们在此所注意的,不是该厂总的(或长时间平均的)表现如何,而是其当日的表现如何,如同一个选手,他当日表现坏与其以往表现较好,并不矛盾.

注 1 贝叶斯相合性的证明.

以 θ_0 记参数真值,做 N 次观察,事件出现 X 次.按中心极限定理,任给 $\eta > 0$,存在 $B > 0$,使当 N 充分大时有

$$P_{\theta_0}(\,|\,X - N\theta_0\,| \leqslant \sqrt{N}B) > 1 - \eta \tag{A_1}$$

设 θ 落在区间 $\left[\theta_0 - \dfrac{A}{\sqrt{N}}, \theta_0 + \dfrac{A}{\sqrt{N}}\right]$ 内,$A > 0$ 是一个给定的数.则在范围

$$|\,X - N\theta_0\,| \leqslant \sqrt{N}B, \quad |\,\theta - \theta_0\,| \leqslant \frac{A}{\sqrt{N}} \tag{A_2}$$

内,有 $|\,X - N\theta_0\,| \leqslant \sqrt{N}(A + B)$.因此,按二项分布的正态逼近,对范围($A_2$)内的 X 和 θ,当 $N \to \infty$ 时一致地有

$$
\begin{aligned}
C_N^X \theta^X (1-\theta)^{N-X} &\sim \left[2\pi N\theta(1-\theta)\right]^{-\frac{1}{2}} \exp\left(-\frac{(X - N\theta)^2}{2N\theta(1-\theta)}\right) \geqslant \\
&\quad \left[2\pi N\left(\theta_0 + \frac{A}{\sqrt{N}}\right)\left(1 - \theta_0 + \frac{A}{\sqrt{N}}\right)\right]^{-\frac{1}{2}} \cdot \\
&\quad \exp\left[-\frac{[N(\theta_0 - \theta) + d]^2}{2N\left(\theta_0 - \frac{A}{\sqrt{N}}\right)\left(1 - \theta_0 - \frac{A}{\sqrt{N}}\right)}\right]
\end{aligned} \tag{A_3}
$$

其中 $|\,d\,| \leqslant \sqrt{N}B$.现有

$$
\begin{aligned}
I_N \equiv (N+1)C_N^X \int_{\theta_0 - \varepsilon}^{\theta_0 + \varepsilon} \theta^X (1-\theta)^{N-X}\,\mathrm{d}\theta &\geqslant \\
(N+1)\int_{\theta_0 - \frac{A}{\sqrt{N}}}^{\theta_0 + \frac{A}{\sqrt{N}}} C_N^X \theta^X (1-\theta)^{N-X}\,\mathrm{d}\theta &
\end{aligned} \tag{A_4}
$$

当 N 充分大时,由(A_3)(A_4),得

$$I_N \geqslant (N+1)\left[2\pi N\left(\theta_0 + \frac{A}{\sqrt{N}}\right)\left(1 - \theta_0 + \frac{A}{\sqrt{N}}\right)\right]^{-\frac{1}{2}} J_N \tag{A_5}$$

其中

$$J_N = \int_{\theta_0 - \frac{A}{\sqrt{N}}}^{\theta_0 + \frac{A}{\sqrt{N}}} \exp\left[-\frac{[N(\theta_0 - \theta) + d]^2}{2N\left(\theta_0 - \frac{A}{\sqrt{N}}\right)\left(1 - \theta_0 - \frac{A}{\sqrt{N}}\right)}\right]\mathrm{d}\theta =$$

$$\left[\left(\theta_0-\frac{A}{\sqrt{N}}\right)\left(1-\theta_0-\frac{A}{\sqrt{N}}\right)\right]^{-\frac{1}{2}}\cdot$$

$$\int_{-A}^{A}\exp\left[-\frac{1}{2}\left(y+\frac{d}{\sqrt{N}}\right)^2\right]\mathrm{d}y$$

由于 $\dfrac{d}{\sqrt{N}}\leqslant B$，有

$$J_N\geqslant N^{-\frac{1}{2}}\left[\left(\theta_0-\frac{A}{\sqrt{N}}\right)\left(1-\theta_0-\frac{A}{\sqrt{N}}\right)\right]^{-\frac{1}{2}}\int_{-(A-B)}^{A-B}\mathrm{e}^{-\frac{y^2}{2}}\mathrm{d}y \tag{A_6}$$

取 A 充分大，使

$$\int_{-(A-B)}^{A-B}\mathrm{e}^{\frac{-y^2}{2}}\mathrm{d}y\geqslant\sqrt{2\pi}-\delta \tag{A_7}$$

$\delta>0$ 给定. 结合（A_5）～（A_7）可知，对（A_2）范围内的 X，当 N 充分大时一致地有

$$I_N\geqslant(N+1)\left[2\pi N\left(\theta_0+\frac{A}{\sqrt{N}}\right)\left(1-\theta_0+\frac{A}{\sqrt{N}}\right)\right]^{-\frac{1}{2}}\cdot$$

$$N^{-\frac{1}{2}}\left[\left(\theta_0-\frac{A}{\sqrt{N}}\right)\left(1-\theta_0-\frac{A}{\sqrt{N}}\right)\right]^{-\frac{1}{2}}(\sqrt{2\pi}-\delta)$$

得

$$\liminf_{N\to\infty}I_N\geqslant1-\frac{\delta}{\sqrt{2\pi}}$$

由于 $\delta>0$ 及 $\eta>0$ 的任意性，即证明了所要的结果.

注 2 证明 $R(0,1)$ 是唯一满足式（1）的先验分布.

设先验分布 F 满足式（1），则有

$$\int_0^1\mathrm{C}_N^X\theta^X(1-\theta)^{N-X}\mathrm{d}F(\theta)=(N+1)^{-1},X=0,1,\cdots,N \tag{A_8}$$

假定（A_8）对所有的自然数 N 都成立. 在式（A_8）中令 $X=N$，得

$$\int_0^1\theta^N\mathrm{d}F(\theta)=(N+1)^{-1},X=1,2,\cdots \tag{A_9}$$

这表明：分布 F 的 N 阶矩为 $(N+1)^{-1}$，$N=1,2,\cdots$. 因为

$$\sum_{N=1}^{\infty}\frac{(N+1)^{-1}}{N!}<\infty$$

由矩定理知，具有这种矩的分布只能有一个，即 $F\sim R(0,1)$，这证明了所要的结果.

不过，上述推理中有一个要紧之处，即要求式（A_8），或至少式（A_9），对一切自然数成立，而在一个具体问题中，N 是一定的. 当 N 固定时，满足（A_8）的分布 F 确实不止一个. 这可以证明如下：找 $N+1$ 阶多项式 $P(\theta)$，满足条件

$$\int_0^1 \theta^i P(\theta) \, \mathrm{d}\theta = 0, i = 0, 1, \cdots, N \qquad\qquad (A_{10})$$

这种多项式必存在. 记 $m = \min\limits_{0 \leqslant \theta \leqslant 1} P(\theta)$. 取

$$h(\theta) = 1 + |m|^{-1} P(\theta), 0 \leqslant \theta \leqslant 1$$

则 h 为 $[0,1]$ 上的概率密度, 且由 (A_{10}) 可知它满足 (A_8), 因而 $R(0,1)$ 不是满足式 (1) 的唯一的先验分布.

注 3 在数理统计学的理论和应用上, 有两类分布族极为重要. 一是位置参数族, 其概率密度有形式 $f(x - \theta): -\infty < \theta < \infty$, 其中 $f(x)$ 为一个概率密度. 它是由度量原点的变动而产生的分布族, 因为, 若 $X \sim f(x)$, 则 $x + \theta \sim f(x - \theta)$. 另一个是刻度参数族, 其概率密度有形式 $\theta^{-1} f\left(\dfrac{X}{\theta}\right)$, $\theta > 0$, f 为一概率密度, 它是由度量单位的变动而产生的分布族. 因为, 若 $x \sim f(x)$, 则 $\theta x \sim \theta^{-1} f\left(\dfrac{X}{\theta}\right)$.

对位置参数族, 因原点位置 θ 不定, X 落在等长区间内的概率应当相同. 由此出发, 在一定条件下, 可以证明: θ 的无信息先验分布是在全直线上有常数密度的分布. 因为当 $c > 0$ 时有 $\displaystyle\int_{-\infty}^{\infty} c \, \mathrm{d}\theta = \infty$, 这不是一个正常的概率分布, 在统计学上称为广义先验分布. 对刻度参数族, 由于刻度不定, X 落在区间 $[a,b]$ 内的概率, 只应与比值 $\dfrac{b}{a}$ 有关. 由此出发, 在一定的条件下, 可以证明: θ 的无信息先验分布有密度 θ^{-1} (当 $\theta > 0$), 这也是一个广义先验分布.

这两个简单例子也反映了 "无信息先验分布" 这个概念的内在困难: 即使在这么简单而重要的情况下, 也找不到正常意义下的先验分布.

注 4 杰弗里斯确定先验分布的原则.

考虑一个简单的情况, 样本 X 有分布 $f(x, \theta) \, \mathrm{d}x$, 参数 θ 属于 R' 的一个区间 J. 取新参数 $\psi = g(\theta)$, $g'(\theta)$ 在 J 上连续且不为 0, 于是也可以取 ψ 为参数. 杰弗里斯的问题是, 要怎样取 θ 的先验分布, 才能使它在这种变换下保持不变. 答案是应取 $I^{\frac{1}{2}}(\theta) \, \mathrm{d}\theta$ 为先验分布, 其中

$$I(\theta) = E_\theta \left(\frac{\partial \log f(X, \theta)}{\partial \theta}\right)^2 = \int \left(\frac{\partial \log f(x, \theta)}{\partial \theta}\right)^2 f(x, \theta) \, \mathrm{d}x$$

为费歇尔信息量.

设我们取新参数 $\psi = g(\theta)$, 有 $\theta = h(\psi)$, h 为 g 的反函数. 对新参数 ψ, 样本分布为 $f[x, h(\psi)] \, \mathrm{d}x$, 其费歇尔信息量为

$$\tilde{I}(\psi) = \int \left(\frac{\partial \log f[x, h(\psi)]}{\partial \psi}\right)^2 f[x, h(\psi)] \, \mathrm{d}x$$

按所给原则, 对参数 ψ, 应取先验分布 $\tilde{I}^{\frac{1}{2}}(\psi) \, \mathrm{d}\psi$. 因此, 为证不变性, 只需证明: 在

变换 $\psi = g(\theta)$ [或 $\theta = h(\psi)$] 下,分布 $\tilde{I}^{\frac{1}{2}}(\psi)\mathrm{d}\psi$ 正好转换到 $I^{\frac{1}{2}}(\theta)\mathrm{d}\theta$. 这等于要证明

$$\tilde{I}^{\frac{1}{2}}[g(\theta)]g'(\theta) = I^{\frac{1}{2}}(\theta) \tag{A$_{11}$}$$

但

$$\tilde{I}[g(\theta)] = \int \left(\frac{\partial \log f(x,y)}{\partial y}\bigg|_{y=h[g(\theta)]}\right)^2 \cdot$$
$$[h'(\psi)]^2 \big|_{\psi=g(\theta)} f[x, h(g(\theta))]\mathrm{d}x$$

注意到

$$h(g(\theta)) = \theta$$
$$h'(\psi) = \frac{\mathrm{d}\theta}{\mathrm{d}\varphi} = \frac{1}{g'(\theta)}$$

有

$$\tilde{I}[g(\theta)] = \int \left(\frac{\partial \log f(x,\theta)}{\partial \theta}\right)^2 [g'(\theta)]^{-2} f(x,\theta)\mathrm{d}\theta =$$
$$I(\theta)[g'(\theta)]^{-2}$$

由此得到(A_{11}).

　　证毕.

最小二乘法

4.1　从算术平均谈起

  有一个说法可能是绝大多数人都能同意的:在成百上千的各类统计方法中,取算术平均是最为人所知、使用最广的方法.统计学家常说的一句口头禅是某事从统计观点看如何如何,这"统计观点",做狭义一点的解释,就是平均观点.凡事都有例外,例如吸烟有害健康,但也有吸烟者的健康优于不吸烟者的例子.统计学家对此的回答是,"平均说来",不吸烟者的健康优于吸烟者.例外情况的存在,在惯于用统计观点看问题的人来说,是题中应有之义.若不如此,统计科学也就没有必要存在了.

  以上是从实际的层面讲.如果我们从理论的角度也走一点极端,则可以说,一部数理统计学的历史,就是从纵横两个方向对算术平均进行不断深入的研究的历史,纵的方面指平均值本身.伯努利及其后众多的大数律、棣莫弗 — 拉普拉斯中心极限定理、高斯的正态误差理论,这些在很大程度上可视为对算术平均的研究成果,如今成了支撑数理统计学这座大厦的支柱.20 世纪以来数理统计学理论化的程度加深,人们不断提出有关算术平均的深刻问题,有的至今尚未完全解决.

除算术平均外,在统计方法中处于次一位重要地位的量是方差(标准差),但方差不具备平均值所有的独立品格,它在很大程度上是因平均值精度研究的需要而引进的.

从横的方向看,是指有许多统计方法,看似与算术平均很不同,但从某种意义上看,是算术平均思想的发展.其中最重要的一项就点到本章的主题 —— 最小二乘法.

算术平均是解释最小二乘法的最简单的例子.设对某个未知量 θ 重复做 n 次测量,结果记为 $x_1,\cdots,x_n$.想要利用这些测量值对 θ 做一估计,推理如下:设真值为 a,则测量值 x_i 的误差为

$$\varepsilon_i = x_i - a, i = 1,\cdots,n$$

因为测量值应在真值附近,故一般说来,当 a 确为真值时,$|\varepsilon_1|,\cdots,|\varepsilon_n|$ 倾向于取小值,否则就大一些.这启示了以下的做法:令

$$L(a) = \sum_{i=1}^{n} \varepsilon_i^2 = \sum_{i=1}^{n} (x_i - a)^2 \qquad (1)$$

找 a,使 $L(a)$ 达到最小.容易算出,使 $L(a)$ 达到最小的 a 值,正是 $x_1,\cdots,x_n$ 的算术平均 $\bar{x} = \dfrac{\sum_{i=1}^{n} x_i}{n}$.

使误差平方和达到最小以寻求估计值的方法,就叫作最小二乘法.用最小二乘法得到的估计,叫最小二乘估计.当然,取平方和作为目标函数只是众多可取的方法之一.例如也可以取误差 4 次方和或绝对值和.取平方在计算上有简便的优点,理论上也有其优越性,因此成为一个普遍采用的选择.

上面是用最小二乘法来解释算术平均.我们也可以把推理反过来看.由于算术平均是一个历经千百年考验的方法,故此一个一般方法如果是合理的,那么它理应在重复测量这个情况下导出算术平均.最小二乘法具有这一特性,使我们对其合理性增添了信心.这种推理是循环的:以甲证乙,以乙证甲.在逻辑上自不足取,但从实际角度看不能说没有一定的道理.事实上这正是高斯在建立正态误差理论中的基本一环(见第 5 章).

最小二乘法的一般形式可表述为

$$目标函数 = \sum (观测值 - 理论值)^2$$

和号"$\sum$"也可以是积分.理论值根据设定的模型计算,其中含有未知参数,其值以"目标函数达到最小"的准则来估计.按此,最小二乘法不过是如同插值法之类的一种计算方法,其与统计学能产生关系,是因为观测值有随机误差.因此最小二乘法与误差论有密切的关系.

历史上一般都把最小二乘法的发明与高斯的名字联系起来,但第一个用书

面形式公开发表这个方法的,是法国数学家勒让德,时间是 1805 年,而高斯的有关著作发表于 1809 年.发明这个方法的动因,是天文学和测地学上处理数据的需要,之后这个方法渗入统计数据分析的领域,对统计学的发展产生了重大的影响.统计史家对此评价很高,有的认为最小二乘法之于数理统计学,犹如微积分之于数学.有的学者称最小二乘法是 19 世纪统计学的"中心主题".

4.2　勒让德以前的有关研究

天文和测地学中的一些数据分析问题可以描述如下:有若干个我们想要估计其值的量 $\theta_1, \cdots, \theta_k$,另有若干个可以测量的量 $x_0, \cdots, x_k$.按理论,这些量之间应有线性关系

$$x_0 + x_1\theta_1 + \cdots + x_k\theta_k = 0 \qquad (2)$$

但是,由于在实际工作中对 $x_0, \cdots, x_k$ 的测量不免有误差,加上关系(2)可能本来就只是数学上的近似而非严格成立,式(2)左边的表达式实际上不为 0,其实际值与测量有关,可视为一种误差,现设进行了 n 次观测,$n \geqslant k$,在第 i 次观测中,$x_0, \cdots, x_k$ 分别取值 $x_{0i}, \cdots, x_{ki}$.按式(2),应有

$$x_{0i} + x_{1i}\theta_1 + \cdots + x_{ki}\theta_k = 0, i = 1, \cdots, n \qquad (3)$$

如果 $n = k$,则一般由方程组(3)可唯一地解出 $\theta_1, \cdots, \theta_k$ 之值,可以就取它们作为 $\theta_1, \cdots, \theta_k$ 的估计值.当 $n > k$ 时该如何办? 如果式(3)是严格成立的,则只要从这 n 个方程中任挑出 k 个去解就行.但如上所述,根据所讲的原因,式(3)实际上并非严格成立,因此,取不同的 k 个方程可能解出不同的结果.在实际问题中,n 总是大于甚至是远大于 k,这样多提供一点数据信息,以便对未知参数 $\theta_1, \cdots, \theta_k$ 做出较精确的估计.这就是当时的天文和测地学家面临的数据分析问题.下面的例子很著名,它是勒让德在发明最小二乘法时所涉及的问题.

地球绕南北极的轴线自转,因离心力的作用,地球并非一个正圆球,而是略有椭度.出于这个原因,经线上 1 度的弧长,应随其纬度的升高而增加.若以 $l(\theta)$ 记以纬度 θ 之点为中心的经线上 1 度的弧长,可以证明(注 1)近似地有

$$l(\theta) = \theta_1 + \theta_2 \sin^2\theta \qquad (4)$$

分别令 $\theta = 0°$ 和 $90°$,可知 θ_1 的意义是:赤道处一点为中心经线上 1 度的弧长,而 $\theta_1 + \theta_2$ 则是极点处为中心经线上 1 度的弧长.因为 θ 和 $l(\theta)$ 在选定的适当处便于量测,(4)可以归入模型(2)(取 $x_0 = -l(\theta), x_1 = 1, x_2 = \sin^2\theta$).定下 θ_1, θ_2 后就可以定下 $l(\theta)$.可证(注 2):整个经线之长等于 $360 \cdot l(45°)$.勒让德参加的就是测量通过巴黎的经线长的工作.此工作始自 1892 年,在 $n = 5$ 处地点测量了 θ 和 $l(\theta)$.

下面来谈谈勒让德之前的几个实例的处理. 为节省篇幅,略去了有关问题的技术细节的描述.

在海上航行的船只的定位,是一个重要问题. 早在 18 世纪初,通过恒星去确定船的纬度已有了相当的精度,但确定经度的问题则更困难. 1750 年,天文学家梅耶发表了一种方法,该法涉及月面上某些定点位置的观测. 与我们此处有关的是,他得到一个包含 3 个未知数的形如式(1)的关系式,但一共有 27 组观测数据. 为从所得的 27 个方程中解出那 3 个未知参数,梅耶把它们分成 3 组,每组 9 个. 把每组内的 9 个方程相加,得到一个方程. 这样共得 3 个方程,可以解出 3 个未知数. 至于分组的方法,梅耶是以其中一个系数为准,按各方程中此系数的大小分组:最大的 9 个,最小的 9 个和剩下的 9 个各成一组. 在最小二乘法发明之前,梅耶的这个方法曾比较流行并被冠以他的名字. 梅耶认为,就此例而言,这种做法得出的解,其误差较之任意选 3 个方程求出的解的误差,只有 $\frac{3}{27} = \frac{1}{9}$ 那么大. 我们知道这一论点不正确,正确的说法应是 $\frac{1}{\sqrt{9}} = \frac{1}{3}$(参看第 2 章). 值得一提的是,梅耶还试图对其解的误差界限做一估计. 虽然如今看来他用的方法有颇多不正确之处,但他在那么早的阶段能做出这种努力,是难得的.

土星和木星都是太阳系的大行星. 由于吸力而对各自的运动轨道产生的影响,是 18 世纪中许多天文学家和数学家关心的问题,其中包括像欧拉和拉普拉斯这样的大学者. 他们的方法不同,但都是引导到一个形如式(2)的关系式,要通过观测数据求解. 欧拉在 1749 年得到的方程包含 8 个未知数,共有在 160 年期间通过观察得到的 75 组数据,即在式(3)中 $k=8, n=75$. 欧拉求解的做法很奇特而烦冗,不便在此细述. 作为求解矛盾线性方程组的方法,他的做法显得杂乱无章,缺乏基本的合理性,只能认为是一次失败的努力.

拉普拉斯也研究了这个问题. 他在 1787 年得到一个形如式(3)的方程组,其中 $k=4, n=24$. 拉普拉斯求解的方法与梅耶相似:他要从这 24 个方程中整理出 4 个方程,以便解出 4 个未知参数. 具体做法是先把 24 个方程编号,然后:

第一个方程:24 个方程之和;

第二个方程:前 12 个之和 - 后 12 个之和;

第三个方程:(编号为 3,4,10,11,17,18 的方程之和) - (编号为 1,7,14,20 的方程之和);

第四个方程:(编号为 2,8,9,15,16,21,22 的方程之和) - (编号为 5,6,12,13,19 的方程之和).

拉普拉斯没有解释如此组合的原因. 因此,与欧拉的方法相似,其方法没有显示如何应用于类似问题的途径. 与梅耶的方法相比,拉普拉斯的做法有一个特点,即同一个方程可以被使用几次,例如编号 1 的方程用在前 3 个方程的构作中. 这一点与勒让德的最小二乘法相似, 但不能认为这是向勒让德的方法靠近了一步.

耐人寻味的是, 像欧拉和拉普拉斯这样的顶级大学者, 一生不知道解决了多少数学难题, 却对于解线性矛盾方程组这样一个看来并非特别深奥的问题, 没有什么建树. 一个可能的原因是: 他们习惯于求解那种提法严谨的数学问题, 而求解线性矛盾方程组不属于这种问题. 它的提法不确定(怎么叫解, 没有定义), 本质上是一个实用性的数据处理问题, 需要一点新思维. 勒让德的成功在于他从一个新的角度来看待这个问题, 他不像上述诸人那样致力于找出几个方程(个数等于未知数的个数)再去求解, 而是考虑误差在整体上的平衡, 即不使误差过分集中在几个方程内, 而是让它比较均匀地分布于各方程中. 这个考虑使他采取

$$\sum_{i=1}^{n} (x_{0i} + x_{1i}\theta_1 + \cdots + x_{ki}\theta_k)^2 = 最小 \tag{5}$$

的原则去求解 $\theta_1, \cdots, \theta_k$. 这个例子也启示我们, 在科研中观念上的革新和突破是如何的不容易. 一经勒让德点破, 我们会感到事情是理所当然. 但在没有发现以前, 许多大学者努力了几十年也徒劳无功.

4.3　勒让德发明最小二乘法

勒让德是法国大数学家, 在数学的许多领域, 包括椭圆积分、数论和几何等方面, 都有重大的贡献. 最小二乘法最先出现在他于 1805 年出版的一部题为《计算彗星轨道的新方法》的著作的附录中. 该附录占据了这本 80 页的著作的最后 9 页. 勒让德在这本书前面几十页关于彗星轨道计算的讨论中没有使用最小二乘法, 可见在他刚开始写作时, 这一方法尚未在他的头脑中成形. 历史资料还表明, 勒让德在参加测量巴黎子午线长这项工作很久以后还未发现这个方法. 考虑到此书发表于 1805 年且该法出现在书尾的附录中, 可以推测他发现这个方法应当在 1805 年或之前不久的某个时间.

勒让德在该书 72 ~ 75 页描述了最小二乘法的思想、具体做法及方法的优点. 他提到: 使误差平方和达到最小, 在各方程的误差之间建立了一种平衡, 从而防止了某一极端误差(对决定参数的估计值)取得支配地位, 而这有助于揭示系统的更接近真实的状态. 的确, 考察勒让德之前一些学者的做法, 都是把立足点放在解出一个线性方程组上. 这种做法对于误差在各方程之间的分布的影响如何, 是不清楚的.

在方法的具体操作上, 勒让德指出, 为实现式(5)而对各 θ_i 求偏导数所形

61

成的线性方程组

$$\sum_{r=1}^{k} s_{rj}\theta_r + s_{0j} = 0, j = 1, \cdots, k \tag{6}$$

$$s_{rj} = \sum_{i=1}^{n} x_{ri}x_{ji}, r = 0, 1, \cdots, k; j = 1, \cdots, k$$

只涉及简单的加、乘运算.现今,我们把(6)叫作正则方程组,这是后来高斯引进的称呼.

关于最小二乘法的优点,勒让德指出了以下几条:第一,通常的算术平均值是其一特例,这我们在前面已指出了;第二,如果观察值全部严格符合某一线性方程,则这个方程必是最小二乘法的解;第三,如果在事后打算弃置某些观察值不用或增加了新的观察值,则对正则方程的修改易于完成.从现在的观点看,这方法只涉及解线性方程组是其最重要的优点之一(其他的重要优点包括此法在统计推断上的一些优良性质,以及其广泛的适用性).近年发展起来的,从最小二乘法衍生出的其他一些方法,尽管在理论上有其优点,可是由于计算上的困难而影响了其应用.

4.4　测量子午线长的工作

这个内容占据了勒让德前述著作的最后几页.由于它在最小二乘法的发现中所起的作用,以下较仔细地做一点介绍.

以 θ 记地球上一点的纬度,$l(\theta)$ 记子午线上以该点为中点的1度的弧长.前面已指出,在假定地球为一个微椭的球体时,可以证明近似地有式(4).据此,所要做的工作是:根据在地面上若干点实测到的 θ 和 $l(\theta)$ 值,去估计待定参数 θ_1 和 θ_2.因为在实地测量时,被测量的一段子午线不一定是1度,为此勒让德把方程(4)转化为下面的形式(注3)

$$\theta' - \theta = \frac{l(\theta,\theta')}{28\,500} + \frac{\alpha_1 l(\theta,\theta')}{28\,500} +$$
$$\alpha_2 \frac{270}{\pi}\sin(\theta'-\theta)\cos(\theta'+\theta) \tag{7}$$

这里 θ 和 θ' 分别是被测量的那段子午线两端点的纬度(都在北半球,$\theta' > \theta$),$l(\theta,\theta')$ 是这段子午线之长.按方程(4),有

$$D \equiv l(45°) = \frac{\theta_1 + \theta_2}{2} \tag{8}$$

可以证明(注3)

$$D^{-1} = \frac{1 + \alpha_1}{28\,500} \tag{9}$$

由于要求的子午线全长为 $360D$，由式（9）可知，对我们最重要的参数是式（7）中的 α_1．本来，利用 θ,θ' 和 $l(\theta_1,\theta')$ 的实测值可计算

$$l(\psi)=\frac{l(\theta,\theta')}{\theta'-\theta}(\psi\text{ 为 }\frac{\theta+\theta'}{2})$$

再利用式（4）可估计 θ_1,θ_2，因而得出 D．不明白勒让德为何不用式（4）而要用看来更复杂的式（7）．

勒让德当时有 5 个地点的实测数据，如下：

地　　点	纬度（北纬）	弧　　长
Dunkirk	51°2′10.50″	
Pantheon	48°50′49.75″	62 472.59
Evaux	46°10′42.50″	76 145.74
Carcassonne	43°12′54.40″	84 424.55
Montjouy	41°21′44.80″	52 749.48

这 5 个地点都在过巴黎的子午线上．除 Montjouy 在西班牙巴塞罗那附近外，其余都在法国境内．其中 Dunkirk 在英吉利海峡岸边，为第二次世界大战时的著名地点．1940 年 6 月当希特勒攻陷法国时，英国军队的主力在此成功地渡海撤回本土．

上表中的弧长是以"模"为单位：一模等于 12.78 英尺．弧长一栏所表示的是以上、下两地点为端点的子午线长，因而此表给出了 4 对 (θ,θ') 和 $l(\theta,\theta')$ 的值．勒让德注意到，相邻两段弧有一公共端点，故此点纬度的测量误差，对这两段弧的 $\theta'-\theta$ 都有影响，因而利用上表按式（7）所得的 4 个方程并非独立．若以 $e_1,\cdots,e_5$ 记上表中 5 个地点（由北向南）的纬度测量误差，则由表中的数据，不难算出

$$\begin{aligned}
e_1-e_2&=0.002\,923+2.192\alpha_1-0.653\alpha_2\\
e_2-e_3&=0.003\,100+2.672\alpha_1-0.351\alpha_2\\
e_3-e_4&=-0.001\,096+2.962\alpha_1+0.047\alpha_2\\
e_4-e_5&=-0.001\,808+1.851\alpha_1-0.263\alpha_2
\end{aligned}\quad(10)$$

可以假定 $e_1,\cdots,e_5$ 独立同分布，有公共方差 σ^2，则随机向量 $(e_1-e_2,e_2-e_3,e_3-e_4,e_4-e_5)$ 有协方差阵

$$\mathbf{V}=\begin{pmatrix}2&-1&0&0\\-1&2&-1&0\\0&-1&2&-1\\0&0&-1&2\end{pmatrix}\sigma^2\quad(11)$$

由于 $\mathbf{V}$ 除了一个常数因子外为已知，按现行的最小二乘估计理论，我们容易算

出(α_1,α_2)的一个在理论上看为优良的估计,但此估计与原始意义下的最小二乘估计有出入.

勒让德处理这个问题的做法,是形式上引进一个新的参数e_3,并记之为α_0,然后形式地把(10)改造为4个方程.例如,把(10)的最先两个方程相加,然后把e_3(记为α_0)移至右边,得

$$e_1 = 0.006\ 023 + \alpha_0 + 4.864\alpha_1 - 0.914\alpha_2 \tag{12}$$

(10)的第2、第4个方程,只需把e_3移至右边并改记为α_0,即得到形如(12)的方程,左边为e_2,e_4.又(10)的最后两方程相加得到形如(12)的方程,左边为e_5.再配上$e_3 = \alpha_0$,即得到5个方程,可按原始的最小二乘法求解,结果得α_1的估计值为

$$\hat{\alpha}_1 = 0.000\ 077\ 8$$

按式(9)算出D之估计值为28 497.78(模),$\frac{1}{4}$子午线长估计为

$$90D = 2\ 564\ 800.2\ (\text{模})$$

其千万分之一,即打算取为1米之长,为3.28英尺即99.907 8厘米,与现行定义有差距.现行1米是定义为存在巴黎的一根公尺原器之长.

从当时数理统计学发展的水平看,勒让德注意到因各方程(指(10))的误差不独立,因而不应直接使用最小二乘法求解,确是难能可贵.但从理论上分析,他的处理方法并不正确.e_3是随机误差,以之作为参数是不行的.其实这也未能使变换所得5个方程的误差独立.不过,尽管在理论上有上述缺陷,他的计算结果与按现行正确理论计算的结果比较相差很有限:(α_1,α_2)的"最优线性无偏估计",记为$(\hat{\alpha}_1,\hat{\alpha}_2)$,由公式

$$\begin{pmatrix} \hat{\alpha}_1 \\ \hat{\alpha}_2 \end{pmatrix} = (\boldsymbol{X}^{\mathrm{T}}\boldsymbol{V}^{-1}\boldsymbol{X})^{-1}\boldsymbol{X}^{\mathrm{T}}\boldsymbol{V}^{-1}\boldsymbol{Y} \tag{13}$$

给出,其中

$$\boldsymbol{X} = \begin{pmatrix} 2.192 & -0.563 \\ 2.672 & -0.351 \\ 2.962 & 0.047 \\ 1.851 & 0.263 \end{pmatrix}$$

$$\boldsymbol{Y} = \begin{pmatrix} -0.002\ 923 \\ -0.003\ 100 \\ 0.001\ 096 \\ 0.001\ 808 \end{pmatrix}$$

而$\boldsymbol{V}$由(11)给出,$\boldsymbol{X}^{\mathrm{T}}$为$\boldsymbol{X}$的转置.按式(13),算得$\hat{\alpha}_1 = 0.000\ 078\ 2$.再由式(9)算出$D$的估计值为28 497,$90D$的千万分之一为99.907 9厘米,与勒让德的结

果很接近.

最小二乘法在 19 世纪初发明后,很快得到欧洲一些国家的天文和测地学工作者的广泛使用.据不完全统计,自 1805 年至 1864 年的 60 年期间,有关这一方法的研究论文约 250 篇,一些百科全书,包括 1837 年出版的《不列颠百科全书》第 7 版,都收进了有关这个方法的介绍.在研究论文中,有一些是关于最小二乘估计的计算,这涉及解线性方程组.高斯也注意了这个问题,给出了正则方程的命名并发展了解方程的消去法,即高斯消去法.但是,在电子计算机出现以前,当参数个数(即式(3)中的 k)较多时,计算的任务还是很繁重.1858 年,英国为绘制本国地图做了一次大型的测量,其数据处理用最小二乘法涉及模型(3)中 $k=920, n=1\,554$.用两组人员独立计算,花了两年半的时间才完成.1958 年我国某研究所计算一个炼钢方面的课题,涉及用最小二乘法解 13 个自变量的线性回归方程,30 余人用计算机计算,夜以继日花了一个多月的时间.

勒让德的工作没有涉及最小二乘法的误差分析问题.这一点由高斯在 1809 年发表的正态误差理论加以补足,详细介绍见第 5 章.高斯这个理论对最小二乘法之用于数理统计有极重要的意义.这一点在 20 世纪戈塞特、费歇尔等人发展了正态小样本理论后,尤其看得明显.正因为高斯这一重大贡献,以及他声称自 1799 年以来一直使用这个方法,所以人们多把这一方法的发明优先权归之于高斯.当时这两位大数学家曾为此发生优先权之争,其知名度仅次于牛顿和莱布尼茨之间关于微积分发明的优先权之争.近年来还有学者根据有关的文献研究这个问题,也做不出判然的结论.这个公案大概也只能以"两人同时独立做出"来了结.但无论如何,第一个在书面上发表的是勒让德,他有理由占先一些.

我们已指出,最小二乘法是针对适合形如式(2)的线性关系的观测数据而做出的,现在统计学上把这叫作线性(统计)模型 —— 当然,其含义比最初所赋予它的要广得多.最小二乘法在数理统计学中的显赫地位,大都来自它与这个模型的联系.另一个原因是它有简单的线性表达式.这不仅使它易于计算,更重要的是,在正态误差的假定下,它有较完善的小样本理论,使基于它的统计推断易于操作且有关的概率计算不难进行.其他的方法虽也可能具有某种优点,但由于缺乏最小二乘法所具备的上述特性,故仍不可能取代最小二乘法的位置,这就是此法得以长盛不衰的原因.

4.5　　高斯的贡献

高斯对最小二乘法的最大贡献,当然是在建立正态误差理论上,这个题目

65

留待下章细谈.除此之外,他在这方面还有一个重要贡献,即大家耳熟能详的高斯－马尔科夫定理.

按通常的记法把线性模型写为

$$y_i = x_i'\boldsymbol{\beta} + e_i, i = 1, \cdots, n$$

这里 y_i 和 x_i 分别为 1 维和 p 维, x_i 视为普通的已知 p 维向量,不带随机性,而 e_i 为独立同分布的随机误差,期望为 0,方差 σ^2 非 0 且有限.用最小二乘法,得到决定 $\boldsymbol{\beta}$ 的最小二乘估计 $\hat{\boldsymbol{\beta}}$ 的线性方程组

$$S\hat{\boldsymbol{\beta}} = XY$$

$X = (x_1 \vdots \cdots \vdots x_n), S = XX', Y' = (y_1, \cdots, y_n)$. 高斯称这个方程组为正则方程组.他设计了一种消元法来解这方程组,即沿用至今的高斯消去法.从所得的解 $\hat{\boldsymbol{\beta}} = S^{-1}XY$ 易知 $\hat{\boldsymbol{\beta}}$ 是 $\boldsymbol{\beta}$ 的(线性)无偏估计.又对 $\boldsymbol{\beta}$ 的任一线性函数 $c'\boldsymbol{\beta}$,其最小二乘估计 $c'\hat{\boldsymbol{\beta}}$ 也是(线性)无偏估计.

高斯－马尔科夫定理断言,在 $c'\hat{\boldsymbol{\beta}}$ 的一切线性无偏估计类中,唯有其最小二乘估计 $c'\hat{\boldsymbol{\beta}}$ 的方差达到最小.这个定理被奉为最小二乘法理论中最重要的理论结果,它从统计学的角度肯定了最小二乘估计的合法性.在此前,最小二乘估计只是一种算法,尽管它看上去合理且有计算简单的优点,但还不足以回答它在缩小误差这个根本点上,究竟有何出众之处.这个定理对此做出了回答.下面我们简略介绍一下这个重要结果的缘起及命名过程.

事实上,最初注意这个问题的是拉普拉斯.他考虑 x_i 为 1 维的情况.由

$$y_i = x_i\beta + e_i, i = 1, \cdots, n$$

两边乘以常数 c_i,再对 $i = 1, \cdots, n$ 相加,得

$$\tilde{\beta} \equiv \frac{\sum\limits_{i=1}^{n} c_i y_i}{\sum\limits_{i=1}^{n} c_i x_i} = \beta + \frac{\sum\limits_{i=1}^{n} c_i e_i}{\sum\limits_{i=1}^{n} c_i x_i} \equiv \beta + \xi_n$$

对任何 c_i,上式定义的 $\tilde{\beta}$ 是 β 的无偏估计.为使 $\tilde{\beta}$ 的或然误差最小,当 e_i 为正态时,只要 ξ_n 的方差尽量小就成,而

$$\text{Var}(\xi_n) = \frac{\sigma^2 \sum\limits_{i=1}^{n} c_i^2}{\left(\sum\limits_{i=1}^{n} c_i x_i\right)^2}$$

由施瓦茨不等式有

$$\text{Var}(\xi_n) \geqslant \frac{\sigma^2 \sum\limits_{i=1}^{n} c_i^2}{\left(\sum\limits_{i=1}^{n} c_i^2 \sum\limits_{i=1}^{n} x_i^2\right)} = \frac{\sigma^2}{\sum\limits_{i=1}^{n} x_i^2}$$

当且仅当 $c_i = x_i (i = 1, \cdots, n)$ 时,上式等号才成立. 这时有

$$\tilde{\beta} = \frac{\sum_{i=1}^{n} x_i y_i}{\sum_{i=1}^{n} x_i^2}$$

正是最小二乘估计. 若 e_i 不一定服从正态分布且 n 很大,则拉普拉斯使用其中

心极限定理($\dfrac{\sum_{i=1}^{n} c_i e_i}{\sum_{i=1}^{n} c_i x_i}$ 近似地服从正态分布),仍能(近似地)得出上述结果.

拉普拉斯的上述论证做于 1811 年,在得知高斯导出误差正态分布之后不久,他还从另一个角度做了论证,即将准则定为:选择 c_i,使 $E(|\xi_n|) =$

$\dfrac{E(|\sum_{i=1}^{n} c_i e_i|)}{|\sum_{i=1}^{n} c_i x_i|}$ 最小[①]. 用中心极限定理,在 n 很大时,$\sum_{i=1}^{n} c_i e_i \sim N(0, \sigma^2 \sum_{i=1}^{n} c_i^2)$.

于是近似地有

$$E(|\xi_n|) \approx \frac{\sigma \sqrt{\dfrac{2}{\pi}} |\sum_{i=1}^{n} c_i^2|}{|\sum_{i=1}^{n} c_i x_i|}$$

以下与前述一样.

拉普拉斯做这类论证是为了说明,用他的中心极限定理也可导出最小二乘法. 但高斯注意到,若不从或然误差看问题(只有在正态或至少是对称的场合,或然误差才有意义),而只要求估计的方差最小,则像 e_i 为正态或 n 很大这类限制都无必要. 1823 年,他在其著作《数据结合原理》(第一部分)中,对任意维参数 $\boldsymbol{\beta}$ 的一个分量的情况证明了高斯 — 马尔科夫定理. 他的证法是分析性的:设

$c'Y = \sum_{i=1}^{n} c_i y_i$ 为 β_1 的无偏估计,则因

$$c'Y = c'X\boldsymbol{\beta} + c'e$$

必须有 $c'X = (1, 0, \cdots, 0)$. 在这个约束下,使方差即积分

[①]有意思的是:在这样一个关于最小二乘法的问题中,拉普拉斯没有取最小二乘准则,也许是觉得"以本准则证本准则"有所不妥. 如果他用最小二乘准则,则他的想法与高斯一致(见下文)而会得出与高斯一样的结果. 这件事说明拉普拉斯对一乘准则情有独钟. 人们也把他作为这准则的创始人. 他不是最早使用一乘准则的人,但是这批人中之一,与下文提到的波斯科维奇大致同时.

$$\int \left(\sum_{i=1}^{n} c_i t_i \right)^2 g(t_1) \cdots g(t_n) \mathrm{d}t_1 \cdots \mathrm{d}t_n$$

达到最小, g 为 e_i 的密度. 现今我们用矩阵的方法可以更简洁地证明这一结果. 1823 年, 高斯在上述著作的第二部分证明了一般形式的高斯 — 马尔科夫定理, 还得出了最小二乘估计方差的表达式.

但是为什么此定理又附上马尔科夫的名字呢? 据西尔在《高斯线性模型的历史发展》一文中说, 高斯的证明发表后, 有一些学者在自己关于最小二乘法的著作中写进了自己的证明, 其中包括德国的赫尔梅特(1872) 和俄国的马尔科夫, 后者的证明包含在他 1913 年在莱比锡出版的《概率论》中, 证法与赫尔梅特的基本相似, 但耐曼在 1934 年发表的一篇论文中, 以为这是一个新结果, 马尔科夫的名字于是被缀在高斯之后而成为定理的发明者之一.

高斯的贡献还包括: 他导出了残差平方和的表达式, 并证明了残差平方和除以 $n-p$, 是误差方差的一个无偏估计.

19 世纪后期在最小二乘法的研究中还有一项很重要的成果, 即证明了残差平方和服从分布 $\sigma^2 \chi_{n-p}^2$[①], 这里 χ_{n-p}^2 是自由度 $n-p$ 的 χ^2 分布(假定矩阵 $\boldsymbol{X}$ 有秩 p. 一般情况, 自由度为 $n-(\boldsymbol{X}$ 的秩$)$). 其最简单的特例, 是赫尔梅特在 1875 年做出的(注 5). 一般情况则出自皮泽蒂(P. Pizzetti), 在他 1891 年出版的一本著作中, 他是用富氏分析得出这个结果的, 即先计算残差平方和的特征函数, 再反转得到其密度. 在这一证明中实际他也证明了残差平方和与最小二乘估计的独立性. 如今的线性模型教本中是用正交变换法, 很简单地得出这些结果.

我们看到, 19 世纪时有关线性模型和最小二乘法的研究, 已达到了很深入的水平, 而当时高尔顿的相关回归刚起步, Student 的 t 分布还要等几十年, 而其实当时的水平已能使这个结果成为一个简单推论. 症结在于: 19 世纪末期, "数据结合学者" 与统计学者是两批人, 井水不犯河水, 统计学家不熟悉上述这些作家的著作. 这很有可能使数理统计的若干重要方面(如自 Student 发端的小样本理论反费歇尔的方差分析) 的发展滞后了几十年.

4.6　其他方法

在收集大量数据时, 个别或少量数据可能会发生重大的错误. 这错误不是指随机误差 —— 那是一般数据中都会有的, 是属于正常情况. 这里说的错误是

[①] 19 世纪时, 此分布尚没有专门名称. 其名称与记号大约来自 1900 年卡尔·皮尔逊关于拟合优度检验的文章, 因为他把检验统计量记为 χ^2, 而此统计量的极限分布是 χ^2 分布.

指一些往往可以避免的差错,比方说由误记产生的较显著的差错.例如一次试验结果应该是 1.253,却记成 12.53.某次试验中仪器没有调准,或配方有差错,从而导致试验结果与正常范围有显著偏离,等等.

这种有重大错误的数据在数理统计学中叫作"异常值",异常值的存在一般会对统计分析的精度和可靠度产生不良的影响,但影响程度如何,与所用的统计方法有关.举一个极端的例子:设在某一社区中抽取 15 户人家以估计该社区的户均收入,以 $x_1, \cdots, x_{15}$ 记所抽得的 15 户的收入.有两种方法可用:一种是计算 $x_1, \cdots, x_{15}$ 的算术平均 $\bar{x}$,以之作为全社区户均收入的估计.另一种是用 $x_1, \cdots, x_{15}$ 的样本中位数 m,即把 $x_1, \cdots, x_{15}$ 按大小排序的第 8 位.现设想该社区中有一户年收入极高,则样本中是否包含这一户,会对估计值 $\bar{x}$ 产生很大的影响,而且,当抽出的户数只占全社区户数很小一部分(这是通常的情况)时,若样本中碰巧包含这一户[1],则估计会显著地偏高,但如用样本中位数 m,则少量特异值的出现一点也不影响其值.

如果一个统计方法受少量异常值的影响比较小,则称该方法具有稳健性(robustness).拿上例来说,m 的稳健性好而 $\bar{x}$ 较差.由于在实际应用中难于完全避免异常值的出现,稳健性是受应用者欢迎和重视的一种性质.当然,这也有一定限度,不是说在任何场合下总是越稳健越好,因为一个良好的统计方法应具备的性质不止一端.比如说,稳健与效率往往矛盾,过于强调稳健性可能会以牺牲效率为代价.正如在工作中,某种情况下稳健性的过分考虑会流于保守和僵化,从而丧失进取的机会.

最小二乘法是一种稳健性较差的方法,原因在于其目标函数是误差的平方,是一个增长很快的函数.以图 4.1 为例,设变量 y 对 x 的真实的回归直线为 l,当数据中没有异常值时,数据点应分布在直线 l 的近旁,图 4.1 中的圆点所代表者.对这样的数据点施用最小二乘法,估计出的回归直线将与 l 相差不多.可是如果数据中有一个异常点 X,则因要照顾这个点,估计出的回归线 l' 会与 l 有较大的偏离.因而统计分析的精度会受到较大的影响.如果用一种更稳健的方法,则情况将显著改善.

以上的分析也启示了获得更好的稳健性的一种途径,即用一个增长比平方更慢的函数 ρ 去代替平方.这个想法最早是由当代统计学家休伯(P. J. Huber)在 1964 年提出的.在当年发表的一项工作中,他把这一想法用于估计一个位置参数 θ 的情况,即 $x_i = \theta + e_i, 1 \leqslant i \leqslant n$.取定函数 ρ,找出使函数 $M(\theta) =$

---

[1] 如果样本确实是随机抽得的,包含这一户不能算是人为的错误,但也不能改变此组样本缺乏代表性的事实.随机抽样有时抽到"坏"样本,是题中应有之义.这一点有时被用来作为反对随机抽样的理由.

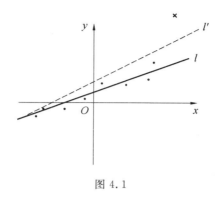

图 4.1

$\sum_{i=1}^{n} \rho(x_i - \theta)$ 达到最小的 θ, 记为 $\tilde{\theta}. \tilde{\theta}$ 称为 θ 的 M 估计.

当 $\rho(u) = u^2$ 时, M 估计即最小二乘估计. 由于 ρ 可以有许多可能的选择, M 估计不是一个单一的确定估计, 而是一类估计. 一般, $\rho(u)$ 为 u 的偶函数, 即 $\rho(-u) = \rho(u)$, 且在 $u \geqslant 0$ 处随 u 的上升而上升. 上升速度越慢, 所得的 M 估计稳健性越好. 常用的情况有 $\rho(u) = |u|$, 它引出的估计称为最小一乘估计, 将在下面做较详细的讨论. 另一种常用的 ρ 是在 $|u|$ 较小时为平方而 $|u|$ 较大时为线性, 或 $|u|$ 较小时为线性而较大时为常数等. 到 1973 年, 休伯把这一想法推广用于一般线性回归的情形, 称为回归的 M 估计. 他的这些工作在数理统计界有相当的影响. 自 20 世纪 70 年代以来, 关于 M 估计的研究吸引了一批数理统计学家. 要用之于实际, 这种一般的 M 估计有其麻烦之处. 一是使极值达到的解没有显式表达且很不容易计算, 这在目前高性能计算机比较普及的情况, 或许不成为大问题, 但总不如最小二乘估计有一个容易计算的线性表达式 (对线性回归而言) 来得方便. 另一个是分布问题, 即使在模型为线性且随机误差服从正态分布的情况, M 估计及基于这种估计的统计量的分布也求不出, 只能近似地用其大样本分布代替, 而这一近似的精度如何无从得知. 但对最小二乘估计而言, 由于它是观察值的线性函数, 在误差服从正态分布时, 有一套精确的小样本理论, 出于这些原因, 迄今为止 M 估计的使用还比较有限, 不足以动摇最小二乘法的优势地位.

在 M 估计类中有一个重要特例, 即前文提到的最小一乘估计. 最小一乘法的历史渊源其实比最小二乘法还早, 并不是休伯方法的附产物. 在文献中, 最小一乘估计也常被称为最小绝对偏差估计, 由于其重要性值得稍做介绍.

最小一乘法是波斯科维奇在 1760 年提出来的. 自 1755 年起, 他投身于子午线长的问题, 也是使用近似的关系式 (4). 他手头当时有 5 个地点 (基多、好望角、罗马、巴黎和拉普兰) 的数据. 不过, 他关心的不是子午线长本身, 而是通过它去决定地球的椭率(定义为 $\frac{\theta_2}{3\theta_1}$, θ_1 和 θ_2 的意义如方程(4)). 一开始,他使用以下的做法:在上述 5 个地点的数据中任取 2 个,可以构成未知数 θ_1 和 θ_2 的两个线性方程,而求得其解. 他原意是取这 10 个组解的算术平均,其值他看上去不大满意,于是他舍弃这 10 个组中认为不大合理的一两个组,结果仍不甚满意,因此最后他放弃了这种一对一对分别处理的做法,而提出了一种综合全体数据的方法. 该法基本上就是现在流行的最小一乘法,但波斯科维奇附加了一个约束条件,即全部误差的代数和为 0. 以本问题为例,他的提法有以下形式:

$$\sum_{i=1}^{5}(l(\varphi_i)-\theta_1-\theta_2\sin^2\varphi_i)=0 \qquad (14)$$

$$\sum_{i=1}^{5}|(l(\varphi_i)-\theta_1-\theta_2\sin^2\varphi_i)|\ \text{最小} \qquad (15)$$

这里 $\varphi_1,\cdots,\varphi_5$ 是测量的 5 个地点的纬度. 但是,波斯科维奇未能给出这个约束极值问题的一个代数解法,而是别出心裁地给出了一个借助于几何的解法,此处不细述. 直到 1789 年,拉普拉斯注意到这个问题,他发现了一种简易的代数解法,写在他于 1799—1805 年间出版的《天体力学》的第 2 卷中. 其方法的实质部分如下:把(14)(15)分别简写为(用一般的 n 取代 5):

$$\sum_{i=1}^{n}(y_i-\theta_1-\theta_2 x_i)=0 \qquad (16)$$

$$\sum_{i=1}^{n}|y_i-\theta_1-\theta_2 x_i|\ \text{最小} \qquad (17)$$

记

$$\bar{x}=\frac{\sum_{i=1}^{n}x_i}{n}$$

$$\bar{y}=\frac{\sum_{i=1}^{n}y_i}{n}$$

由式(16)得

$$\bar{y}-\theta_1-\theta_2\bar{x}=0$$

解出

$$\theta_1=\bar{y}-\theta_2\bar{x}$$

以此代入式(17),得

$$\sum_{i=1}^{n}|y_i'-\theta_2 x_i'|\ \text{最小},x_i'=x_i-\bar{x},y_i'=y_i-\bar{y} \qquad (18)$$

这样就把方程中的常数项消去了. 由此出发,拉普拉斯证明了,使 $\sum_{i=1}^{n}|y_i'-$

71

$\theta_2 x_i'|$ 达到最小的 θ_2 决定的过程如下(注4):不妨设所有的 $x_i' \neq 0$. 计算 $\dfrac{y_i'}{x_i'}$, $i=1,\cdots,n$, 把它们由小到大排列, 不妨设

$$\frac{y_1'}{x_1'} \leqslant \frac{y_2'}{x_2'} \leqslant \cdots \leqslant \frac{y_n'}{x_n'}$$

记 $A = \sum\limits_{i=1}^{n} |x_i'|$. 找自然数 j, 使

$$\frac{|x_1'| + \cdots + |x_{j-1}'|}{A} < \frac{1}{2}, \frac{|x_1'| + \cdots + |x_j'|}{A} \geqslant \frac{1}{2} \tag{19}$$

则可分为两种情况:一是(19)第 2 式不等号成立,这时 θ_2 的唯一解是 $\dfrac{y_j'}{x_j'}$. 二是(19)第 2 式等号成立,这时闭区间 $\left[\dfrac{y_j'}{x_j'}, \dfrac{y_{j+1}'}{x_{j+1}'}\right]$ 上任一个数都是 θ_2 的解. 解出 θ_2 后,由 $\theta_1 = \bar{y} - \theta_2 \bar{x}$ 解出 θ_1.

由此例看出,最小一乘估计可以不唯一. 事实上,这种不唯一性在最简单的例子——估计位置参数中也可以出现,因为使 $\sum\limits_{i=1}^{n} |x_i - \theta|$ 达到最小的 θ, 当 n 为偶数时,可以是 $\left[x_{[\frac{n}{2}]}, x_{[\frac{n}{2}]+1}\right]$ 上的任何一个数,这里 $x_{(1)} \leqslant \cdots \leqslant x_{(n)}$ 是 $x_1, \cdots, x_n$ 按由小到大的排列(统计学上称 $x_{(1)}, \cdots, x_{(n)}$ 是 $x_1, \cdots, x_n$ 的次序统计量). 这种不唯一性,源于函数 $\rho(u) = |u|$ 不是严格凸函数,这里不细说了.

以上的解法得力于由约束条件可以消去其一个参数. 若是在 $y = \theta_0 + \theta_1 x_1 + \cdots + \theta_k x_k$ 的情况而 $k \geqslant 2$, 即使有"误差和为 0"的约束存在,则也无能为力了. 甚至在 $y = \theta_0 + \theta x$ 的情况,如无约束条件,求解也不易. 现今所理解的最小一乘法都是不带约束的.

上述发展出现在 1805 年最小二乘法诞生之前. 可是,由于当时无法解决计算问题,最小一乘法在此后的百余年未受到应用界的重视,直到 20 世纪 50 年代发现了用线性规划求解的方法及电子计算机的出现,计算的困难不复存在. 大样本理论的成果给了一个在样本足够多时可行的统计推断方法,特别是在某些应用部门中,如数量经济学中,显示了这个方法的优良性质,最小一乘法逐渐得到应用界的重视. 有人做过这样的试验:拿大量的 $x-y$ 散点图,让一些人各自用目测的方法配直线. 结果表明,大多数人目测的结果更接近于最小一乘而不是最小二乘所得的直线.

上面所讲的 M 估计是彻底废除最小二乘原则而另立原则求解. 属于这种性质的估计还有一些,大都很复杂,应用上没有推开. 另一类方法是对最小二乘估计本身做修改. 这直接与计算有关,但实质上与稳健性的考虑也有相通之处. 一个代表性的例子是所谓"岭估计"(ridge estimation),是 1970 年两位美国统计学家提出来的. 另外还有所谓主成分估计法,其对最小二乘估计的修改方式

与岭估计不同. 这些估计方法如今在应用上使用很多, 它们都有在计算上比较易行的特点.

注 1 式（4）的证明.

图 4.2 所示的是地球与经过两极点的平面的截面第一象限. 地球形状微椭, 故图中 $b < 1$ 而 $b \approx 1$. 椭圆方程为

$$x^2 + \frac{y^2}{b^2} = 1 \tag{A_1}$$

地面上一点 A 的纬度, 并非线段 OA 与横轴的夹角 φ, 而是这样确定的: 过点 A 作一射线指向天顶, AB 与过 A 的切线（图中之虚线）垂直. AB 与横轴的夹角 θ 定义为点 A 的纬度. 由这个定义及地球的椭性不难悟出, 在高纬度处子午线上 1 度的弧长, 要比低纬度处来得大一些.

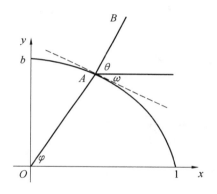

图 4.2

按方程 (A_1) 计算 $y' = \dfrac{\mathrm{d}y}{\mathrm{d}x}$, 有

$$y' = \tan(180° - \omega) = -\tan \omega = -\tan(90° - \theta) = -\cot \theta \tag{A_2}$$

因此

$$\cot \theta = -y' = \frac{b^2 x}{y}$$

$$\tan^{-2}\theta = \cot^2\theta = \frac{b^4 x^2}{y^2} = \frac{b^2 x^2}{1 - x^2}$$

由此推出

$$x = (1 + b^2 \tan^2\theta)^{-\frac{1}{2}}$$

因而

$$\frac{\mathrm{d}x}{\mathrm{d}\theta} = -\frac{(1 + b^2 \tan^2\theta)^{-\frac{3}{2}} b^2 \tan\theta}{\cos^2\theta} \tag{A_3}$$

由 $(A_2)(A_3)$, 得纬度为 $\theta_1, \theta_2 (0° \leqslant \theta_1 < \theta_2 \leqslant 90°)$ 之间子午线之长

$$\int_{\theta_1}^{\theta_2} (1+y'^2)^{\frac{1}{2}} \frac{\mathrm{d}x}{\mathrm{d}\theta} \mathrm{d}\theta = \int_{\theta_1}^{\theta_2} \frac{(1+\tan^2\theta)^{\frac{1}{2}}}{\tan\theta} \frac{b^2\tan\theta}{(1+b^2\tan^2\theta)^{\frac{3}{2}}} (1+\tan^2\theta)\mathrm{d}\theta =$$

$$b^2 \int_{\theta_1}^{\theta_2} \left(\frac{1+\tan^2\theta}{1+b^2\tan^2\theta} \right)^{\frac{3}{2}} \mathrm{d}\theta =$$

$$b^2 \int_{\theta_1}^{\theta_2} (1-(1-b^2)\sin^2\theta)^{-\frac{3}{2}} \mathrm{d}\theta \tag{A$_4$}$$

按(A_4),注意到北极点处有 $\sin\theta=1$,知在此点处子午线 1 度长为 $\frac{c}{b}$,其中 $c = \frac{\pi}{180}$,即 1 度的弧度值. 又在赤道处 $\sin\theta=0$,知在此点处子午线 1 度长为 b^2c. 按方程(4),此二者之差记为

$$\theta_2 = \frac{c}{b} - b^2 c = c(b^{-1} - b^2) \tag{A$_5$}$$

又令

$$\theta_1 = b^2 c \tag{A$_6$}$$

因为 $b \approx 1$,有 $1-b^2 \approx 0$,所以

$$(1-(1-b^2)\sin^2\theta)^{-\frac{3}{2}} \approx 1 + \frac{3}{2}(1-b^2)\sin^2\theta$$

以此代替(A_4)的被积函数,并注意到(A_4)中的 θ 应按弧度计,得纬度 θ 处子午线上 1 度之弧长 $l(\theta)$ 近似地等于

$$l(\theta) \approx cb^2 \left(1 + \frac{3}{2}(1-b^2)\sin^2\theta\right) \tag{A$_7$}$$

另一方面,由(A_5)(A_6),有

$$\theta_1 + \theta_2 \sin^2\theta = cb^2 + cb^{-1}(1-b^3)\sin^2\theta \tag{A$_8$}$$

往证

$$\frac{3}{2}b^2(1-b^2) \approx b^{-1}(1-b^3) \tag{A$_9$}$$

事实上,因 $b \approx 1$,知(A_9)左边为

$$\frac{3}{2}b^2(1+b)(1-b) \approx \frac{3}{2}2(1-b) = 3(1-b)$$

而右边为

$$b^{-1}(1-b)(1+b+b^2) \approx 1^{-1}(1-b)(1+1+1^2) =$$

$$3(1-b)$$

这证明了(A_9),由(A_7)~(A_9),立即得到式(4).

注 2 证明

$$\text{子午线长} \approx 360l(45°) \tag{A$_{10}$}$$

事实上,由式(4)有

$$l(\theta) = \theta_1 + \theta_2 \sin^2\theta = \theta_1 + \frac{\theta_2(1 - \cos 2\theta)}{2} =$$

$$(\theta_1 + \frac{\theta_2}{2}) - \frac{\theta_2}{2}\cos 2\theta =$$

$$l(45°) - \frac{\theta_2}{2}\sin 2\theta$$

因此知由赤道至极点间子午线长,即子午线全长的 $\frac{1}{4}$,为

$$\frac{[l(0°) + l(90°)]}{2} + \sum_{i=1}^{89} l(i°) =$$

$$90l(45°) - \theta_2 \frac{\cos 0° + \cos 180°}{4} -$$

$$\theta_2 \frac{\cos 2° + \cos 4° + \cdots + \cos 178°}{2}$$

由 $\cos(180° - \alpha) = -\cos\alpha$,知上式等于 $90l(45°)$,于是证明了 (A_{10}) .

注 3 式(7) 的证明.

设 $0 \leqslant \theta < \theta' \leqslant 90, \theta' - \theta \approx 0$. 记

$$D = l(45°) \approx \theta_1 + \frac{\theta_2}{2}$$

$$\psi = \frac{\theta + \theta'}{2}$$

由式(4) 有

$$\frac{l(\theta, \theta')}{\theta' - \theta} \approx l(\psi) \approx \theta_1 + \theta_2 \sin^2\psi$$

因 $\sin^2\psi = \frac{1}{2} - \frac{1}{2}\cos(\theta + \theta')$,由上式有

$$l(\theta, \theta') \approx l(45°) - \frac{\theta_2}{2}\cos(\theta + \theta') = D - \frac{\theta_2}{2}\cos(\theta + \theta') \qquad (A_{11})$$

相对于 D, θ_2 很小 $(\frac{\theta_2}{D} \approx 0)$,故记 $\alpha_2 = \frac{\theta_2}{3D}$. 由上式有

$$\theta' - \theta \approx \frac{l(\theta, \theta')}{D - 2^{-1}\theta_2 \cos(\theta + \theta')} \approx$$

$$D^{-1} l(\theta, \theta')\left(1 + \frac{3}{2}\alpha_2 \cos(\theta + \theta')\right) =$$

$$D^{-1} l(\theta, \theta') + D^{-1} l(\theta, \theta') \frac{3}{2}\alpha_2 \cos(\theta + \theta') \qquad (A_{12})$$

因 $\frac{\theta_2}{D} \approx 0$,由 (A_{11}) 有 $l(\theta, \theta') \approx (\theta' - \theta)D$. 以此代入 (A_{12}) 右边的第 2 项,有

$$\theta' - \theta \approx D^{-1} l(\theta, \theta') + \frac{3}{2}\alpha_2(\theta' - \theta)\cos(\theta + \theta') \qquad (A_{13})$$

因 $\theta \approx \theta'$，有

$$\theta' - \theta \approx \frac{180}{\pi} \sin(\theta' - \theta)$$

因而

$$\frac{3}{2}\alpha_2(\theta' - \theta)\cos(\theta + \theta') \approx \alpha_2 \frac{270}{\pi}\sin(\theta' - \theta)\cos(\theta' + \theta) \qquad (A_{14})$$

令

$$\alpha_1 = \frac{28\,500}{D - 1}$$

有

$$D^{-1} = \frac{1 + \alpha_1}{28\,500}$$

此即式(9). 又

$$\frac{l(\theta, \theta')}{D} = \frac{l(\theta, \theta')}{28\,500} + \frac{\alpha_1 l(\theta, \theta')}{28\,500} \qquad (A_{15})$$

结合 $(A_{13}) \sim (A_{15})$，即得式(7).

注 4 式(18) 的解.

这要用到概率论中的一个初等事实：设 X 为一个随机变量，$E(|X|) < \infty$. 定义函数 $f(u) = E(|X - u|)$，以 A 记 X 的中位数的集，则函数 f 的极小值点的集就是集 A.

现引进随机变量 X，其分布为

$$P\left(X = \frac{y_i'}{x_i'}\right) = \frac{|x_i'|}{M}, i = 1, \cdots, n$$

其中

$$M = \sum_{i=1}^{n} |x_i'|$$

有

$$\sum_{i=1}^{n} |y_i' - \theta_2 x_i'| = M\sum_{i=1}^{n} \frac{|x_i'|}{M}\left|\frac{y_i'}{x_i'} - \theta_2\right| = ME(|X - \theta_2|)$$

注意到 $\dfrac{y_1'}{x_1'} \leqslant \cdots \leqslant \dfrac{y_n'}{x_n'}$，引用上述定理，即得所要的结果.

注 5 赫尔梅特在 1875 年考虑到特例是样本方差 $s^2 = \dfrac{\sum\limits_{i=1}^{n}(x_i - \bar{x})^2}{n}$，其中 $x_1, \cdots, x_n$ 为从正态分布 $N(0, \sigma^2)$ 中抽出的独立样本. 他用积分变换的方法导出了 s^2 的密度函数. 据此，卡尔·皮尔逊主张，在 19 世纪后期众多的从各种途

径接触到这一分布(有的只是 2,3 维)的学者中,应推赫尔梅特为此分布的发现者. 他在 1931 年的《生物计量》杂志上介绍了赫尔梅特的证明,其梗概如下:

$(x_1,\cdots,x_n)$ 到 $(x_1 + \mathrm{d}x_1,\cdots,x_n + \mathrm{d}x_n)$ 之间的概率元为

$$c \cdot \exp\left(-\frac{1}{2\sigma^2}\sum_{i=1}^{n} x_i^2\right) \mathrm{d}x_1 \cdots \mathrm{d}x_n$$

此处 c 为常数,以下 c 每次出现时取值可不同. 做变换

$$\xi_1 = x_1 - \overline{x},\cdots,\xi_{n-1} = x_{n-1} - \overline{x},\xi_n = \overline{x}$$

则 $(\xi_1,\cdots,\xi_n)$ 到 $(\xi_1 + \mathrm{d}\xi_1,\cdots,\xi_n + \mathrm{d}\xi_n)$ 之间的概率元为

$$c \cdot \exp\left(-\frac{n}{2\sigma^2}(s^2 + \xi_n^2)\right) \mathrm{d}\xi_1 \cdots \mathrm{d}\xi_n$$

注意到 s^2 只与 $\xi_1,\cdots,\xi_{n-1}$ 有关,因此

$$x_n - \overline{x} = -(\xi_1 + \cdots + \xi_{n-1})$$

故由上式对 ξ_n 积分,可得 $(\xi_1,\cdots,\xi_{n-1})$ 的概率元为

$$c \cdot \exp\left(-\frac{n}{2\sigma^2}s^2\right) \mathrm{d}\xi_1 \cdots \mathrm{d}\xi_{n-1}$$

做变换

$$t_i = \sqrt{\frac{i+1}{i}}\left(\xi_i + \frac{1}{i+1}(\xi_{i+1} + \cdots + \xi_{n-1})\right),i = 1,\cdots,n-2,$$

$$t_{n-1} = \sqrt{\frac{n}{n-1}}\xi_{n-1} \qquad (\mathrm{A}_{16})$$

简单计算并证明[①]: $\sum_{i=1}^{n-1} t_i^2 = ns^2$. 于是得到 $(t_1,\cdots,t_n)$ 的概率元为

$$c \cdot \exp\left(\frac{-\sum_{i=1}^{n-1} t_i^2}{2\sigma^2}\right) \mathrm{d}t_1 \cdots \mathrm{d}t_{n-1}$$

令

$$R = \left(\sum_{i=1}^{n-1} t_i^2\right)^{\frac{1}{2}}$$

半径为 R 的 $n-1$ 维球,体积为 $c \cdot R^{n-1}$. 因此 R 的概率元为

$$c \cdot \exp\left(\frac{-R^2}{2\sigma^2}\right) R^{n-2} \mathrm{d}R$$

因

$$s = \frac{R}{\sqrt{n}}$$

---

① 构造出变换 (A_{16}) 及证明此式,是本证明中的麻烦部分,若用正交变换,则可以避免.

得 s 的概率元为

$$c \cdot \exp\left(\frac{-ns^2}{2\sigma^2}\right)s^{n-2}\mathrm{d}s$$

常数 c 由

$$\int_0^\infty c \cdot \exp\left(\frac{-ns^2}{2\sigma^2}\right)s^{n-2}\mathrm{d}s = 1$$

决定,结果为 $\dfrac{n^{\frac{n-1}{2}}\sigma^{-(n-1)}2^{\frac{-(n-3)}{2}}}{\Gamma\left(\frac{n-1}{2}\right)}$.

这个证明复杂之处在于没有用正交变换,若用变换 $\xi_1 = \sqrt{n}\,\bar{x}$, $\xi_i = \sum\limits_{j=1}^{n}c_{ij}x_j$, $2 \leqslant i \leqslant n$,使之成为一个正交变换,则 $(\xi_1,\cdots,\xi_n)$ 的概率元为

$$(\sqrt{2\pi}\,\sigma)^{-n}\exp\left(-\frac{1}{2\sigma^2}\sum_{i=1}^{n}\xi_i^2\right)\mathrm{d}\xi_1\cdots\mathrm{d}\xi_n$$

因而 $(\xi_1,\cdots,\xi_{n-1})$ 的概率元为

$$(\sqrt{2\pi}\,\sigma)^{-(n-1)}\exp\left(-\frac{1}{2\sigma^2}\sum_{i=1}^{n-1}\xi_i^2\right)\mathrm{d}\xi_1\cdots\mathrm{d}\xi_{n-1}$$

又因

$$ns^2 = \sum_{i=1}^{n-1}\xi_i^2$$

于是立即过渡到上述赫尔梅特证明的末尾部分.

误差与正态分布

倘若向统计学家提出这样一个问题:你认为在数理统计学中,哪一个概率分布是最重要的? 回答一定会相当一致:正态分布.这不论从其在实用上作为一个描述数据的统计模型来说,还是从其在理论上所起的作用(以中心极限定理为代表)来说,都是如此.学者们在回顾 19 世纪的统计学时,都或多或少认为是由正态分布所主导.竟有那么多来源和性质都不同的数据符合这个分布,这一点引起了许多学者的兴趣以至好奇,认为是从纷乱中看到了秩序.

因此,理所当然,数理统计学史上的许多重大的事件,莫不与这个分布产生程度不同的关联.我们不打算把有关内容全集中在本章内介绍,因为有的内容结合其他主题来叙述更为合适.这里我们把目光集中在测量误差分布理论的发展这一条线上.因为,虽则棣莫弗早在 1730—1733 年间已从二项分布逼近的途径得到了正态密度函数的形式,但当时其身份还只是一个数学表达式而非概率分布,甚至到 1780 年拉普拉斯得到一般中心极限定理的形式时,也还是这个情况.唯有高斯在 1809 年提出"正态误差"的理论后,它才取得"概率分布"的身份并因此而引起人们的重视,并随着凯特勒、高尔顿等人在社会、经济和遗传学等领域的工作,将其应用由测量误差拓展到广大的领域.所以,溯本寻源,正态分布这条大河的"正源",还要算是测量误差理论. 这个内容也给上一章的主题做了一个重要的补充:上一章的最小二乘法,是作为一个处理测量数据的代数方法来讨论的,看上去与统计学无关. 只有在建立了测量误差分布的概率理论后,这个方法才可以视为一个统计方法,并因此而发挥其重大的作用.

有"正态"就有"偏态". 正态分布无论其涵盖面多广,也不可能一无例外. 到 19 世纪后期,实际问题中数据与正态分布符合不好的情况,逐渐为学者们所发现和注意. 这促使人们去研究如何构造出一些包罗较广的分布类,以便用于描述这类偏态数据. 这方面的工作,以卡尔·皮尔逊(Karl Pearson, 1857—1936)在 19 世纪末提出的"皮尔逊分布族"为代表. 有关情况也将在本章中略加介绍.

本章中我们也要稍稍点到一下有关多维(或多元)正态分布产生的历史情况. 如果说,在一维情况下,除正态分布外,还有少数几个分布在一些特定问题中起着重要的作用,那么在多维情况下,除多元正态分布外,这样的分布就更见其少. 与一维的情况相似,多元正态分布引进到统计学也有两个阶段:起先是作为测量误差的分布,其后才是作为其他数据的模型.

现今的读者可能会觉得有点不好理解:照我们现在的看法,测量误差也好,其他无论从什么地方来的数据也好,其本质都是带有随机误差,在概率上服从一定的分布(统计模型),在统计处理上都是一视同仁,并无二致. 为何当时(19世纪)的人把这个区别看得如此之重? 为明白这个问题,先要搞清楚当时的人所着眼的这个差别究竟是指什么. 这可以用 1885 年(注意这个时间,已近 19 世纪末)埃奇沃思(Francis Ysidro Edgeworth,1845—1926)《观测数据与统计数据》一文中所表达的观点来回答:对同一个对象做重复测量,所得数据为观测数据,对同一类的一些个体中每一个人的指标所做测量(如一群人中每一个人的身高测量)的数据为统计数据. 这种差别有何重要意义呢? 按埃奇沃思上述论文中的说法:"观测数据与统计数据共同之处在于它们都是群集在一个平均值的周围. 不同之处在于,就观测数据而言,这个平均值是实在的(例如,那个(其身高)被重复测量的人的真正身高 —— 引者注),而对统计数据来说,这平均值是虚幻的." 由于这个差别,在 19 世纪时,误差论和统计学就被看成是两个不相干的领域:前者被认为要用高等数学处理,而后者则处理观察到的相对频率的数据. 迟至 20 世纪 60 年代,统计学家西尔在一篇有关线性模型历史的文章中还提到,上述观点在他写文章时仍有市场.

上述情况反映了一种现实:当时的数理统计学还处在一个相当幼稚的时代,缺乏一个严谨完备的数学框架. 例如,用现行的统计学,我们很容易把二者统一起来:如一群人身高的测量值为 $x_1, \cdots, x_n$. 我们把这群人想象成从由无穷多人组成的总体中抽出的样本. 相应地,这无穷总体中个体的某项指标,如此处的身高,可以赋予一定的(总体)分布,例如正态分布 $N(a,\sigma^2)$. 这样一来,上述测量结果 $x_1,\cdots,x_n$,无非就是群集在"实在的"值 a 的周围的一些"观测值",与对一个人(身高真正值为 a,测量误差方差为 σ^2)多次重复测得的值在性质上无异.但当时没有无限总体的概念,因而也就无从明确估计的对象是什么.

现今统计界一般认为,数理统计学作为一门严整的学科的面貌出现,始于 20 世纪某个时候.这不能说是忽视了这以前的大量成就,而是有其道理在 —— 从我们上面讲的这段历史多少可以领悟一些.

现在我们回到本章的一个主题 —— 测量误差分布理论的历史,主要的贡献归功于高斯,但问题可远溯到 16 世纪伟大的天文学家伽利略.

5.1 早期天文学家的工作

丹麦统计史学家哈尔德在其著作《1750 年以前概率统计及其应用史》中,指出天文学在数理统计学发展中所起的作用:

"天文学自古代至 18 世纪是应用数学中最发达的领域,观测和数学天文学,给出了建模及数据拟合的最初例子.在这个意义下,天文学家是最初一代的数理统计学家 …… 天文学的问题逐渐引导到算术平均,以及参数模型中的种种估计方法,以最小二乘法为顶峰."

这一段引语也肯定了最小二乘法的显赫地位.不过,如我们以前所曾指出的,这种地位的确立,在极大的程度上取决于一个有效的测量误差理论的建立.缺少这样一个理论,最小二乘法就不过是一个算法,没有了与统计分析相联系的纽带.

误差理论的基本问题,当然是指:随机测量误差服从怎样的概率规律,即有怎样的概率分布.这个问题的提出和讨论,也是天文学者的功劳.在上述引文中哈尔德提到"天文学的问题逐渐引导到算术平均",似应做这样的理解:天文学家最早关心使用算术平均的合理性问题,并从误差分布理论的角度来考察这个问题.

16 世纪著名的丹麦天文学家第谷(Tycho Brahe)在改善观察仪器和观察条件、训练观察人员方面,做了大量的工作.他让其助手独立地对某一天文量进行重复观测以资比较,由此对观测误差的量级获得了解.在长达 25 年的时间内,他对一些天体进行了系统的观测,所得数据成为开普勒(Johannes Kepler, 1571—1630)日后建立行星运动定律的基础,而这又对牛顿建立其万有引力的学说起了极大的作用.不过,第谷和开普勒都还没有提及建立随机观测误差的概率理论的问题.但开普勒在 1619 年出版的著作《和谐的世界》中提出了一些建模（model building）的原则，其中有一条是"模型选择的最终标准是其与观察数据的符合程度". 从今日的观点看，这"符合程度"的提法，只能从统计分析的角度去理解，因而实质上蕴含了误差概率理论的问题.

伟大的天文学家伽利略（G. Galilei, 1564—1642）可能是第一个在其著作中提出随机误差这个概念，并对之有所讨论的学者. 他在 1632 年出版的著作《关于托勒密和哥白尼两大世界体系的对话》中提及这个问题. 他是用"观测误差"这个名称. 他没有提出"随机"和"分布"这样的概念，但他所描述的"观测误差"的性质，表明他的旨归，实际上即我们现在所理解的随机误差分布. 他提出了以下几点：

1. 所有观测值都可以有误差，其来源可归因于观测者、仪器工具，以及观测条件.

2. 观测误差对称地分布在 0 的两侧 —— 这当然假定已排除系统误差的情况，并明确表明他指的是随机误差.

3. 小误差出现得比大误差更频繁.

综合这几条，伽利略所设想的误差分布，用现今的术语说，是一个关于 0 的对称分布，其概率密度 $f(x)$ 随 $|x|$ 增加而递减. 这个原则性的提法，成为日后学者们研究这一问题时的出发点. 伽利略还提到误差的传递性质，指出：所算出的（天体间的）距离是一些观察值的函数. 对观察值的小的变动，可以引起距离值的大变动.

当然，以上这些先驱者的努力，都没有超出定性式讨论的范围. 当时概率论发展的水平，也没有能提供为进行有意义的定量式研究所必需的工具. 先驱者的努力始于 18 世纪的中期.

5.2 辛普森的工作

辛普森（Thomas Simpson, 1710—1761）是一个自学数学成才的人，对棣莫弗的著作做过认真的研读. 青年时曾沉迷于星相学，这使他对天文学和数学感兴趣. 他早年出版过几种有关机遇和精算的书，其关于误差理论的工作则是在 1755 年，那时他是英国皇家军事学院教授并被选为皇家学会会员.

他的工作是在一封写给一位勋爵的题为"在应用天文学中取若干个观察值的平均的好处"的信件中提出的. 他在信中指出：在天文学界，取算术平均的做法并没有为多数人所接受. 他们认为，当有多个观测值时，应选择其中那个"谨慎地观测"所得的值，认为这比平均值可靠. 辛普森认为这是一件重要的事情，他表示打算使用数学方法去试试，看能否对这个问题有所进展，以便使取平均这个做法有更大的可信度.

回过头来看,人们会觉得:辛普森所指出的当时天文学家对取平均抱怀疑的态度,也有其现实的原因.因为不同天文台的设备和观测条件、人员素质上难免有差异,故其观测结果的可靠性也有差异,取平均将会使结果受到"坏"的观测值的干扰,而不如其中的"优秀者".这种考虑恐在今日也还存在.不过也要看到:这种"择优"并非总是可能的.面对众多的观测值,往往并无足够的根据去鉴定其优劣如何,只好一视同仁地对待,用现在的术语,只好假定手头这些观测值是独立同分布的.

辛普森所做的工作,实际上并未触及建立一般的误差概率理论的问题.他只是在误差(假定为独立同分布)满足某种特定的分布的前提下,去计算平均误差(误差的算术平均,即各观测值的算术平均的误差)的分布,从而证明在某种概率的意义上,平均误差小于个别误差.现今无法确知辛普森是否受到前述伽利略等人工作的影响,但有一点与之相合:他撇开未知的真值不论而把注意力放在其误差上.美国统计史学家斯蒂格勒指出这一点有重大意义,因为它排除了一个未知参量而使问题提法简化了.

设被测量的量真值为 θ,n 次(独立同分布)观测值为 $X_1, \cdots, X_n$. 于是各次测量的误差为 $e_i = X_i - \theta, 1 \leqslant i \leqslant n$. 若用 $\overline{X} = \dfrac{\sum\limits_{i=1}^{n} X_i}{n}$ 去估计 θ,其误差为 $\overline{e} = \dfrac{\sum\limits_{i=1}^{n} e_i}{n}$. 辛普森想要证明的是:在下述意义之下,$\overline{e}$ 比单次测量的误差 e_1 小,即

$$P(|\overline{e}| \leqslant k) \geqslant P(|\overline{e_1}| \leqslant k), k > 0 \tag{1}$$

不等式(1)解释为:相比于 e_1,$|\overline{e}|$ 取小值的机会更大.自然,对一组特定的观测结果,$|\overline{e}|$ 比 $|e_1|$ 大也完全可能.

辛普森只对一种极特殊的误差分布通过计算证明了式(1).他假定误差只能取 $0, \pm 1, \cdots, \pm 5$ 这 11 个值.至于取这些值的概率,则是以在 0 处最大,然后在两边按比例下降,直到 ± 6 处为 0,即

$$P(e_1 = i) = (6 - |i|)r, r = 0, \pm 1, \cdots, \pm 5 \tag{2}$$

其中 $r = \dfrac{1}{36}$. 分布如图 5.1 所示.

辛普森取 $n = 6$. 对这一特例,他算得

$$P(|\overline{e}| \leqslant 1) = 0.725$$
$$P(|e_1| \leqslant 1) = 0.444$$
$$P(|\overline{e}| \leqslant 2) = 0.967$$
$$P(|e_1| \leqslant 2) = 0.667$$

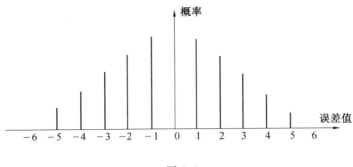

图 5.1

等等,这验证了式(1).这个结果可视为第一次在一个特定情况下严格地从概率的角度证明了算术平均的优良性.作为一般的原则,辛普森在其工作中也提到了前述伽利略的那一些:他假定了无系统误差,误差有一个由具体条件所限定的界限,在这界限内依其与 0 距离的增大而递减.在具体计算此例时,他使用了现今我们称之为母函数的方法.他首先注意到,分布(2)是两个独立的均匀分布

$$P(\xi = \frac{i}{2}) = \frac{1}{6}, i = \pm 1, \pm 3, \pm 5$$

的叠加.因而误差和 $\sum_{i=1}^{6} e_i$ 是 12 个这样的分布的叠加.而 $\sum_{i=1}^{6} e_i = j$ 的概率,则是函数

$$\left\{ \frac{1}{6} (t^{-\frac{5}{2}} + t^{-\frac{3}{2}} + t^{-\frac{1}{2}} + t^{\frac{1}{2}} + t^{\frac{3}{2}} + t^{\frac{5}{2}}) \right\}^{\frac{1}{2}} =$$
$$6^{-12} t^{-30} (1 + t + t^2 + t^3 + t^4 + t^5)^{12} =$$
$$6^{-12} t^{-30} (1 - t^6)^{12} (1 - t)^{-12}$$

的展开式中 t^j 一项的系数,这不难利用二项展开式求得.

辛普森进一步考察了图 5.1 中横轴上的分点无限加密的情形,它的极限形式是一个连续的三角形分布如图 5.2.若底边端点的坐标为 $-a$ 和 a,则这分布是两个独立的均匀分布 $R(-\frac{a}{2}, \frac{a}{2})$ 的叠加.因此,n 个带这种分布的独立误差的叠加,即 $\sum_{i=1}^{n} e_i$,就是 $2n$ 个独立的均匀分布 $R(-\frac{a}{2}, \frac{a}{2})$ 的叠加.利用上述母函数方法并令分点数目趋于无穷,辛普森算出了这个分布的形式,即现今熟知的独立均匀分布和的密度公式.

辛普森选择这样一个特例,显然是出于计算上的可能性的考虑.可以想象,当他经过计算在这一特例上证实了式(1)时,他可能会推测,这个结果对任何

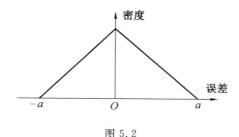

图 5.2

符合上述性质的误差分布(对称,随 $|x|$ 增大而下降)都会成立.对正态误差这一点显然.对某些其他常见分布也可以证明.但是,如误差有柯西分布,即其密度函数为 $[\pi(1+x^2)]^{-1}$,则 $\bar{e}$ 与 e_1 同分布而式(1)等号成立.循着这个方向,可以举出使式(1)不成立的例子(注1).

沿着辛普森这种想法研究这个问题的,还有大数学家拉格朗日(J. L. Lagrange,1736—1813).他在 1776 年发表了一篇题为《关于取平均方法的有用性 ……》的论文,考察了其他一些离散情况及个别的连续情况,如误差有密度 $c(a^2-x^2)(|x| \leqslant a)$ 及 $c \cdot \cos x(|x| \leqslant \dfrac{\pi}{2})$ 的情形.然而,长时间对这个问题进行研究,付出最多的,是大数学家拉普拉斯(P. S. Laplace,1749—1827).下面来介绍他的工作.

5.3　拉普拉斯的工作

与辛普森和拉格朗日的途径不同,拉普拉斯不是先假定一种误差分布然后去设法证明平均值的优良性,而是直接涉及误差论的基本问题,即应取怎样的分布为误差分布,以及在决定了误差分布后,如何根据未知量 θ 的多次测量结果 $X_1,\cdots,X_n$ 去估计 θ.

关于前一个问题,拉普拉斯也是从这样的假定出发:误差密度 f 应关于 0 对称,即 $f(-x)=f(x)$,且 $f(x)$ 在 $x \geqslant 0$ 处增加时,$f(x)$ 下降,图 5.3 画出了一个典型的这种函数的右半支,问题是这种函数很多,如何去决定其一.按当时科学界流行的做法,一切都应当尽可能从某种"first principle"出发.拉普拉斯这样推理:由于 $x \rightarrow \infty$ 时 $f(x) \rightarrow 0$,随着 x 的增加曲线 $f(x)$ 越来越平缓.因此其下降率,即 $-f'(x)$,也应随 x 增加而下降.另外,$f(x)$ 本身也是随 x 增加而下降.拉普拉斯假定:$-f'(x)$ 及 $f(x)$ 在下降中总保持恒定比例,即
$$-f'(x)=mf(x),x \geqslant 0$$
$m > 0$ 为常数.上述方程解出 $f(x)=ce^{-mx}$,$c > 0$ 为常数.由

85

$$f(-x) = f(x)$$

得

$$f(x) = c e^{mx}$$

当 $x < 0$ 时,再由

$$\int_{-\infty}^{\infty} f(x)\,dx = 1$$

定出 $c = \dfrac{m}{2}$. 于是得到

$$f(x) = \frac{m}{2} e^{-m|x|}, \quad -\infty < x < \infty \tag{3}$$

这就是拉普拉斯给出的误差分布密度,它在误差理论中没有起到什么作用,但是这个分布却以拉普拉斯分布的名称流传下来. 有时也把这个分布称为重指数分布(double exponential),大概是因为,通常的指数分布限于 $x > 0$ 的一边,而这个分布是 $x > 0$ 和 $x < 0$ 两边都是指数. 拉普拉斯引进这一分布的时间是 1772 年.

得出了误差密度(3),拉普拉斯就着手解决通过 θ 的观测值 $X_1, \cdots, X_n$ 去估计 θ 的问题. 这里首先要处理的是方法问题 —— 要记住,现今我们熟知的一些点估计方法,如矩估计和极大似然估计之类,当时都还没有. 拉普拉斯处理这个问题是基于他的"不充分推理"的原则,这在第 3 章中已有介绍. 其要点是:若 $A_1, A_2, \cdots$ 是等可能事件,构成一个完备事件群,则对任一事件 E,有

$$P(A_i \mid E) \propto P(E \mid A_i) \tag{4}$$

即比值 $\dfrac{P(A_i \mid E)}{P(E \mid A_i)}$ 与 i 无关.

设被测的量真值为 θ,误差密度为 f. 则观测 θ 得到值 x 的概率,与 $f(x-\theta)$ 成比例. 因此,n 次独立观测得到值 $X_1, \cdots, X_n$ 的概率,与

$$f(X_1 - \theta) f(X_2 - \theta) \cdots f(X_n - \theta) \tag{5}$$

成比例. 按"同等无知"的假定,θ 取各种值的先验机会看成等可能. 于是按不充分推理原则(4),在得到样本 $X_1, \cdots, X_n$ 后,θ 取各种值的后验概率 $f(\theta \mid X_1, \cdots, X_n)$,应与(5)成比例,即

$$f(\theta \mid X_1, \cdots, X_n) \propto f(X_1 - \theta) \cdots f(X_n - \theta)$$

即

$$f(\theta \mid X_1, \cdots, X_n) = \frac{f(X_1 - \theta) \cdots f(X_n - \theta)}{\int_{-\infty}^{\infty} \left(\prod_{i=1}^{n} f(X_i - \Psi) \right) d\Psi} \tag{6}$$

为利用后验分布(6)去估计 θ,拉普拉斯提出了两个原则. 一是"均概"原则,即在估计值 $\hat{\theta}$ 两边,θ 的概率相同,即

$$\int_{-\infty}^{\hat{\theta}} f(\Psi \mid X_1, \cdots, X_n) \mathrm{d}\Psi = \int_{\hat{\theta}}^{-\infty} f(\Psi \mid X_1, \cdots, X_n) \mathrm{d}\Psi = \frac{1}{2} \qquad (7)$$

另一个原则是绝对平均误差最小:记

$$M(\theta) = \int_{-\infty}^{\infty} \mid \Psi - \theta \mid f(\Psi \mid X_1, \cdots, X_n) \mathrm{d}\Psi$$

有

$$M(\hat{\theta}) = \min_{\theta} M(\theta)$$

后来他发现,这两个原则是一回事,二者所决定的估计 $\hat{\theta}$ 相同.今日在初等概率教本中都可以见到这个事实的证明.

现在要把 f 的表达式(3)代入(7)而解出 $\hat{\theta}$.在这个问题上拉普拉斯遇到了麻烦.所以他只考虑了 $n = 3$ 的情况.即使对这么一个简单的情况,计算也颇不易,解的形式也不简洁.例如,不妨设 $X_1 < X_2 < X_3$,则在 $X_2 - X_1 > X_3 - X_2$ 时,解为

$$\hat{\theta} = X_2 + m^{-1}\log\{1 + \frac{1}{3}\exp[-m(X_2 - X_1)] -$$

$$\frac{1}{3}\exp[-m(X_3 - X_2)]\}$$

不仅如此,这里还有一个待定系数 m 的问题,对此,拉普拉斯又动用"不充分推理原则"并对 m 做"同等无知"的假定,最后搞出一个极其复杂的方程,就是对 $n = 3$ 的情况也难以对付.

这样,沿着这条路线没能得出什么有用的结果.以上的工作拉普拉斯做于 1772—1774 年,他自己也认为所给的解法不能令人满意.以后他还曾继续沿着这条路线研究本问题,例如在 1777 年,他从某种奇特的考虑出发,提出以

$$f(x) = (2a)^{-1}\log(\frac{a}{\mid x \mid}), \mid x \mid \leqslant a, a > 0 \qquad (8)$$

($f(x) = 0$ 当 $\mid x \mid > a$)为误差密度.他花了几十页的篇幅去论证公式(8)的根据,但他也了解:这个公式形式太不平常,不可能有何实际的应用.实际上,与(3)相比,(8)这个形式可以说离题更远,以至今日的概率教科书上都不提到它,不像(3)还留下了一个拉普拉斯分布的名称.

至 18 世纪末,可以说,寻找误差分布的问题,依旧进展甚微.现在轮到高斯出场.出人意料的是,他以极其简单的手法,给了这个问题一个完满的解决,其结果成为数理统计发展史上的一块里程碑.

5.4　高斯导出误差正态分布

1809 年,高斯(Carl Friedrich Gauss,1777—1855)发表了其数学和天体力

87

学的名著《天体运动理论》. 在此书末尾, 他写了一节有关"数据结合"(data combination) 的问题, 实际涉及的就是这个误差分布的确定问题.

设真值为 θ, n 个独立测量值为 $X_1, \cdots, X_n$. 高斯把后者的概率取为

$$L(\theta) = L(\theta; X_1, \cdots, X_n) = f(X_1 - \theta) \cdots f(X_n - \theta) \tag{9}$$

其中 f 为待定的误差密度函数. 到此为止他的做法与拉普拉斯相同. 但在往下进行时, 他提出了两个创新的想法.

一是他不采取贝叶斯式的推理方式, 而径直把使式(9)达到最大的 $\hat{\theta} = \hat{\theta}(X_1, \cdots, X_n)$, 作为 θ 的估计, 即使

$$L(\hat{\theta}) = \max_{\theta} L(\theta) \tag{10}$$

成立的 $\hat{\theta}$. 现在我们把 $L(\theta)$ 称为样本 $X_1, \cdots, X_n$ 的似然函数, 而把满足式(10)的 $\hat{\theta}$ 称为 θ 的极大似然估计. 这个称呼是追随费歇尔而来, 因为他在 1912 年发表的一篇文章中, 明确提到以上概念并非针对一般参数的情形.

如果拉普拉斯采用了高斯这个想法, 那么他会得出(在已定误差密度(3)的基础上) θ 的估计是 $X_1, \cdots, X_n$ 的中位数 $\mathrm{med}(X_1, \cdots, X_n)$, 即 $X_1, \cdots, X_n$ 按大小排列居于正中的那一个(n 为奇数时), 或居于正中那两个的算术平均(n 为偶数时). 这个解不仅计算容易, 且在实际意义上, 有时比算术平均 $\overline{X}$ 更合理. 不过, 即使这样, 拉普拉斯的误差分布(3)大概也不可能取得高斯正态误差那样的地位. 原因是 $\overline{X}$ 是线性函数, 在正态总体下有完善的小样本理论, 而 $\mathrm{med}(X_1, \cdots, X_n)$ 要用于推断就难于处理. 另外, 这里所谈的是一个特定的问题——随机测量误差该有怎样的分布. 测量误差是由诸多因素形成, 每种因素影响都不大. 按中心极限定理, 其分布近似于正态是势所必然. 其实, 早在 1780 年左右, 拉普拉斯就推广了棣莫弗的结果, 得到了中心极限定理的比较一般的形式. 可惜的是, 他未能把这一成果用到确定误差分布的问题上来.

高斯的第二点创新的想法是: 他把问题倒过来, 先承认算术平均 $\overline{X}$ 是应取的估计, 然后去找误差密度函数 f 以迎合这一点, 即找这样的 f, 使由式(10)决定的 $\hat{\theta}$ 就是 $\overline{X}$. 高斯证明(注 2): 这只有在

$$f(x) = \frac{1}{\sqrt{2\pi}\, h} \mathrm{e}^{-\frac{x^2}{2h^2}} \tag{11}$$

时才能成立, 这里 $h > 0$ 是常数, 这就是正态分布 $N(0, h)$.

使用这个误差分布, 就容易对最小二乘法给出一种解释. 回到第 4 章的方程(3), 其中 $(x_{0i}, \cdots, x_{ki})(i = 1, \cdots, n)$ 是观测数据. 记

$$e_i = x_{0i} + x_{1i}\theta_1 + \cdots + x_{ki}\theta_k, \quad 1 \leqslant i \leqslant n$$

按理论它们应为 0, 但因有测量误差存在, 实际不必为 0, 故 $e_1, \cdots, e_n$ 可视为误差. 按高斯的第一个原则(极大似然), 结合误差密度(11), $(e_1, \cdots, e_n)$ 的概率为

$$(\sqrt{2\pi}\, h)^{-n} \exp\left\{-\frac{1}{2h^2} \sum_{i=1}^{n} (x_{0i} + x_{1i}\theta_1 + \cdots + x_{ki}\theta_k)^2\right\}$$

要使此式达到最大,必须取 $\theta_1,\cdots,\theta_k$ 之值,使表达式 $\sum\limits_{i=1}^{n}(x_{0i}+x_{1i}\theta_1+\cdots+x_{ki}\theta_k)^2$ 达到最小,于是得到 $\theta_1,\cdots,\theta_k$ 的最小二乘估计. 要注意的是,这一点与待定常数 h 之值无关.

高斯这项工作对后世的影响极大,它使正态分布同时有了"高斯分布"的名称,且如第 4 章曾指出的,后世之所以多将最小二乘法的发明权归于他,也是出于这一工作. 高斯是一个伟大的数学家,重要的贡献不胜枚举. 但现今德国 10 马克的印有高斯头像的钞票,其上还印有正态分布 $N(\mu,\sigma^2)$ 的密度曲线. 这传达了一种想法:在高斯的一切科学贡献中,其对人类文明影响最大的,就是这一项.

在高斯刚做出这个发现之初,也许人们还只能从其理论的简化上来评价其优越性,其全部影响还不能充分看出来. 这要到 20 世纪正态小样本理论充分发展起来以后.

拉普拉斯很快得知高斯的工作,并马上将其与他发现的中心极限定理联系起来. 为此,他在即将发表的一篇文章(发表于 1810 年)上加上了一点补充,指出如若误差可看成许多量的叠加,则根据他的中心极限定理,则误差理应有高斯分布. 这是历史上第一次提到所谓"元误差学说"—— 误差是由大量的、由种种原因产生的元误差叠加而成. 后来到 1837 年,海根(G. Hagen)在一篇论文中正式提出了这个学说. 其实,他提出的形式有相当大的局限性:海根把误差设想成个数很多的、独立同分布的"元误差"$\xi_1,\cdots,\xi_n$ 之和,每个 ξ_i 只取 $\pm a$ 两值,其概率都是 $\dfrac{1}{2}$,由此出发,按棣莫弗的中心极限定理,立即就得出误差(近似地)服从正态分布.

拉普拉斯所指出的这一点有重大的意义,在于它给误差的正态理论一个更自然合理、更令人信服的解释. 因为,高斯的说法有一点循环论证的气味:由于算术平均是优良的,推出误差必须服从正态分布;反过来,由后一结论又推出算术平均及最小二乘估计的优良性,故必须认定这二者之一(算术平均的优良性,误差的正态性)为出发点. 但算术平均到底并没有自行成立的理由,以它作为理论中一个预设的出发点,终觉有其不足之处. 拉普拉斯的理论把这断裂的一环连接起来,使之成为一个和谐的整体,实有着极重大的意义.

5.5　多维正态分布

多维正态密度的一个特例,最早见于 1776 年拉格朗日的著作,他是因研究多项分布概率的极限而得出这一形式的. 1812 年拉普拉斯在其名著《概率的分

89

析理论》中,从讨论最小二乘估计的联合极限分布,也导出多维正态密度函数.
但这些如同棣莫弗的结果那样,只是作为一个数学函数的名义提出来,不具备
多维随机变量的概率分布的身份.

多元正态分布以多个随机变量的联合分布的身份出现,最初也是在测量误
差领域.一种说法认为这最早见于 1846 年布拉瓦依斯发表的一篇文章.用现代
的记号,他的问题可表述如下:设

$$Y_i = f_i(X_1, \cdots, X_n), i = 1, 2, \cdots, m$$

是一些由"直接观测值"$X_1, \cdots, X_n$ 所决定的"间接观测值",$X_1, \cdots, X_n$ 独立,变
量 X_i 服从正态分布 $N(a_i, \lambda_i^2)$,要决定$(Y_1, \cdots, Y_m)$ 的联合分布.布拉瓦依斯只
讨论了 $m = 2$ 和 3 的情况.方法如下:因 $e_i \equiv X_i - a_i$ 是误差,其值很小,故近似
地有

$$\widetilde{Y}_i \equiv Y_i - f_i(a_1, \cdots, a_n) = \sum_{j=1}^{n} A_{ij} e_j, i = 1, 2, \cdots$$

这里 A_{ij} 是 $f_i(x_1, \cdots, x_n)$ 对 x_j 的偏导数在点$(a_1, \cdots, a_n)$ 处之值,$e_1, \cdots, e_n$ 独
立,且 e_i 有分布 $N(0, \lambda_i^2)$.以此为出发点,经过一些运算,他导出$(\widetilde{Y}_1, \widetilde{Y}_2)$ 的联
合分布密度函数为

$$\frac{1}{\pi} \sum {}^{*} \frac{(A_{1j}A_{2k} - A_{1k}A_{2j})^2}{h_j h_k} \cdot$$

$$\exp \left[- \frac{\dfrac{y_1^2 \sum\limits_{j=1}^{n} A_{2j}^2}{h_j} - \dfrac{2 y_1 y_2 \sum\limits_{j=1}^{n} A_{1j} A_{2j}}{h_j} + \dfrac{y_2^2 \sum\limits_{j=1}^{n} A_{1j}^2}{h_j}}{\sum {}^{*} \dfrac{(A_{1j}A_{2k} - A_{1k}A_{2j})^2}{h_j h_k}} \right] \quad (12)$$

这里 $h_j = (2\lambda_j^2)^{-1}$,$\sum {}^{*}$ 表示对 $j, k = 1, \cdots, n, j \neq k$ 求和.可惜的是,布拉瓦依
斯停留在这一步,没有化简到能用 $\widetilde{Y}_1, \widetilde{Y}_2$ 的二阶矩表达的式子.现在容易通过
简单计算证明:若以 σ_1^2 和 σ_2^2 分别记 $\widetilde{Y}_1$ 和 $\widetilde{Y}_2$ 的方差,ρ 记其相关系数,则上式化
为我们现在熟悉的形式

$$\frac{1}{2\pi \sigma_1 \sigma_2 (1 - \rho^2)^{\frac{1}{2}}} \exp \left\{ - \frac{1}{2(1 - \rho^2)} \left(\frac{y_1^2}{\sigma_1^2} - 2\rho \frac{y_1 y_2}{\sigma_1 \sigma_2} + \frac{y_2^2}{\sigma_2^2} \right) \right\} \quad (13)$$

对 $m = 3$,布拉瓦依斯用类似方法得出了$(\widetilde{Y}_1, \widetilde{Y}_2, \widetilde{Y}_3)$ 的联合分布,其形式类似
(12)但更复杂.

卡尔·皮尔逊在 1920 年写了一篇题为《相关的历史注记》的文章,其中对
布拉瓦依斯的上述工作的评价不高.按皮尔逊的意见,通过间接观测值导出正
态分布的做法,在高斯 1823 年出版的《数据结合理论》中已有了,且是对一般的
m,而布拉瓦依斯只考虑了 $m = 2, 3$.尤其重要的是,布拉瓦依斯未能通过变量
的矩去取代(12)中那些复杂的系数组合,这使他与回归相关的发现无缘.

至于多元正态作为"统计数据"（见前面埃奇沃思的解释）的模型提出来，时间晚了很多. 1885 年高尔顿（在数学家狄克逊的帮助下，见第 7 章）实际上已得出了二元正态密度的一般形式，写法与（13）有所不同. 对一般 m 元的情况，是埃奇沃思于 1892 年在其题为《相关的平均值》一文中提出的. 他把多元正态密度（期望为 0）的形式定义为

$$c \cdot \exp\left(-\sum_{i,j=1}^{m} a_{ij} x_i x_j\right) \tag{14}$$

其中 $c > 0$ 为常数，$A = (a_{ij})$ 为 m 阶正定方阵. 他取这个形式的理由是：假如 $(X_1, \cdots, X_m)$ 的每一个分量有均值 0 的正态分布（而正态分布在一维统计数据中常取为模型），则 $(X_1, \cdots, X_m)$ 必有分布（14）. 后来他在另一篇文章中对这一指称给了"证明". 这"证明"当然不能令人满意，因为他所指的这个断言并不成立.

埃奇沃思致力的问题，是要通过 $(X_1, \cdots, X_m)$ 的 2 阶矩表达出（14）中的系数 a_{ij}，在 $m=2$ 的情况这实际上已由高尔顿解决了. 埃奇沃思解决了 $m=3$ 的情况并由此猜到了一般解. 按我们现在习用的记号，此解可表为：记 $\sigma_{ij} = E(X_i X_j)$，$i,j=1,\cdots,m$（注意已假定 $X_1,\cdots,X_m$ 有期望 0），Λ 为方阵 (σ_{ij})，则

$$A = \frac{1}{2} \Lambda^{-1} \tag{15}$$

但埃奇沃思使用了一套极复杂的，难于理解的符号，把整个事情搞得很乱，以致他这一重要结果后来被淹没了. 用了一种更好的记号从而首先对（15）做出清楚证明的，是卡尔·皮尔逊[①]（系列论文《数学用于进化论》之 Ⅲ，1896）. 在他那个时代，矩阵表述方法还不普遍使用. 皮尔逊实际是把（14）写成

$$c \cdot \exp\left(-\frac{1}{2R} \sum_{i,j=1}^{m} R_{ij} \frac{x_i}{\sigma_i} \frac{x_j}{\sigma_j}\right) \tag{16}$$

的形式，其中 R 是相关矩阵 (ρ_{ij}) 的行列式，R_{ij} 为其代数余子式. 他给出了常数 c 的值：

$$c = (2\pi)^{-\frac{m}{2}} (\sigma_1 \cdots \sigma_m)^{-1} R^{-\frac{1}{2}}$$

而这是埃奇沃思未能做到的.

卡尔·皮尔逊把（16）称为"正态相关曲面". 在他那篇很重要的有关 χ^2 拟合优度检验的论文中，他就是以这个形式为出发点（见第 9 章）.

在理论上，多元正态分布的重要意义还在于：是它把起初纯属于误差分析的线性模型理论与"统计数据"的分析沟通起来（参看第 7 章、第 8 章）.

[①]起初，卡尔·皮尔逊把这一结果的优先权归于埃奇沃思，称之为"埃奇沃思定理". 但到 1920 年写《相关的历史注记》时，他修改了这一提法，称他（埃）肯定未能将此问题的解写成一种使"具有通常数学知识"的统计学家能理解的形式.

5.6　偏态分布

18 世纪末,正态分布并未取得它后来所占据的显赫地位.它只是作为二项分布的近似.另外,那时所涉及的统计数据分析问题,主要是与二项分布模型有关.

随着拉普拉斯中心极限定理与高斯正态误差理论的问世,情况起了很大的变化.在这些成果的启发下,以凯特勒(见第 6 章)为代表的一些统计学家大量地将这一模型用于社会数据的统计分析,而这一分布变得大大地有名,以至有些学者认为 19 世纪是正态分布在统计学中占统治地位的时代[①].1910 年,查利尔在一篇论文中对此有所评论.他认为这一现象妨碍了学者们对问题做深入的考虑,一定程度上扭曲了 19 世纪统计学的发展,他把这归咎于高斯,说由于他相信:在数据组中观察到的与正态的偏离,往往是由于数据量不够多.现在看,这个指责对高斯不甚公正.正态分布在 19 世纪的流行,自有其客观原因在:

第一,确有许多从实际中来的数据,可以很好地用正态分布去拟合.拉普拉斯和高斯的理论是这一现象的强有力的根据.

第二,在 19 世纪也还是有一些学者注意到,一组数据的正态性并非是一个可取作当然的事实,而需要通过某种方法去检验之.如科纳特在 1843 年提出通过比较数据组的均值与中位数去检验.凯特勒引进了一种用正态分布去拟合数据的方法(见第 6 章),通过对比各数据区间的观察频数与拟合频数,去判断拟合的效果如何.他建立了用 $p \neq \frac{1}{2}$ 的二项分布去拟合偏态数据 —— 这个思想后来成为卡尔·皮尔逊引进其著名的曲线族的出发点.遗传学家高尔顿虽然是正态分布的信奉者(见第 7 章),但也指出在某些情况下非正态的可能,1879 年他曾引进对数正态分布以刻画某些"乘法规律"起作用的数据.但所提的检验方法,拿现在的眼光看都属粗糙,且缺乏其可信度的概率分析.因此在多数情况下,使用这些方法去检验数据的正态性,结果要么是拟合比较好,要么是在疑似之间,起不了多大作用,甚或可能还夸大了正态的无所不在性.

到 19 世纪后期,数据与正态拟合不好的情况日渐为人所注意,因而也促使人们去研究这种"偏态数据"的分布问题.此种研究的出发点有二:一是从测量误差的角度看,二是从一般的统计数据(如一群人身高的值)的角度看.这种分

---

①在一定程度上,这个论断在 20 世纪也还有效,但所根据的理由与 19 世纪时有所不同.在 20 世纪这分布在统计学中的流行,一部分原因是有一个基于它的有效的小样本理论.

野有其历史原因,即前面提及的在 19 世纪中,误差分析与统计学被视为两个不同的领域的看法.例如,迟至 1885 年,埃奇沃思在一篇论文中还对"观察数据"与"统计数据"之区别加以解释:前者是对一个对象的重复测量值,而后者是一些不同对象(如一群人的身高)的测量值.时至今日,这二者已合二为一.如今的统计学者不再强调这二者的差异,因为处理它们的统计学原理和方法并无二致.当时因为尚未建立一个严整的数理统计学理论框架,使人们尚不能充分看出这二者内在的统一性.

从第一种观点出发研究此问题的先驱,是格兰姆(1879)和齐勒,后者在 1903 年出版了《观察值的理论》一书,其中引进了"半不变量"这个在统计学中有一定重要意义的统计量①.他们的做法是把随机误差 X 的分布表成一个级数,其第一项为正态分布,以后的项则视为由 X 的非正态性而带来的修正.他们的做法由查利尔所发扬.他在 1905 年及随后若干年发表的一些论文中,推进了这一方法特别是论证了其收敛性问题,虽则其证明是错的.他用所得出的分布形式去拟合一些从实际问题中得来的数据.

查利尔从推广海根的"元误差假说"(hypothesis of elementary errors)出发,把误差 X 表为有限个来源的误差 $X_1,\cdots,X_n$ 之和.海根原来限制每个 X_i 只能取两个值 $\pm a_i$,而查利尔则推广为 X_i 可以有一般的分布.将 X 标准化(期望 0 方差 1),应用拉普拉斯的分析方法,查利尔得到 X 的密度函数 f 和分布函数 F 分别展成级数的形式

$$f(x)=\varphi(x)+\frac{\sum\limits_{i=3}^{\infty}A_i\varphi^{(i)}(x)}{i!} \tag{17}$$

$$F(x)=\Phi(x)+\frac{\sum\limits_{i=3}^{\infty}A_i\Phi^{(i)}(x)}{i!} \tag{18}$$

其中 φ 和 Φ 分别是标准正态 $N(0,1)$ 的密度和分布函数,而 $\varphi^{(i)}$ 和 $\Phi^{(i)}$ 分别是其 i 阶导数,系数 A_i 可通过 X 的半不变量(因而矩)表出.最初几个系数是:$A_i=(-1)^i k_i,i=3,4,5;A_6=k_6+10k_3^2,k_i$ 为 i 阶半不变量.

级数(17)(18)称为格兰姆 — 查利尔级数.在实际应用中,希望在只取该级数少数几项的情况下,得到与数据较好的拟合(一般只取其 $i=3$ 或 $i=3,4$ 两项).然而,在现在格兰姆 — 查利尔级数已不大为人们所提及,因为它被另一个

---

①回忆半不变量的定义是:设随机变量 X 有特征函数 $\varphi(t)$.将 $\log\varphi(t)$ 展为幂级数 $\sum\limits_{j=1}^{\infty}\frac{(it)^j}{j!}k_j$,则 k_j 称为 X 的 j 阶半不变量,它可以通过 X 的矩表出.

与之相似的、被称为"埃奇沃思展开"的级数所取代,后者是埃奇沃思在1905年一篇论文中提出的,缘由如下:若 $X=X_1+\cdots+X_n$ 而考虑 $X_1,\cdots,X_n$ 独立同分布的情况,则按中心极限定理,X(经过标准化)的分布当 n 很大时应接近正态,这意味着在展开式(17)(18)中,系数 $A_i,i\geqslant 3$,应随 $n\to\infty$ 而趋于 0. 事实上,简单计算显示,每个 A_i 都是由 $n^{-\frac{1}{2}},n^{-\frac{2}{2}},n^{-\frac{3}{2}},\cdots$ 的一些线性组合构成. 问题在于,这数量级并非随 i 的增加而增加. 例如,A_3 为 $n^{-\frac{1}{2}}$ 的量级,A_4,A_6 为 n^{-1} 的量级,A_5,A_7,A_9 为 $n^{-\frac{3}{2}}$ 的量级,等等. 埃奇沃思把级数(17)(18)加以改造,提出一个形如

$$F_n(x)=\Phi(x)+\sum_{r=1}^{\infty}n^{-\frac{r}{2}}Q_r(x) \tag{19}$$

的展开式,即埃奇沃思渐近展开(此处为突出 $X=X_1+\cdots+X_n$ 的分布与 n 的关系,已将其分布记为 $F_n(x)$),这里 $Q_r(x)$ 是 $\Phi^{(3)},\Phi^{(4)},\cdots$ 中某些个的线性组合,其系数不依赖于 n,具体形式很复杂,不在此写出. 对式(19),不是讲求其级数的收敛性,而是指:若右边的级数取 m 项,即用 $\Phi(x)+\sum_{r=1}^{m}n^{-\frac{r}{2}}Q_r(x)$ 作为 $F_n(x)$ 的近似,则误差属于 $o(n^{-\frac{m}{2}})$ 的数量级. 当然,要这个事实成立,需要一定的条件. 这不仅对独立同分布和,对一般的渐近于正态分布的统计量,都可写出形如(19)的渐近展开式并研究上述事实成立的条件. 这种问题很难,目前只对独立和(同分布或否)的情况有了比较彻底的结果. 对埃奇沃思展开的研究主要出于纯理论的兴趣,从其作为中心极限定理的精确化这个角度来看待,而不是把它作为数据的统计分析的实用工具来看待.

卡尔·皮尔逊研究这个问题,是为了一种纯实用的目的,即找出一些分布去拟合从实际问题中来的数据,以便在正态分布不适用时可供选择使用. 他这项工作进行于 1892—1895 年,成果以《数学用于进化论》为总题目发表出来(主要是这组论文的 Ⅰ 和 Ⅱ,分别发表于 1893 年和 1895 年).

关于卡尔·皮尔逊研究这个问题的动机,在他去世后,他的儿子埃贡·皮尔逊于 1938 年在一篇纪念文章中,有一段话谈到他父亲早期的工作:"在(19 世纪)90 年代,关于进化和遗传的生物计量研究时常受到阻碍,因为统计学理论的研究跟不上步伐." 在卡尔·皮尔逊眼里,统计学关心的基本问题是"由过去预测未来",所需要的是一种方法,能把观测所得数据转化为一个预测模型. 他解决这个问题的做法是发展出一族曲线①,去拟合所观察到的生物数据. 这里

———————————

①皮尔逊分布都有概率密度函数,后者在坐标平面上的图形为曲线,即皮尔逊曲线. 在文献中,"皮尔逊分布"与"皮尔逊曲线"这两个名词并存不废.

切入我们当下讨论的问题. 不过, 最初把皮尔逊的注意力引向这个方面的, 还是当时的一个偶发事件. 1892 年, 动物学家兼生物统计学家威尔登(他与高尔顿、皮尔逊等人有联系)测量了一些"那波里蟹"的体宽, 得到一个双峰分布. 他觉得这有些不平常, 将其发现告知了皮尔逊等人. 皮尔逊认为可能是两个正态分布的混合, 他企图用形如

$$f(x) = c \frac{1}{\sqrt{2\pi}\,\sigma_1} \mathrm{e}^{-\frac{(x-a_1)^2}{2\sigma_1^2}} + (1-c) \frac{1}{\sqrt{2\pi}\,\sigma_2} \mathrm{e}^{-\frac{(x-a_2)^2}{2\sigma_2^2}} \tag{20}$$

去拟合该组数据. 这里涉及 5 个未知参数: c(在 0, 1 之间), a_1, a_2, σ_1 和 σ_2. 他提出用矩法来处理这个问题, 即计算数据的前 5 阶矩, 让它们等于由分布(20)算出的对应阶矩, 从所得方程组解出 5 个参数. 这涉及很高阶的方程, 在当时的条件下不易处理. 值得注意的是, 这是皮尔逊第一次使用矩法去估计分布参数. 这个方法至今在数理统计学中仍很常用, 是卡尔·皮尔逊对数理统计方法的重要贡献之一.

在 1893 年, 他开始研究一般的偏态分布问题. 最初(1893)发表的是以他名字命名的分布族中的一个特例 —— 皮尔逊 Ⅲ 型, 现今我们叫作"γ(Gamma)分布族", 或者说, 自由度不必为整数的 χ^2 分布族. 他把这称为"正态曲线的推广形式, 具有非对称的性质". 这分布的标准形式为

$$f(x) = c\mathrm{e}^{-\alpha x} x^\beta, 0 < x < \infty, c = \frac{\alpha^{\beta+1}}{\Gamma(\beta+1)} \tag{21}$$

$\alpha > 0, \beta > -1$ 为参数. 这恐怕是皮尔逊族中除正态之外, 在统计学上最重要的分布, 用于很多现象的模型. 其 $\beta = 0$ 的特例, 即指数分布, 在应用上尤为重要. 应提及的是: 此分布在 $\alpha = \frac{1}{2}, \beta = \frac{n}{2} - 1$($n$ 为自然数)时, 即自由度 n 的 χ^2 分布, 是在此前人们已知的. 这本章前面已提及. 另外一位美国学者法雷斯特在 1882—1883 年时已提出了这一分布, 皮尔逊当时不了解这一点. 皮尔逊提出这个分布是为了拟合偏态($p \neq \frac{1}{2}$)的二项分布.

紧接着在 1895 年, 皮尔逊发表了其依据二项分布和超几何分布而得到的、他的曲线族所满足的微分方程(注 3)

$$\frac{1}{y} \cdot \frac{dy}{dx} = \frac{dx + e}{ax^2 + bx + c} \tag{22}$$

其中 $a, \cdots, e$ 为常数. 令这些常数取各种值, 可得到各种不同的解, 其全体统称为皮尔逊曲线族. 例如, 令 $a = b = 0, c = 1, d < 0$, 可得正态分布族; 令 $a = c = 0, b = 1, d = -\alpha, e = \beta$, 可得到 γ 分布(21)等. 其他统计学中常见的重要分布, 如 χ^2, t, F 等分布, 无不包罗在此族内.

下一步的问题是如何根据数据去在此族中选出一个分布, 与这批数据有尽

可能好的拟合.(22)中虽有 5 个参数,因比例关系实质上只有 4 个.皮尔逊用矩法来确定这些参数,即用前 4 阶样本矩与分布的对应阶矩列出方程,求解方程以定出参数的值[①].1902 年,皮尔逊在《生物计量》杂志上发表了一篇论文,在最小二乘的准则下,解释了用矩法决定参数值的道理(注 4).

当时的学者对皮尔逊这一工作一般都抱怀疑的态度.理由主要在于,他推出这个分布族全凭理论上的考虑.从二项分布出发推演出的方程(22),其根据甚可怀疑.具体的批评又有两个角度.斯堪的那维亚学派的人物,例如查利尔,在其《数理统计学》(1910 年)的序言中批评皮尔逊曲线缺乏原生的(genetic)根据.他们也批评皮尔逊分布族的导出没有与任何误差理论发生联系,该族曲线的概率背景,并未能对有关的实际问题提供什么启示,而这些实际问题正是这族分布预定的应用场合.

另一种怀疑和批评则来自皮尔逊周围的合作者,如高尔顿、威尔登等人.高尔顿是皮尔逊这项工作的审稿人,他虽然同意推荐发表此文并认为有独创性,但心中不以为然,认为"这组频率分布律是建立在对(现象的)原因完全无知的基础上,但我们极少是完全无知的.什么时候我们对(现象)所具有的任何知识,当然都应当被考虑在内".他还认为,什么时候当正态律不适用时,最有可能的是有某种大的影响因素存在,它应当被分离出来以便进行研究.威尔登的意见与高尔顿相似,但程度可能更强烈一些.在皮尔逊文章发表的同年(1895)他有一封致高尔顿的信,其中有这样一段:"关于数学家,自然的我感觉到了你所说的话的分量(估计高尔顿所说是肯定数学家在生物研究中的作用 —— 引者注),但我极其害怕那种没有试验训练的纯粹数学家."他显然在一定程度上把皮尔逊看作这类人中的一个.

该信接着有很长一段对皮尔逊的分布表示怀疑.针对皮尔逊拟合的一组数据,他认为那是因为其中个体年龄不同而导致生长速度不同,以致呈现若干偏态.意思是消除这些因素后,数据仍会呈现正态.他批评皮尔逊曲线过分照顾了极端值而使中间大部分数据的拟合变坏,他自己主张的做法是舍弃少量的极端值,取其主体的大部分数据而以正态拟合之 —— 这与现今统计学中剔除异常值的提法一致.不过,剔除一些数据也得有一定的根据.

皮尔逊不为所动.他坚持要把全体数据拿来一起考虑.看来这场争论谁也没有说服谁.

这里牵涉到一个更深层次的问题,即数理统计学或一般地说数学在研究实

---

①方程(22)的解的具体形式,取决于参数的取值,形式多种多样.因此皮尔逊分布可以分出许多型,细分有十几种.如解 $ce^{-\alpha x}(x-\gamma)^{\beta}(c>0,\alpha>0,\beta>-1,x>\gamma)$ 为 3 型,有 3 个参数 α,β 和 γ.拟合时先选定类型,必要时还要指定其中个别参数之值.

际问题中所起作用的看法. 如果皮尔逊曲线是作为一种生物学规律提出来，认为某类生物数据理应服从这种分布，那他的理由显然不充足，威尔登等的批评是有道理的. 但当时面临的情况是，确有一些数据明显与正态有偏离且不见得总是有明确无误的系统因素来解释. 在这种情况下，皮尔逊曲线提供了一种可供选择的做法，使用者可以根据对其实际问题的效果如何来决定取舍. 数理统计方法仅是从数量的角度去提示某种效应可能存在或否. 它不去回答也不能回答其背后的因果问题. 如果这样看，可以认为皮尔逊曲线提供了一种有用的工具，扩大了统计方法的武库. 其实人们也多是用这种态度来看问题. 例如，根据特定问题的需要，统计学家在不同的应用场合使用过诸如对数正态分布、威布尔分布和极值分布等不属于皮尔逊族的分布.

现今的统计学著作对"皮尔逊分布"这个名词，提得不像在一二十年代那么多. 一个理由是此族中的一些重要分布都有了专名. 但应当承认，皮尔逊分布族在统计学发展史上有其一定的地位，它即使从理论的角度看也起了有益的作用. 一个例子是戈塞特关于 t 分布的著名论文《均值的或然误差》，其中关于样本方差 s^2 的分布戈塞特未能导出，而是通过其矩与皮尔逊分布的矩比较而猜中的. 费歇尔 1922 年首次引进 F 分布的论文，其中提及有关统计量的分布是"皮尔逊 6 型". 以上这些名家的作品也反映了皮尔逊分布族在统计学界的影响.

另外不能遗漏的是：与此项研究密切联系的矩估计，直到现今仍是参数估计中几个通用方法之一.

后来皮尔逊还曾试图将其方法推广到高维，以图建立高维正态以外的一族高维偏态分布. 这项工作他关注了几十年，但没有取得什么结果.

注 1　式(1) 不成立的反例.

取常数 $a, 1 < a < 2$. 取误差密度为

$$f(x) = c_a(1 + |x|^a)^{-1} \tag{A_1}$$

常数

$$c_a = \left(\int_{-\infty}^{\infty} (1 + |x|^a)^{-1} \mathrm{d}x \right)^{-1}$$

取样本量 $n = 2$，误差 e_1, e_2 独立，各有密度(A_1). 以 g 记 $\bar{e} = \dfrac{e_1 + e_2}{2}$ 的密度函数，则

$$g(0) = 4c_a^2 \int_0^{\infty} (1 + x^a)^{-1} \mathrm{d}x$$

作变换 $t = (1 + x^a)^{-1}$，可将上式改写为

$$g(0) = 4c_a^2 (1 - \frac{1}{a}) \beta(\frac{1}{a}, 1 - \frac{1}{a}) \tag{A_2}$$

这里 β 函数是

$$\beta(a,b) = \int_0^1 x^{a-1}(1-x)^{b-1}\mathrm{d}x$$

由

$$2c_a \int_0^\infty (1+x^a)^{-1}\mathrm{d}x = 1$$

作变换 $t=(1+x^a)^{-1}$，可得

$$2c_a\beta(\frac{1}{a},1-\frac{1}{a}) = 1$$

由此及式（A_2），知

$$g(0) = 2c_a(1-\frac{1}{a})$$

因 $a<2$，有

$$g(0) < c_a = f(0)$$

由 f,g 的连续性，知存在 $k>0$，使 $g(x)<f(x)$（当 $|x|\leqslant k$），于是式（1）不成立.

此例的一点不理想之处是：密度（A_1）无数学期望. 但循着此例的想法不难举出更好的例子. 仍取 $a\in(1,2)$，$M>0$. 令

$$f_{aM}(x) = \begin{cases} c_{aM}(1+|x|^a)^{-1}, & \text{当 } |x|\leqslant M \\ 0, & \text{当 } |x|>M \end{cases} \tag{A_3}$$

其余一切照旧. 则易见当 $M\to\infty$ 时

$$f_{aM}(0)\to f(0), g_{aM}(0)\to g(0)$$

因上面已证明了 $g(0)<f(0)$，知当 M 充分大时，有 $g_{aM}(0)<f_{aM}(0)$. 于是对充分大的 M，取误差密度函数（A_3），前面推理仍有效. 在这个误差密度下，误差保持有界，它有各阶矩.

注 2 由高斯的第 2 原则推出正态分布.

以 f 记待定的误差密度函数，记

$$g(x) = \frac{f'(x)}{f(x)} = \frac{\mathrm{d}[\log f(x)]}{\mathrm{d}x} \tag{A_4}$$

取 $n=2$. 按要求，算术平均 $\overline{X}$ 应满足

$$g(X_1-\overline{X}) + g(X_2-\overline{X}) = 0$$

因 $X_1-\overline{X} = -(X_2-\overline{X})$，上式可写为

$$g(-x) = -g(x), g(0) = 0 \tag{A_5}$$

现取一般 m，并令 $n=m+1$，而

$$X_1 = \cdots = X_m = -x, X_{m+1} = mx$$

则 $\overline{X}=0$，而据 $\sum_{i=1}^n g(X_i-\overline{X})=0$，并利用式（$A_5$），得

$$g(mx) = mg(x)$$

对一切自然数 m 及实数 x 成立. 由此, 假定 g 连续, 即不难推出 $g(x) = cx$, c 为某常数. 此与 (A_4) 结合, 解出 $f(x) = Me^{cx^2}$. 由 $\int_{-\infty}^{\infty} f(x)\mathrm{d}x = 1$ 知 c 应为小于 0 的常数. 记 $c = -\dfrac{1}{h}$, 得到式 (11).

注 3 皮尔逊曲线族的推导.

以 y_i 记二项概率

$$y_i = C_n^i p^i q^{n-i}, \quad q = 1 - p$$

并把它看作函数 y 在点 i 之值, 则差商为

$$\frac{y_{i+1} - y_i}{(i+1) - i} = C_n^{i+1} p^{i+1} q^{n-i-1} - C_n^i p^i q^{n-i}$$

又

$$\frac{y_{i+1} + y_i}{2} = \frac{C_n^{i+1} p^{i+1} q^{n-i-1} + C_n^i p^i q^{n-i}}{2}$$

两式左边的比值, 即 $\dfrac{y_{i+1} - y_i}{\frac{1}{2}(y_{i+1} + y_i)}$, 可视为函数 $\dfrac{y'(x)}{y(x)}$ 在 $x = i + \dfrac{1}{2}$ 处之值. 由此, 经过简单的代数简化 (并利用 $q = 1 - p$), 易得

$$\frac{y'}{y} = \frac{-(i + \frac{1}{2}) + ((n+1)p - \frac{1}{2})}{(i + \frac{1}{2})(1 + 2p) + (\frac{1}{2} - np)} = \frac{-x + c}{ax + b}$$

此处利用了 $x = i + \dfrac{1}{2}$, 并把常数 $1 + 2p$, $\dfrac{1}{2} - np$ 和 $(n+1)p - \dfrac{1}{2}$ 分别记为 a, b 和 c.

这就是决定曲线 $y(x)$ 的方程. 仅利用二项分布, 还不能得出最一般的形式 [正文式 (22)]. 为得到这个形式, 要利用超几何分布

$$y_i = \frac{C_M^i C_{N-M}^{n-i}}{C_N^n}$$

仿上, 计算 $y_{i+1} - y_i$ 及 $\dfrac{y_{i+1} + y_i}{2}$ 并求比值, 化简之, 令 $x = i + \dfrac{1}{2}$, 易得

$$\frac{y'}{y} = \frac{dx + e}{ax^2 + bx + c}$$

其中 $a, \cdots, e$ 为常数.

注 4 皮尔逊的论据如下: 把曲线方程写成 $y = f(x, c_1, \cdots, c_p)$ $(p \leqslant 4)$. 假定函数 f 有足够阶的导数, 将 f 在 $x = 0$ 的邻域内展成带余项的泰勒级数, 有

$$y = \alpha_0 + \alpha_1 x + \cdots + \alpha_p x^p + R$$

R 是余项, $\alpha_0, \cdots, \alpha_p$ 都与 $c_1, \cdots, c_p$ 有关.

根据数据做出直方图,记为 $\tilde{y}(x)$. $\tilde{y}$ 可以视为对 y 的估计.

参数 $c_1,\cdots,c_p$ 有 p 个,$\alpha_1,\cdots,\alpha_p$ 有 p 个. 假定这二者之间有连续一一对应,则 $\alpha_1,\cdots,\alpha_p$ 可自由变化. 现考虑怎样选择 $c_1,\cdots,c_p$,即选择 $\alpha_1,\cdots,\alpha_p$,使表达式

$$H = \int_{-\infty}^{\infty} [y(x) - \tilde{y}(x)]^2 \mathrm{d}x$$

达到最小. 考虑 $\dfrac{\partial H}{\partial \alpha_i}$,并设可在积分号下求导,则决定 $\alpha_1,\cdots,\alpha_p$ 的方程为

$$0 = \frac{\partial H}{\partial \alpha_i} = \int_{-\infty}^{\infty} [y(x) - \tilde{y}(x)](x^i + \frac{\partial R}{\partial \alpha_i}) \mathrm{d}x$$

即

$$\int_{-\infty}^{\infty} y(x) x^i \mathrm{d}x = \int_{-\infty}^{\infty} \tilde{y}(x) x^i \mathrm{d}x - \int_{-\infty}^{\infty} \frac{[y(x) - \tilde{y}(x)]\partial R}{\partial \alpha_i} \mathrm{d}x$$

上式左边是分布 $y(x)$ 的 i 阶原点矩,右边第一项近似地是样本的 i 阶原点矩. 又因为 $\tilde{y}$ 是 y 的估计,右边第二项很小,所以由以上推理得到

分布 y 的 i 阶原点矩 $\approx$ 样本的 i 阶原点矩,$i = 1,\cdots,p$

这表明:参数值的选择近似地遵循总体原点矩等于样本原点矩的规则.

从数学严格性的要求看,上述论证可议的地方很多,它实际上不能算是一个数学证明,而只是一种启发性的示意. 值得注意的是:皮尔逊在此也用了最小二乘准则,即,使 H 最小. 这样的矩法与最小二乘法之间建立了一种联系.

社会统计

"官方统计"现在已经是一个很流行的名词. 广义地说, 它包含国家所建立的统计工作体系及其收集、整理、分析和发布有关国情的数据资料的工作. 比较狭义的含义就是指官方 (政府) 所发布的统计资料, 如某一时期经济增长率和失业率之类. 在民间社会发达的国家, 一些非官方机构, 如工会、商会、教会、大学及专门学会, 新闻机构之类, 也在特定的领域内从事收集、整理和发布数据的工作.

虽然这种工作只是在近代随着种种条件的改进才变得日趋完善, 其比较原始的形态一定有着非常悠久的历史. 我国古籍中常见的有关于人口、钱粮以及地震和水旱灾等的记录. 在西方, 据记载在罗马共和国时期, 4 年一度对每个家庭的人口和财产进行普查登记, 而奥古斯都将这种普查推广到整个罗马帝国. 随着后者的衰亡, 这种活动也告停止, 直到 18 世纪才恢复. 当然, 这种活动与统计学作为一门学科的建立还不能画等号, 但其促进作用是无可否认的. 学者们指出, 现今通行的"统计学"(statistics) 一词源出于意大利文 stato, 其词根兼有"国家"和"情况"的意义. "统计学家"(statistician) 一词源出意文 statista, 当时理解为"处理国务的人"(a man who deals with affairs of the state), 统计学则理解为对国务活动人员有兴趣的事实 (a collection of facts of interest to a statesman). 按这个含义极广的理解,统计学就是"国情学".这流行于 16 世纪的意大利,后来传播到法、德、何等欧陆国家.与此相应,在 17,18 世纪,这些国家大学中所教授的名为"统计学"的课程,实际上是"国情学",包括有关人口、经济、地理乃至政府方面的内容.经过逐渐演变,到 19 世纪初,才基本归于现在我们对这学科的理解.卡尔·皮尔逊指出,最初在现代意义上使用"统计学"一词的,是英国学者辛克莱,在其所著 *The Statistical Account of Scotland* 1791—1799 一书中.

大量的原始数据如果不经过整理、分类、排比、分析,并通过适当的形式表示出来,就好比一堆没有经过冶炼的矿物,没有什么用处.当然,收集数据总是有其目的.因此可以设想,对数据进行整理、排比、分析的工作,一定是从很早以来就有人做了.但是,系统地从事这一工作,有著作出版并对后世统计学发展有重大影响的,要推英国学者格朗特(John Graunt,1620—1674).他在 1662 年发表的《关于死亡公报的自然和政治观察》一书(以下简称《观察》),是关于描述统计的开山之作.有的学者甚至把此书的出版看作统计史的起点.

6.1 格朗特及其《观察》

格朗特是伦敦一家服装店主的儿子,开始在店里帮工做一名助手,后来子承父业,做了店主.他受了良好的英语教育,并坚持不懈,在每天早上店铺开门营业前坚持自学法文和拉丁文,这使他成为一位有教养的绅士,在一些公共机构中担任职务,并在伦敦的文化和科学圈子里结交了不少朋友.他甚至担任过一段时期的大学音乐教授.但使他留名后世的,还是他的篇幅为 85 页的《观察》一书.这特别使他在统计学史上占据一个突出的地位.当时的学术界对他这一著作评价之高,可以从下述事实反映出来:在此书于 1662 年出版后,他立即被当年刚成立的英国皇家学会吸收为会员.当代统计学家休伯,在他于 1997 年的一篇论文中,画了一条向外扩展的螺旋线表示统计学发展的历程,他把格朗特标在这条螺旋线的起点处.他这本书出了很多版,第二版出现在初版的当年,第 5 版在他去世后的 1676 年.

格朗特写这本著作依据的资料,是自 1604 年起伦敦教会每周一次发表的"死亡公报"(bill of mortality).在 19 世纪前,欧洲因饥饿、战争、疾病等原因,尤其是黑死病流行的影响,死亡率很高.这是促使发表这种公报的原因.该公报记录了一周内死亡和受洗者(大致可反映出生人数)的名单.死者按死因分类,如 1632 年公报中包含 63 种病因,按字母次序排列.自 1629 年起公报中男女分开统计.这一批庞大的数据,在格朗特之前没有被整理分析过.《观察》这一著作就是通过整理分析这些数据,对当时有关伦敦的人口问题做出一些论断.全书分 12 章、8 个表和结论. 书中叙述了死亡公报的起源和发展（与当时黑死病的流行有关），关于死因特别是黑死病致死人数的统计，男女的差异，不同教区的差异，伦敦城市人口数及其增长状况等. 8 个表对庞大的数据做了整理，是他做出推断的依据. 其中，表 1 对 1629—1636 年和 1647—1660 年期间伦敦逐年死亡人数，按 81 类死因做了分类统计. 表 3 对 1629—1664 年期间伦敦逐年死亡和受洗人数按男女分类做了统计. 表 7 对 6 个黑死病大流行的年头——1592 年、1603 年、1625 年、1630 年、1636 年和 1665 年，伦敦每周死亡总人数和黑死病死亡人数做了统计.

根据这批数据及其整理，格朗特做出了一系列的推论. 例如对某种疾病，他统计出在 1631—1635 年的 5 年期间有 254 例死亡，而这 5 年中死亡人口总数为 47 757. 又在 1656—1660 年的 5 年期间，这两个数字分别是 250 和 68 712. 因为 $\frac{250}{68\ 712} < \frac{254}{47\ 757}$（分别约为 0.003 7 和 0.005 3），他推断这种病的死亡率有了下降. 显然，按我们前几页的界定，格朗特的工作属于描述统计的范畴：他的推断是建立在对现在数据的表面计算上，对推断中的不确定性缺乏概率的分析（当然这是由于当时的情况，不是对他的工作的批评）. 如就上例而言，现在一位统计学家会提出这样的问题：说死亡率下降了有多大可靠性？能否对死亡率下降的幅度给出某种估计？这类问题在格朗特时代无法回答. 现在，用正态分布逼近二项分布的近似，可算出这个死亡率的下降估计在 0.000 7 和 0.002 3 之间，做出这一估计可靠的程度为 95%，即若有 5% 的可能性，死亡率的下降小于 0.000 7 或大于 0.002 3.

现今的读者可能觉得不易理解：为何这样一些如今看来像是一些例行而平凡的工作，在当时及在统计史上能获得如此高的评价. 这主要是由于其开创性——做了前人没有想到、没有做的事情. 其应用上的重大意义及对学术发展的影响，下面我们将对此做一个简略的分析. 在科学史上不少见这样的例子：一个意义重大的发现，一经说破，往往给人一种"理所当然""不足为奇"及"为什么早先没有人想到"的印象. 这正是伟大的科学心灵异于常人之处. 在统计学史上有不少这样的例子.

下面我们来列举该著作若干主要的创新思想.

1. 他提出了"数据简约"（data reduction）的概念，即把数量庞大的杂乱无章的数据，依种种分类标准，整理成一些意义明晰的表格（数据图示法在当时尚未发明），使数据中包含的有用信息能凸现出来. 这样一种思想，直到现今仍被统计学家视为基础性的工作.

从书中看出，他也达到了统计分析这个基本概念. 用他的话说，是把结论用很短的、简洁的文字表达出来.

2.他提出并举例处理了数据的可信性问题.数据的可信性指的是,是否有人出于某种目的而对数据做了篡改,或在获取数据的过程中出现了重大的失误,如仪器未调准或登记时书写有误.样本中这样的数值叫作异常值.鉴别数据中是否有及何者可能为异常值,直到现今仍是一个在应用上很重要,并在方法研究上受到重视的问题.

格朗特分析的具体例子是这样的:1603 年和 1625 年都是黑死病大流行的年份.统计所得 1603 年后 9 个月死亡总人数为 37 294,其中黑死病死亡人数为 30 561,约占 82%.1625 年这两个数字分别是 51 758 和 35 417,比率为 68%,显著降低了.另一方面,格朗特从这两年的受洗人数推知,该两年的死亡率基本相当且都达到最大.于是就有问题:1625 年黑死病死亡率比 1603 年计算出的降低,是真的表示当时黑死病死亡率确实降低了,还是数据有问题.他注意到在 1625 年前后没有黑死病的年份,死亡总数在 7 000 至 8 000 之间,而 1625 年非黑死病人数则达到(1625 年死亡总数为 54 265)

$$54\ 265 - 35\ 417 = 18\ 848$$

比邻近年份多出约 11 000 人.这显然不合理,表明 1625 年黑死病死亡统计过低,原因多是由于死者家属行贿,让执事者把本系因黑死病身亡的人,改为其他原因.这种情况按上述计算约有 11 000 人.若把这数加入 1625 年统计的黑死病死亡人数 35 417,得 46 417,从而该年黑死病死亡率为 $\frac{46\ 417}{54\ 265} = 83.7\%$,与 1603 年的 82% 相当.这证明了上述校正的合理性.考虑到直到如今"数据的可信性"仍是困扰统计工作者的一个首要问题,格朗特这一提法的创意和启发性是重大的,虽则他的具体处理方法不一定能平行移植于其他问题.

3.统计比率的稳定性概念.指某种特性出现的频率,随着观察次数(样本量)的增加而趋于稳定.格朗特在书中并未用明确的语言把这作为一个一般原则提出来,但他通过对数据的具体处理,显示了他的统计分析是基于这样一个原则.

他处理的一个具体问题是伦敦和拉姆西(Ramsey)两地男、女出生(洗礼)和死亡数的统计,以 8 年为一时段,看出两地男、女出生比率趋于稳定且略有差异.他由此推断,在伦敦,男、女出生率之比为 14:13,而在拉姆西为 16:15.这在历史上是首次通过具体资料证明男、女出生率略有差异.他在自己的著作中也讨论了这个现象的解释问题.

这个原则在早期的统计学中曾起过重要的作用,主要是在有关人口的统计问题中.在今日我们会把它放在二项分布(伯努利模型)框架下去处理.伯努利的大数律出于想在数学上证明这一原则,但格朗特的工作是在伯努利著作出现前 50 年.

4.生命表.生命表是指现存人口的年龄分布.这有多方面的用途.例如可计算出在某一年龄间隔内的人数的百分比,可计算一个活到某一年龄 a 的人中,至少再活 b 年的百分比,而这对于保险金、年金等的计算有直接的关系.格朗特在本书中首次提出了生命表的概念,并计算了现已知的第一个生命表.虽则他的推理粗糙甚至有一些想当然的成分,但仅是引进这个概念,就已对后世有了很大的影响.

因为死亡公报中未记录死者的年龄,格朗特在做这件事时缺乏精确的资料可凭.他统计了 20 年内因各种原因死亡的总人数为 229 250.他认为有几种病,如惊风病、佝偻病、寄生虫病之类,患者基本上都是 6 岁以下的儿童,这样的死者有 71 124 人.另有几种病,如天花、麻疹之类,患者中约有 50% 在 6 岁以下.这两项共计有 71 124+6 105=77 229 人.又在总死亡数 229 250 中,约有 16 000人死于黑死病.他认为这事属非常,不应计入死亡数内.经过这样的推测或想象,他算出一个人的寿命不超过 6 岁的机会是

$$\frac{77\ 229}{229\ 250 - 16\ 000} = 0.36$$

对寿命大的一头,他经过一些假设性的操作,估计有 3% 的人活到 66,1% 的人活到 76.在 6 ~ 66 这个年龄段内,他采取了一种此处不细加解释的、奇特的内插方式,做出了一张表.该表对岁数在 0 ~ 6,6 ~ 16,16 ~ 26,…,66 ~ 76 及76 ~ 80 各段列出其死亡率.从以上的描述看出,产生此表的根据甚为勉强,也确与以后根据更细的资料算出的表有较大的差距,但重要的是提出了生命表这个开创性的概念.事实上,他在这方面的工作很快受到惠更斯兄弟和尼科拉斯·伯努利等概率学者的注意,他们用概率论的概念和方法对它进行了分析.较晚一些,棣莫弗对之做了更深入的研究,他于 1725 年发表的《生命与年金》的著作,对现时归入所谓"精算术"的那些内容,做了比较全面和系统的论述.

6.2 配第和他的"政治算术"

格朗特的工作,在欧洲大陆也很有影响,如巴黎在 1667 年开始发表类似于伦敦死亡公报的材料.这方面的活动促成了在一些主要国家中建立政府统计部门.特别是,他的工作影响了威廉·配第(William Petty, 1623—1687),导致他建立其"政治算术",即将统计方法应用于广泛的社会、经济问题的分析,而不是只局限于人口统计的问题.

配第是 17 世纪英国政治经济学家.有的著作称他是亚当·斯密之前英国影响力最大的经济学家.他的一生经历复杂多样.他 1623 年生于英国汉普郡的一

个小镇拉姆西,父亲是裁缝.早年学习过数学、希腊文和拉丁文,接着去法国学习数学、天文和航海,后在皇家海军中服役,又到巴黎和阿姆斯特丹学习医学.他的后半生大半是在爱尔兰度过的,在那里主持过土地丈量的工作,并与爱尔兰的一些政治和经济问题有过关联.他的关于政治算术的思想大概就是在这个时期建立起来的 —— 顺便说一句,配第还是英国皇家学会的发起人之一.

所谓政治算术,就是依据统计数字来分析政治、经济和社会问题,而不只是依靠思辨或理论的推演.看一件事(比如一项政策)办得如何,单靠口舌辩论不行,要看有关统计数字所显示的效果,配第自称他的方法“很不寻常”:不依靠抽象的话语和看似灵巧的推理,一切让数字说话.看来他的思想受到英国伟大的科学家、哲学家培根(Francis Bacon,1561—1626)很大的影响.培根的实证科学思想,即主张科学理论应以实际观察为依据并接受其检验.配第的政治算术可以解释为把这种思想用到社会科学特别是经济学中.

配第关于政治算术的代表著作是写成于 1676 年,但到他去世后的 1690 年才出版《政治算术》一书.上面提到他自称其方法“很不寻常”的那个意思,就写在此书的序言内.从他这个提法我们可以想见,在当时,统计方法为社会以至学术界所了解和理解的程度还很低.说到《政治算术》这部著作本身,其对具体的统计方法的贡献甚为有限.他的思想不像格朗特那么周密,经常从少量数据引出大胆的结论.他也不像格朗特那样用批判的眼光审视数据.总的来说,他的贡献在于提出了这样一种思想,即有关经济以至社会、政治等方面的问题,应通过分析在调查所得的数据资料的基础上去解决.可以说,他开拓了统计方法的应用面,即不局限于与人口有关的问题.从统计方法的技术性层面上看,其贡献是比较有限的.

谈到早期统计学在社会方面的应用,人口问题是一个主要的角色.早年人们关心的一个重大问题是生男生女的比例问题,这个问题在概率上只涉及二项分布模型.到 18 世纪,对这个模型概率学者已有了比较深入的研究,因而其用于统计分析上,就带有若干现代统计推断的色彩.下文要介绍有关阿布什诺特(John Arbuthnot,1667—1735)等学者有关的工作.可以看出,在这些工作中已包含了一些现代假设检验的因子,虽则有关理论的建立还是二百余年后的事情.顺便提到,格朗特的著作中也曾涉及检验问题,当时他用数据验证了“疾病频发的年份生育率较低”这个假设.

6.3　阿布什诺特等人的人口检验工作

阿布什诺特早年在伦敦任数学教师,曾在 1692 年将惠更斯的著作《机遇的理论》译成英文.他后来学习医学并在 1696 年取得学位.他的兴趣很广,兼有医生、科学家和作家的身份.1710 年他写了一篇论证神的意旨存在的文章《从两性出生数观察的规律性所得关于神的意旨存在的一个论据》,发表于 1712 年.按现代统计的说法,他讨论的其实是一个二项分布概率 $p = \dfrac{1}{2}$ 的假设检验问题(或说成是一个符号检验也可以).假设检验是根据观察或试验所得数据,去对某一理论或学说是否可以接受做出判断,它是现代数理统计学的主要分支之一.不少著作把阿布什诺特的上述论文看作此分支历史的起点.

阿布什诺特依据的数据是 1629 年到 1710 年这 82 年期间,伦敦市每年受洗男、女婴的数目,他假定此数与出生数成比例.例如,1629 年为男 5 218 人,女 4 683 人,1710 年为男 7 640 人,女 7 288 人等.他发现每年都是男多于女.从理论上说存在两种可能性:一是生男生女有同等机会(各有概率 $\dfrac{1}{2}$).在这一假设(或称理论、假说)之下,"在任何指定一年内男婴出生数多于一半"的概率不超过 $\dfrac{1}{2}$.另一种可能性是"神的意旨"使男婴出生的机会大于女婴.阿布什诺特这样推理:若按第一种假设,则连续 82 年都是"男多于女"的机会,将不超过

$$(0.5)^{82} = \frac{10^{-24}}{4.836}$$

这个数小得难以想象,而机会这么小的事件,居然被观察到了,这是不合情理的,以此否定了第一种可能性,于是只剩下第二种可能性,即在所讨论的这件事上,证明了神的意旨在起作用.现今我们把这件事解释为:观察结果以很强有力的根据证实了"男婴出生率高于女婴",是一个自然规律.但为何会出现这个情况,这需要从生物学上寻求根据.有一些说法,如男性因寿命比女性短故出生率要高一些以保持平衡之类,也还不能令人满意.因为这种目的论的解释,仍是带有神的意旨的色彩.顺便提到,这项工作显示了统计方法的一个重要特点:它从表面的数量上肯定某种现象可能存在,但其科学的解释则是专门领域的任务.这也符合科学认识中"由表及里"的规律.

阿布什诺特提出的问题后来又被一些学者讨论过.例如,荷兰学者斯格拉维桑德(Willem Jacob's Gravesande)1715 年发表了一篇讨论这个问题的文章.他认为,由于每年出生婴孩总数不同,阿布什诺特的推理有过于粗糙的缺点.他用阿布什诺特使用的资料,算出在那 82 年中,平均每年出生婴孩数为 11 429.他以这个平均数为基准,把这 82 年中每年男、女出生人数加以调整.例如,1629 年男、女出生人数分别为 5 218 和 4 683,斯格拉维桑德将其分别调整为

$$\text{男}:11\,429 \times \frac{5\,218}{5\,218 + 4\,683} = 6\,023$$

$$女: 11\ 429 \times \frac{4\ 863}{5\ 218 + 4\ 683} = 5\ 406$$

他发现,调整后 82 年中,男婴按年最小和最大出生人数分别为 5 745 和 6 128.

斯格拉维桑德推理如下:若生男生女有同等机会(概率 $\frac{1}{2}$),则按二项分布,在 11 429 出生例中,男婴数落在 5 745 和 6 128 之间的概率,应为

$$r = \sum_{i=5\ 745}^{6\ 128} \binom{11\ 429}{i} 2^{-11\ 429}$$

他费了很大的功夫算出 $r \approx 0.29$. 因连续 82 年都出现这个情况,其概率只有

$$r^{82} \approx \frac{10^{-43}}{7.56}$$

这个数非常之小,足以使人相信:"生男生女有同等机会"的假设,是不真实的. 稍后,《推测术》作者的侄儿,尼科拉斯·伯努利,也用更复杂的方法讨论了这个问题. 所得结论都是一样,即男婴出生率确是略大于女婴.

用现代数理统计学的眼光来审视上述诸人的工作,可以说它包含了今日流行的假设检验理论的一些基本观点. 迟至 20 世纪初期,在卡尔·皮尔逊和费歇尔那里,他们处理这类问题的做法,典型的如费歇尔的"女士品茶"的试验[①],实质上并未超出上述诸人的范围,但还缺少了若干重要之点. 例如,阿布什诺特与斯格拉维桑德及其他人的检验法,看来都合理,但是否有一个优劣比较的问题:根据什么标准比较,如何比较,这问题到 20 世纪二三十年代才由耐曼和埃贡·皮尔逊(Egon Sharpe Pearson,1895—1980)所解决,参看第 9 章.

6.4　凯特勒的正态拟合

凯特勒(A. Quetelet,1796—1874)是 19 世纪最有影响力的统计学家之一. 他的主要贡献是倡导并身体力行将正态分布用于连续性数据的分析. 他的这一努力使正态分布在 19 世纪统计应用中大为流行. 有的学者说正态分布统治了 19 世纪的统计学,并造出了"凯特勒主义"这个名词.

凯特勒是比利时天文学家. 在其后半生 50 年中,他一直是比利时科学界的领袖人物,一生著述很多. 他最初专攻纯数学. 1823 年去巴黎,向当时科学界的一些大人物学习天文学和气象学,向傅里叶和拉普拉斯等大数学家学习数学和

---

①把牛奶和茶混合成一种饮料,有两种做法:先加牛奶,先加茶. 某女生声称她能鉴别这二者,要通过试验,即由她来品尝,检验她的说法是否真实.

概率论,这对他日后在统计学上做出贡献有重要的影响.

他一生主要的职业是担任布鲁塞尔皇家天文台的天文学家和气象学家.但他在国际科学界的名声则主要来自他的统计学家和社会学家的身份.他对一些重要的国际性统计学组织的建立起了重要的作用,这包括伦敦皇家统计学会、国际统计学大会等.

自 1826 年起,他成为比利时国家统计局的地区通信员.因此他早期所做的统计工作,大部分和人口调查有关.有一项工作是将拉普拉斯的方法移用于比利时,以估计该国的人口总数.

拉普拉斯的方法称为"比例法",是一种根据局部地区调查的结果来估计我国人口的方法.此方法在概念上很简单[①]:把我国人口总数与我国过去一段时间内人口出生总数的比值记为 r.一段时间内人口出生数 a 可以从有关的登记资料中查出,若知道 r,则人口总数为 ar.拉普拉斯的方法创新之处在于提出用抽查局部地区的方法去估计 r.具体做法是在国内选定若干被认为有代表性的地区,将其人口总数与过去一段时间内人口出生数通过实地调查定出,以其比作为 r 的估计.拉普拉斯提出在国内选择 30 个左右的地区,要求这些地区尽可能均匀地分布在国内,以使结果不受局部地区的特殊性的影响.他这种做法现在我们称之为"代表性抽样".从这段史实看,有理由把拉普拉斯算作抽样方法的创始人之一.但这件工作在拉普拉斯一生众多的工作中只是一个孤立的事件,他没有进一步发展或应用这一方法并使之一般化,其工作也没有得到学界的重视.19 世纪末,抽样调查的理论和方法没有发展起来.直到 1895 年,挪威统计学家凯尔把代表性抽样作为一个一般方法提出来,才算开辟了这一分支.故有的学者把 1895 年作为抽样调查这一重要统计分支诞生的年份.

在 1824 年,凯特勒将拉普拉斯的方法用于估计低地国家(荷、比、卢)人口,但他是用法国数据估计出 r 的.他同时用出生人数及死亡人数去估计 r,发现由此估得的总人口数有较大的差异,且与实测结果有较大的差异.这样一个不理想的结果,以及当时某些学者对抽样法所持的反对立场,使他放弃了用抽样方法估计人口数的计划而回到普查.不过,虽则他在这一工作上没有取得多大成功,但促使他注意数据的同质性问题,而正态分布就是他为解决这个问题而引进的工具.从这个角度看,可以认为他这一段工作对他日后在统计学上的贡献起了促进的作用.

在当时的一些反对抽样调查的学者中,社会学家开维伯格的意见对凯特勒有很大的影响.开维伯格指出,影响人口出生率和死亡率的因素很多,如居住在

---

① 以下的描述在细节上有些简化.更详细的描述,以及拉普拉斯将这个方法用于估计法国人口时的具体数据,可参看冯士雍等编著的《抽样调查的理论与方法》,p. 6 ~ 7.

城市还是乡下,沿海、平原还是山区,高温还是低温地区,人口稠密还是稀疏地区,以及当地文化水平的高低、职业的性质、饮食情况及一般的生活习惯,都对此有影响.因此他认为,要把这些受到极大数目的因素影响的数据放在一起去处理,理论上不合理,也不可能得出有用的结果.这一情况使人们有必要将区域分得极细,而这会丧失抽查的好处,他的结论是:为得到关于人口的确切知识,舍普查外别无他途.

以今天统计学的知识,我们可以采用随机抽样的方法来解决开维伯格所指出的困难.但开维伯格等社会学家的反对意见,并非仅针对人口估计这一具体问题.他们意见的主要之点在于:对不同质(non-homogeneous)的数据进行统计分析没有意义.比方说,把一个城市中的全体大学生和小学生搁在一个总体内考察身高这个指标,看不出有何意义.而与此类似的情况,在社会问题中甚为常见.科学实验通过对条件的控制保证数据的同质性,但社会问题的数据一般由观察得到,不可能控制且许多时候不了解其异质因素.这样数据的同质性往往就有疑问,连带其分析结果的解释也有了问题.虽然在有些情况下,有明显的系统性因素存在,这时数据可据此去分别收集,而使分析具有一定的意义①.

于是社会统计工作者就面对一个问题:当他面对一批他对其背景不很了解的数据时,如何根据数据本身去判断其同质性.在此我们就接触到凯特勒对 19 世纪统计学的一项重要贡献 —— 他提出:把一批数据是否能充分好地拟合一个正态分布,作为该批数据是否同质的一个判据.

凯特勒了解正态分布,是在 1823 年他访问巴黎期间.当时拉普拉斯已提出了他的中心极限定理,高斯的正态误差理论也已发表多年.极有可能,凯特勒的想法与上述因素的启发有关.形式上看,他不过是在已有的基础上向前迈出一步 —— 把高斯发现的测量误差分布的规律推广到其他数据.但在当时,这也需要突破一些观念上的障碍,因为当时人们普遍认为,适用于误差的规律未必一定适用于其他的数据.

为实施这一想法,凯特勒发明了一种方法,以将一批数据拟合于某一正态分布.他的方法在概念上是基于二项分布逼近正态分布(棣莫弗定理)这个已知的事实,原理上不复杂但实行起来很烦琐.下面通过他在 1846 年做的一个例子来说明他的做法,在这个例子中,他将 5 738 名英格兰士兵的胸围拟合于一个正态分布.

他首先造一个二项分布 $B(999, \frac{1}{2})$ 的表以作为正态分布的一个近似(999

---

①例如在美国,当人们讨论工资、教育、失业和犯罪等问题时,往往把白人和黑人分开分析,或用其他标准,如年龄之类.

这个数已很大,应能充分好地逼近正态分布).但概率 $C_{999}^i 2^{-999}$ 的计算很麻烦,他采用了下面这个比较巧的方法.记 $p_i = C_{999}^i 2^{-999}$,有

$$p_{i+1} = p_i \cdot \frac{999 - i}{i + 1}$$

暂设 $p_{500} = 1$,由上式依次算出

$$p_{501} = \frac{499}{501} = 0.996\ 008$$

$$p_{502} = 0.996\ 008 \times \frac{497}{503} = 0.988\ 072, \cdots$$

再利用 $\sum_{i=500}^{999} p_i = \frac{1}{2}$,将上面计算出的 p_i 调整到其正确值,结果(部分)列为下表:

秩	概　率	累积概率	秩	概　率	累积概率
1	0.025 225	0.025 225	10	0.021 069	0.236 548
2	0.025 124	0.050 349	11	0.020 243	0.256 791
3	0.024 924	0.075 273	12	0.019 372	0.276 165
4	0.024 627	0.099 900	13	0.018 464	0.294 627
5	0.024 236	0.124 136	14	0.017 528	0.312 155
6	0.023 756	0.147 892	15	0.016 573	0.338 728
7	0.023 193	0.171 085	16	0.015 608	0.344 335
8	0.022 552	0.195 657	17	0.014 640	0.358 975
9	0.021 842	0.215 479	18	0.013 677	0.372 652

　　"秩"的意义是 $501 - i$,"概率"这栏标出 p_i 之值,而"累积概率"这栏是不超过该秩的概率之和.累积概率以缓慢的速度趋于 0.5.凯特勒原表中算到秩为 80 的一项.

　　利用这个表去拟合英格兰士兵胸围数据的计算列在下表中(胸围以英寸[①]为单位,频率以 10^{-4} 为单位):

---

　　①原来使用的一种计量单位,现已不用.1 英寸 = 2.54 厘米.后同.

(1) 胸围	(2) 人数	(3) 频率	(4) 累积频率	(5) 秩	(6) 调整秩	(7) 累积概率	(8) 概率
33	3	5	0.500 0			0.500 0	7
34	18	31	0.499 5	52	50.5	0.499 3	29
35	81	141	0.496 4	42.5	42.5	0.496 4	110
36	185	322	0.482 3	33.5	34.5	0.485 4	323
37	420	732	0.450 1	26	26.5	0.453 1	732
38	749	1 305	0.376 9	18	18.5	0.379 9	1 333
39	1 075	1 867	0.246 4	10.5	10.5	0.246 6	1 838
			0.059 7	2.5	2.5	0.062 8	
40	1 079	1 882	0.128 5	5.5	5.5	0.135 9	1 987
41	934	1 628	0.291 3	13	13.5	0.303 4	1 675
42	658	1 148	0.406 1	21	21.5	0.413 0	1 096
43	370	645	0.470 6	30	29.5	0.469 0	560
44	92	160	0.486 6	35	37.5	0.491 1	221
45	50	87	0.495 3	41	45.5	0.498 0	69
46	21	38	0.499 1	49.5	53.5	0.499 6	16
47	4	7	0.499 8	56	61.5	0.499 9	3
48	1	2	0.500 0			0.500 0	1
	5 738						

  表的第 1,2 列是各胸围及其相应的人数,第 3 列是各胸围人数在总人数中的比率.如胸围为 35 英寸的有 81 人,占全部人数 5 738 的 1.41%.第 4 列为累积频率,由当中往表的上、下两端叠加(此因正态分布关于其中心点对称,两边各有 50% 的概率).为使上、下端各占一半的频率,经检查,需要把胸围 40 的频率 0.188 2 分成两部分,一部分 0.059 7 算入表的上部,另一部分 0.128 5 算入表的下部.这样,胸围 39 一栏累计频率为 0.059 7+0.186 7=0.246 4,胸围 38 一栏累计频率为 0.246 4+0.130 5=0.376 9,等等.下部累计频率的计算相似.

  第 5 列"秩"一栏,是把第 4 列中的累积频率与前面算出的二项分布表对比得到,必要时做插值.如胸围 38 一栏,累积频率 0.376 9,与二项表中秩 18 的累积概率 0.372 652 接近,故取 18 作为"胸围 38"一栏的秩.胸围 39 一栏的累积频率 0.246 4 在二项表中,介于秩 10 与秩 11 相应的概率之间,故取其秩为 10.5,等等.

下面有一段推理:如果数据严格符合一个正态分布,则各胸围相应的概率,应接近二项分布所得.因为胸围 $33,34,\cdots$ 取得等距离,累积频率既然接近于二项分布的累积概率,故其相应的秩也应大致保持等距离.这一点可以作为数据是否与正态符合的一个初步检查.按此处所得的具体秩,往上、下两端,秩的差距依次为

$$10.5-2.5=8,18-10.5=7.5,26-18=8,33.5-26=7.5,$$
$$42.5-33.5=9,52-42.5=9.5,$$
$$13-5.5=7.5,21-13=8,30-21=9,35-30=5,$$
$$41-35=6,49.5-41=8.5,56-49.5=6.5.$$

它大致接近等距 8,但有一些差距.因此初步可以判断,这批数据与正态符合尚好,但仍有一些偏离.取 8 作为秩差距将秩调整,得第 6 列的"调整秩".然后据此调整秩,在二项分布表中查得其累积概率(必要时用插入),得第 7 行.例如,秩 13.5 在 13 与 14 之间,二项表中这两个秩对应的累积概率分别为 0.294 627 与 0.312 155,故取此二值的平均 0.303 4 作为这个秩(13.5)的累积概率.由此就可算出最后一列,即各胸围相应的概率.这后面这几步(表的 6,7,8 列)实际上就是拿一个二项分布去拟合表中的数据.拟合的程度如何,对比表的第 3、第 8 列,因为当数据符合正态时,此二列应一致.其差距的大小,反映出数据与正态偏离的程度.对比二者看出,符合的程度还比较可以.

今天如果我们来处理这批数据,将不会采取如此迂回的笨办法.我们会按 χ^2 拟合优度检验的做法,先由原始数据算出样本均值 $\bar{x}$ 和样本标准差 s,画出正态密度曲线 $N(\bar{x},s)$,再作原数据的直方图(按表上的方式取区间:以 $33,34,\cdots$ 为中点,区间长为 1 英寸).从直方图与曲线 $N(\bar{x},s)$ 接近的程度,可以更清楚地看出拟合程度如何.若要做检验,就算出 χ^2 值,按自由度 $16-1-2=13$ 去检验(16 是区间数).这个例子反映出,在当时(1846 年),人们对正态分布的了解还很有限[例如,可能不清楚从数据去估计 $N(\mu,\sigma^2)$ 中的 σ 的方法],故只有从那个比较熟悉的用二项分布逼近的做法.

凯特勒用这个方法处理过许多具体数据,多数都有较好的拟合.这种情况使这个方法变得不灵敏 —— 不仅同质的数据可以拟合正态分布,不少不同质的数据也可以.现在我们容易明白问题之所在:许多各自为同质的正态分布总体,经过适当混合后仍可得出正态总体.在数学上说,比如有一群依赖参数 t 的总体 $\{A_t,-\infty<t<\infty\}$,对每个固定的 t,总体 A_t 有正态密度 $f(x-at-b)$,a,b 为常数,而 t 本身有正态密度 $g(t)$,则混合总体 $\bigcup A_t$ 有正态密度 $h(x)=\int_{-\infty}^{\infty}f(x-at-b)g(t)\mathrm{d}t$.另外,当数据量不是很大时,其与正态的偏离不易显示出来.用现代假设检验的语言说,结果常常是"没有足够证据显示数据与正态有

显著的偏离".

从另一面看,即使凯特勒的想法取得充分的成功,仍无法解决在社会领域内应用统计方法的困难.开维伯格的意见是总体应细分到同质,但有的学者指出:对总体的过分细分将使分析的结论受到极大的约束而缩小其意义.尤其是,未经周到考虑和缺乏实际理由的细分可能导致结论的任意性,而成为"伪科学".科洛特是这种意见的一个代表人物.考虑到他是一个赞成将概率方法用于社会问题的学者,其意见值得重视.可以举一个例子来说明:在特定的人群中,男女色盲的比率是否有差异?这是一个公认的有意义的问题.但还可以细分.例如,可以问:在该人群所处的特定地域(如一国内某省)这一比率是否有差异?在婚生子女和非婚生子女间是否有差异?头胎和二胎之间是否有差异?星期一出生的和星期二出生的是否有差异?……在这些问题中,有的有合理的实际意义,有的则未必有.比如说,根据某一批资料,统计学家经分析可以得出结论说:"在双日出生的人中男性比女性患色盲的人多,单日则相反."这类结论,虽然从统计分析上看似有根据,也许不过只是一种数字游戏.1980年美国统计学家基弗来我国讲学时,曾提到社会上有些人对统计方法有怀疑,说是用统计方法可以"证明"任何你想证明的东西,指的就是上述这类现象.自然,这个问题不止存在于统计方法对社会问题的应用,在其他应用部分中也有.但由于社会问题的复杂性及种种可以理解的原因,这个问题在统计学的社会应用中格外突出,当是不争的事实.

开维伯格和科洛特关注的方向相反.二者结合起来,揭示了将统计方法用于社会问题的困难所在,即如何决定所研究的总体的细分程度,以便可以通过数据资料对问题进行有意义的分析.这一点不仅在当时,即使在今日,也不能说有了完满的解决.这个问题从根本上说不是一个统计或数学的问题,通过分析数据(如凯特勒的做法)去处理它,其作用是有一定限度的.

将统计方法用于社会性问题的研究在19世纪进步有限,与统计方法的贫乏有关.社会问题大多数是多因子性质的,例如在犯罪问题的研究中,涉及诸如经济、文化、教育、就业等诸多因素的相互影响.而适用于处理这类数据的统计方法,如相关回归分析、多元分析、方差分析、因子分析之类,都是20世纪的产物——最初步的相关回归概念也是到19世纪后期才产生.目前,这些都已经成为社会统计研究中的标准工具.

另一个困难,即非学术性的,基于政治或伦理道德考虑的反对意见,是将统计方法用于社会问题的研究所特有的.较远的例子如法国数学家和概率学家泊松(1835年)关于将概率统计方法用于法庭审判问题的研究,曾受到法国哲学家孔德和数学家波因索特的激烈反对,认为是对灵魂的亵渎.近的如20世纪四五十年代苏联对统计方法用于社会经济问题的批判,认为是玩数字游戏来掩盖资本主义的腐朽本质等.目前在我国,对数理统计方法,例如抽样方法,能否用于社会经济统计的问题,也还存在着不同的意见.

6.5　普　通　人

凯特勒对统计学的另一个重要贡献,是他在1835年提出的普通人(average man)的概念.这基本上应算作一个社会学概念,但其含义是统计性的.这个名词,或者说,这个名词所蕴含的概念,直到今日仍非常流行.甚至一些"普普通通的人"也在日常生活中不知不觉地用到这一概念.

设 A 是一个特定的群体.例如 A 可以是一国内全体成年人,全体农民,全体小学教员,一城市内的全体男大学生,全体未婚大龄男青年之类.则 A 的"普通人"被定义为这样一个人,他在一切重要的指标(身体的、经济的、文化的,甚至心理、道德、政治等方面)上都具有群体 A 中一切个体相应指标的算术平均值.例如,我们说,某城市男大学生的"普通人"身高1.72米,体重64千克,每月生活费500元,每天看报纸35分钟,等等.这种人在现实中不存在,但给人真实的感觉,因为确有接近这种状况的典型.在文艺作品中描写人物时,作者的意识中可能有这样一个普通人的存在.

对每一个有社会意义的群体 A,都有其普通人在.故"普通人"是一个大家族,其定义也有伸缩性,即普通人不一定在"一切"指标上都具有群体平均值,而可以只在某些研究者感兴趣的特定指标上.例如当只注意一城市的纺织女工的经济方面的状况时,其普通人只要求在这类指标上有平均值,如平均工资之类.

凯特勒引进普通人的概念,是出于建立"社会物理学"这样一个大胆的设想.在1835年他出版了题为《论人类及其能力之发展,或社会物理学论》的巨著,"普通人"的概念即在此书中所引进,是书中的论述及人们对该书注意的焦点.该书曾得到很高的评价,有一则评论把该书的出版称为有文字的人类文明史的新时期.不过,虽则人们对他提出的这个概念一般地抱着赞许的态度,也有不少有保留的,特别是在这概念用于心理、道德等指标.

"社会物理学",按凯特勒的设想,是对支配社会的规律的量化研究.随着了解的深入,这种规律有朝一日可以达到像天文学和物理学那样精密的程度.在发表这一著作之前,他曾花了很多时间研究社会现象之间潜在的关系.由于个体的变异很大,在考虑单个人的基础上,这种关系就不易揭露出来,这也许是引进这一概念的动力.由于平均值的稳定性,它们之间的关系也就具有稳定性.例如,作为单个的人,其收入与其受教育时间的长短之间的关系很难说,正、反面的情况都有. 但在正常情况下, 在群体中平均受教育的正面效应就容易显示出来.

社会科学的性质与像天文学、物理学这样的学科比, 有根本的不同. "社会物理学"这种设想, 按其严格的字面意义, 恐怕难以实现. 不过, 近年来, 社会科学的数量化趋势确实也在增加. 有些社会科学分支, 特别是经济学、人口学, 甚至用到很深的数学工具. 我们不妨把它看作凯特勒设想的部分实现吧.

6.6 抽样调查

抽样调查主要用于社会统计问题. 因此, 把与这个题目有关的历史梗概放到本章介绍一下.

抽样调查是相对于普查而言的, 意味着从研究涉及的总体中, 按一定的方式抽出一部分个体, 对这一部分个体的有关指标逐个进行调查, 以其结果来推断总体的状况. 例如, 如今常就某一特定问题进行民意测验, 即从群体中按某种方法选定若干人(通常只占群体很小的比率)做调查, 以其结果来判断, 例如, 某项政策在公众中的支持率如何.

1802 年, 拉普拉斯受法国政府的委托, 用其"比例法", 通过抽样对法国人口总数进行估计. 1861 年, 英国的法尔博士做过人口抽样调查, 他当时取了 14 个地区, 包含人口 264 327 人, 调查的指标是家庭数和每个家庭的人口数等. 除了这些孤立的事例, 直到 19 世纪末挪威统计学家凯尔(A. N. Kiaer)的工作之前, 抽样调查不论在实践上还是方法研究上, 都很少有开展.

凯尔生于 1838 年, 当挪威统计局成为一个负责收集和解释有关社会和人口的资料的独立机构时, 他成为该局的局长. 在这个职位上, 他在 19 世纪最后 20 余年中领导了关于全国人口和农业的普查工作. 在这段时间中他发展了他的"代表性抽样"的思想.

所谓代表性抽样, 是指从总体中抽出的一组可代表该总体(在选定的指标上)的样本, 是一个"小型化"了的总体. 例如, 一社区中的居民按经济状况可分为 3 类: 富裕的 100 人, 一般的 1 000 人, 较差的 500 人. 现自其中分别抽出 5,50 和 25 人, 则这由 80 人组成的样本是一个代表性样本, 通过对他们的调查资料的分析, 可以对全社区居民的经济状况做出一些推断, 其准确度视样本的代表性而定.

问题在于怎样去获得这种样本. 凯尔的做法是: 把人群[①]按地理、社会和经

---

①对个体为人以外的情况, 原则没有不同. 例如自全国小企业中抽取代表性样本.

济等条件分成一些"层",按各层的大小依比例抽取若干样本.例如在 1894 年,他在挪威进行了一次关于退休金和疾病保险金的调查.当时挪威城、乡人口之比约为 1∶3,故在这一抽样中,从城市抽 2 万人而从乡村抽 6 万人.城市这 2 万人按某种复杂的方式分配下去.首先,有 13 个城镇被挑出,包括当时全部 5 个人口在 2 万以上的城市,所挑出的城镇数约占挪威当时全部城镇数的 $\frac{1}{5}$,在被挑出的每个城镇中按经济状况分层.如在某一城市中当时有 400 条街道,其中居民在 100 以下的有 100 条,在 101 ～ 500 之间的有 187 条,等等.人口少的街一般为富裕阶层所住,因此这可以作为一个分层的标准.凯尔的做法是:居民少于 100 的那 100 条街全部取出来,每条街上抽取 $\frac{1}{20}$ 的人.居民在 101 ～ 500 的那 187 条街只取 $\frac{1}{10}$,但每条街上抽出一半的住户,等等,使各层被抽人数大致保持 $\frac{1}{20}$ 的比例.在乡村,则主要是按居民所从事的职业来分层.

凯尔在 1895 年以前做了一些与此类似的代表性抽样调查工作.在这个基础上,他于 1895 年召开的国际统计学会的大会上正式推出了他的这个主张,引起了很大的争议.但到 1903 年国际统计学会开会时,他的主张已得到了多数人的认同,为研究这个问题的委员会也在一定的保留之下接受了这个主张.

凯尔的理论包含两个要点:第一是样本必须有代表性.第二是,在这一前提下,并不需要特别大的样本量,就可以得到总体指标的满意的估计.这后一点在当时有很大的意义,因为直观上觉得,基于为数不多的样本的结论是可疑的,而如果样本量很大,加上代表性的要求,其工作量不见得比普查节省多少.但是,凯尔未能提出令人信服的理论,他的上述看法是根据经验而非理论的证明.统计学家波特凯维奇就曾提出对代表性样本的分析结果的可能误差及可信程度的问题.因此,虽有国际统计学会 1903 年的决定,凯尔的主张 —— 用代表性调查代替普查 —— 仍不能说已在实践中站稳脚跟.

下一个对抽样调查方法做出重大贡献的是鲍莱(A. L. Bowley).他的想法是把概率方法引进到抽样调查中来,而这意味着采用随机抽样方法.他是在 1906 年英国科学促进协会经济科学和统计学组会议上的主席致辞中发表他的主张的.他指出,近 $\frac{1}{4}$ 世纪以来卡尔·皮尔逊和埃奇沃思的统计理论有了很大的发展,但将其用于实际统计资料(指抽样调查数据)则不多,现在到了将这些方法用于现有的工业统计资料的分析的时候.他做出这种论断是基于他对随机样本的研究,证明了中心极限定理对这种样本适用,且估计误差与抽取的样本个数无关①. 他的理论验证了抽样方法的合法性,且使我们对通过样本去估计总体特征的精度可以了解. 鲍莱指出,这一切的前提是样本的随机性:"群体中每个个体有同等的机会被抽出,且这个概率与个体指标值的大小绝对无关."

鲍莱以其"新的有力的研究工具",宣告"普查并非必要",且"一个其量很小的样本已足够实现调查的目的". 在此前的几年中,凯尔曾以其雄辩大力推销这种主张而效果不如鲍莱,原因是凯尔的主张主要基于经验和勇气,而鲍莱则是基于可信的理论. 在以后的 20 年中,鲍莱在自己身边集合了一批人对英国许多城镇的社会和经济条件进行了抽样调查,特别对"伦敦生活和劳工的新调查"这个项目做出了重大的贡献. 与此同时,他撰写专著《抽样调查精度的度量》并于 1926 年出版.

在中断了 20 年后,国际统计学会在 1924 年指定了一个包括鲍莱在内的 6 位学者组成的委员会来研究"统计学中代表性方法②的应用". 该委员会的报告于 1926 年提交给在罗马举行的国际统计学会大会. 大会对抽样方法做了明确的肯定,但指出代表性抽样方法有随机抽样和目的性抽样两种. 目的性抽样的意思基本上与凯尔的代表性抽样相同,但含有保证样本代表性的前提下,根据抽样调查的目的选择样本的意思. 决议中也指出会议主张抽样应如此安排以使能对收集的数据进行数学处理,并对误差大小做出估计. 决议也重申以前的主张,即每一项抽样研究都应附有对所用抽样的方法的仔细陈述. 在这次大会上,抽样方法的科学性没有像从前那样引起争议,说明经过 30 年的努力,这方法已最终被公众接受,虽然它也没有完全取代全面普查法.

数理统计学家也对随机抽样法的确立和发展做出了贡献. 首先是费歇尔. 他自 1919 年起在英国一个农业试验站工作了十多年,从事农业试验及其统计分析的研究工作. 他提出了用随机的方法分配田间试验小区的好处的论据,以及进行这种试验设计的 3 原则. 其中的"划分区组"一条,与抽样调查中的"分层"的思想一致,即在随机化的设计中融入系统性因子的作用以降低由随机化带来的误差. 其次,耐曼在 1934 年发表论文《关于代表性方法的两个不同方面:分层抽样和目的性抽样》. 在此文中耐曼对目的性抽样从理论上做了批评,把与分层相结合的随机抽样建立在一个严格的理论基础上,并发展了一种不依靠贝叶斯假设的估计方法,这是他发展一个全面的区间估计理论的重要一环. 印度著名统计学家马哈拉诺比斯对抽样方法的理论和实践也做出过重要的贡献.

自 20 世纪 30 年代以来,抽样调查方法受到包括美国在内的一些国家的重

---

①严格说,这是在总体所含个体数 N 及样本量 n 都很大,且 $\frac{n}{N}$ 不太接近 1 时.

②这里,"代表性方法"的意思就是抽样方法,不限于原来凯尔的代表性调查.

视,其应用也变得经常.战后建立的联合国,也于 1947 年在其统计司中建立了一个抽样分委员会,发布过一些指导性文件,对抽样调查方法在全球的应用和推广起了很大的作用.

回归与相关:发现与早期发展

迄至 19 世纪七八十年代,统计学的重心在欧洲大陆. 当时英国在这方面处在落后状态,是统计学理论和方法的输入国. 例如重要的最小二乘法产生于法、德,以后"出口"到英国. 当时欧陆在误差论、最小二乘理论和线性模型理论方面已有了长足的进展,可英国人知之不多. 有的统计学者(如西尔)论证,即使像卡尔·皮尔逊和费歇尔这样的顶级统计学家,对欧陆这方面的著作也研读不够,而这个情况在 20 世纪最初几十年对统计学研究工作产生了影响(见第 8 章).

但自 19 世纪某个时候开始,事情起了变化. 转机源于 1870 年开始的高尔顿用统计方法研究遗传说,终于导致统计学上的突破性进展 —— 回归和相关的发现和发展. 在这项工作中创新的思想出自高尔顿,而使之完善化的则是以卡尔·皮尔逊为代表的一批学者.

这项发展的意义和影响极其重大. 不仅是统计方法武库中增加了一个有用的品种 ——19 世纪统计学在社会问题中的应用进展不大,与缺乏回归相关这个工具有关. 因为社会问题中有许多不是单因素的,而是牵涉到一些因素的关系. 这项发现沟通了原来互不相干的两个领域 —— 误差论线性模型和统计学(参看第 5 章开头有关的叙述),成为 20 世纪上半叶统计方法重大发展的契机,代表性成果是费歇尔的方差分析.另外,这一发展,由于其涉及的问题复杂而多方面,促进了一个严整的统计学框架的建立.所以,从某种意义上可以说,这项发展标志了统计学描述时期的结束和推断时期的开端.另一个明显的后果是:统计学的重心自此逐步自欧陆移向英国,使后者在以后几十年统计学发展的黄金时代充当了火车头.

本章的目的就是讲述这个发展的故事.

7.1 高尔顿和正态分布

弗朗西斯·高尔顿(Francis Galton,1822—1911)早年在剑桥大学学习医学,但医生的职业对他并无吸引力.后来他接受了一笔遗产,这使他可以放弃从医的生涯,并于1850—1852年期间去非洲考察.他所取得的成就使他在1853年获得英国皇家地理学会的金质奖章.此后他研究过多种学科,包括气象学、心理学、社会学、教育学和指纹学等,但1865年后他的主要兴趣转向遗传学.这也许与他的近亲表兄、《物种起源》的作者达尔文对他的影响有关.

高尔顿是一个"凯特勒主义者",对正态分布怀有特殊的兴趣和好奇.有一说认为"正态"一词即出于他[1].他在1908年发表的回忆录(*Memories of My Life*)中说,他最初接触凯特勒拟合正态曲线的方法是在1863年.在其后几年间,他使用各种数据,包括身高、胸围以至考试成绩等,结果都符合得很好.因此,他在1869年出版的一部著作中发表了与凯特勒一样的观点:与正态曲线拟合得好是数据同质性的可靠标志.他还做了一点引申,可以用一个例子来说明.如果在平面上指定 A,B 两个不同的靶点,甲、乙二人分别向 A,B 点多次射击,则着弹点在面上会有两个集结中心而不表现同质,但可以设法分离出其成分.一般说,若干个同质数据的混合体,可借助正态分布分离开[2].

他的另外一个引申就显得过于大胆,但也生出了一个有用的概念.同一个

---

①这是统计学家西尔在其《高斯线性模型的历史发展》一文中提出的说法.但卡尔·皮尔逊在《相关的历史注记》一文中说"多年前,我把拉普拉斯—高斯曲线称为正态曲线".他还说,这个称呼虽然避免了一个国际优先权的争议,但也有其缺点,即使人们误认为:一切其他的频率分布曲线,都是在这个或那个意义上"非正常",这已经导致许多作者把不管什么样的分布硬扭成正态的.后来一些学者也响应这一意见.如哈格林等在其《探索数据分析》一书中宣称,书中只用"高斯分布"的名称而不用"正态分布",以免引起误会.

②这件事说来容易做来难.在两个正态混合,均值有一定分离而方差不大的情况,"混合"数据呈明显的双峰,视觉可以辨别,但各成分的参数如何并不好定.第5章在介绍卡尔·皮尔逊的混合正态参数估计的问题时,已指出过这一点.如果被混合的同质数据组较多,则混合后可以接近正态,至少在外形上看似正态或单峰.在这种情况下,从视觉上可能也看不出混合数据不是出自一个同质总体.

物种,例如人,有很多指标,如身高、体重、血压 …… 以至一些非数量性的指标,如智力、心理素质之类. 高尔顿认为,(例如)对一群人,若测得其一个指标,如身高,可以用正态曲线很好地拟合,则其他指标也将如此. 这听起来有点令人难以置信,不过对能直接量度的数量指标,这个推断总可诉诸试验. 有意思的是将其用于非数量指标的情形. 高尔顿 1875 年引进"统计尺度". 可以举一个例子来说明:从 A,B 两城市各抽取其高一学生 m,n 名,要比较其智力水平,假定用一种综合性的测试方法,该法只判定出两名学生中智力谁高谁低,但不给出数量大小,且方法有传递性(即如该法判定甲高于乙和乙高于丙,则必判定甲高于丙). 现用该法将全部 $N(=m+n)$ 名学生判定一个由低到高的次序(最差者为 1,最好者为 N). 如果某学生的位次为 i,则定其"统计尺度"为 $\Phi^{-1}\left(\dfrac{i}{N+1}\right)$,$\Phi$ 为 $N(0,1)$ 的分布函数. 这样可算出 A 城 m 名学生的统计尺度 $x_1,\cdots,x_m$ 和 B 城 n 名学生的统计尺度 $y_1,\cdots,y_n$. 这已经数量化了,于是可以把用于分析数量观测值的统计方法用上来. 这种做法在一些诸如心理学、教育学之类的学科中很有追随者,直到现在仍在应用统计中有一定的地位.

然而,对高尔顿而言,这个无所不在的正态性给他带来一些困惑. 考察亲子两代各自的身高数据,发现其遵从同一的正态分布[①]. 首先,按拉普拉斯中心极限定理,正态分布成立的条件是大量的但每一个作用较小的因素的作用,而遗传是一个显著因素,这二者如何协调? 其次,遗传把一种性状(如身高)的优势传递给下一代,则按常理推想应出现两极分化的态势. 果如此,我们会看到一代一代的人中,个子很高和很矮的人的比例日渐升高,而中间部分的比例日渐下降. 但一代一代身高稳定的正态分布与此相悖.

高尔顿为解开这些困惑研究了十余年,终于取得圆满的成功. 在解决这些问题的过程中,他的基本工具是对由实验和抽样得来的数据进行统计分析. 在统计学中起了极为重大作用的相关回归方法,也在这一研究中奠定了根基. 因此,这一成就既是遗传学上的重大事件,也是统计学上的重大贡献.

7.2　回归的发现

1877 年,高尔顿想出了一种机制来解释上面所提出的第一个问题. 考虑在

[①] 拿中国 20 世纪 50 年代到现在的情况看,平均身高有较明显的上升趋势,身高方差也应有所增加. 因此,这个"同一正态"的现象并非在任何时候任何地方都有效. 但在通常情况下在一二代人中的变化也许甚微,因而可认为这一观察基本成立. 就高尔顿为研究此问题收集的数据而言(见后文)这是成立的. 而且,在短期内这种变化主要由于生活条件的变化,遗传因素的作用比较有限.

一大片条件不均匀的地方种植一种水果,如苹果.所结果实的大小与果树所在处所的条件有关,如在向阳的处所优于背阴的处所之类.所以,"果树所在处所"是一个显著因素,但虽则如此,这一大片地方所结果实全体的大小的分布,仍与正态拟合得很好.高尔顿对这一点想出了一种解释,大意很简单:

水果大小 ="处所"因素的作用＋其他大量的各种影响不大的
因素的作用的叠加

但"处所"因素的作用,也可以分解为大量的影响不大的因素作用的叠加,把这代入上式,就得到

水果大小 =大量影响不大的因素作用的叠加

因而按拉普拉斯中心极限定理,水果大小的分布应能拟合于正态.

这样一种想法可以从实际观察中得到印证.如果在一大片地形条件复杂的果园中圈出一小块地(因而条件比较均匀),则实测表明,这一小块地所产果实大小的分布为正态,其均值与所圈地方有关系并随之连续变化.故也可以这样看:全部水果大小的分布,是许多"小正态分布"的混合.如果处所条件的分布也是正态,则这一混合得出正态分布.

为了形象地解释这个说法,高尔顿设计了一个别出心裁的装置,他称之为 quincunx,我们译为"正态漏斗".图 7.1 是一个示意图.顶部为一漏斗形容器.若将许多大小一样的小球倾入而打开开关,则小球从管道中逸出,每个小球首先碰到第一排的钉子 ×.该装置如此设计,使该球继续下落时,必碰到第 2 排那 2 个打 × 的钉子之一且碰到的概率都是 $\frac{1}{2}$.球继续下落时情况与上相同.在小球经过各排钉子碰撞后,落入底部隔开的一些槽内.按上述机制,若一共有 n 排钉子,则各槽内球数服从二项分布 $B(n, \frac{1}{2})$.当 n 较大时[①],它接近正态分布,如图所示.

到此为止,这个装置只不过是一个生成二项分布及二项分布逼近正态的演示器.但高尔顿对它做了一个利用,使之与我们眼前讨论的问题联系起来.他设想在此装置的中间某处 AB 将流下的小球截住,则小球将在该处聚成一个近似于正态曲线的形状,如图 7.2.现若把 AB 处的阀门打开,让小球继续其在 quincunx 中的行程,则图中每一段标黑的部分可视为一个小球的源(起着漏斗中球的作用,但出口管在黑条处).源头的大小取决于黑条的长短,越近中部越强.每一个这样的源在装置的底部形成一个"小正态分布",图 7.2 中显示了 3 个

---

①高尔顿首次在一个学术会议上出示"quincunx"是 1874 年.他做的 quincunx 中 n 很大而槽的数目在 20 个左右.这个数目已大到足以显示正态分布.

图 7.1

例子,而底部形成的"大正态分布"则是这些小正态分布的混合. 以此与种植水果的情况类比,则 AB 上各处不同的位置相当于不同的种植处所,故 AB 整个可看成一个"显著因素",底部形成的正态分布,则表明:纵然有此显著因素的作用,并不影响最终结果的正态性.

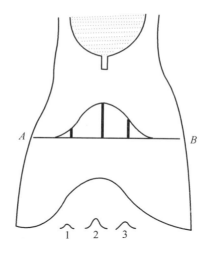

图 7.2

　　类比到人的身高(或其他性状)的遗传,则遗传这个因素相当于水果种植中的处所,quincunx 中的 AB,其不妨碍下一代该性状的正态性于是得到一种解释.

　　这个发现如果从概率论的层面上去看自属简单. 它无非是正态变量简单性质的结果. 但如果因此认为高尔顿这个发现平淡无奇,那就大错了. 其创新之处要从实用的层面去看. 第一,他把正态变量的性质创造性地用于这样一个重要现象(遗传)的解释中,合理地说明了初一看难于解释的现象. 第二,它解释了我们在第 6 章中讨论凯特勒用正态拟合作为数据同质性的判据中提到的一个事实,即为什么会发现这么多的同质数据.高尔顿这个发现表明:重要的不在于发现同质性,而是了解这一点:同质性表面的背后包含了许多"异质"的成分.

高尔顿解开前述的第 2 个困惑的关键是另一个试验.它使高尔顿发现了亲子代间性状遗传中,性状有向中心回归的现象.简言之,高个子的后代平均说来也高些,但不如其亲代那么高,要向平均身高的方向"回归"一些.说破了,我们也似乎会觉得这个现象是在生活中常见且属"理所当然"的,这还是用得着前面提及的一句老话:一个重大的发现可能在点破之前,人们长久没有想到,而一经点破,又给人理所当然之感:苹果从树上落地是因为地球有引力,这听来很在理,没有这个力如何能把苹果拉到地面上来?

1875 年,高尔顿约请了 7 位朋友帮忙,他精心挑选了 7 种大小不同的甜豌豆种子,每种 70 粒.他分给每位朋友各 7×10 粒,请他们各自去种下.到 1877 年他完成这试验的数据分析后,有了重大的发现.

其一,高尔顿考察同一大小种子的后代,其大小构成正态分布.这一点在意料中,不足为奇.使高尔顿惊奇的是他发现:这分布的方差与种子大小无关.他说,他为此感到惊奇,但这既然是事实,他就感激地将其接受下来,要是情况不如此,就难于想象问题如何能在理论上得到解决(这一点观后文自明).

其二,大(小)种子产生的子代,其平均也大(小)一些,但有往母代中心(七种大小的母代的平均)收缩的趋势,且收缩量呈线性形式.具体说,设母代平均值为 A,若某一母代的大小 $a > A$,则该母代所产生的子代平均大小 a' 也大于 A,但 $a' - A$ 只有 $a - A$ 的 $\frac{1}{3}$.

图 7.3 是卡尔·皮尔逊就高尔顿的甜豌豆试验数据配的回归直线.横轴和竖轴分别表示母代和子代豆子的直径,以 0.01 英寸为单位.圆点表示母代种子直径取某值时,其子代直径的平均值,回归线的斜率即回归系数[①],约为 $\frac{1}{3}$.

quincunx 及上述发现可用于解释亲子代分布为何能保持稳定(即两代分布相同)的机制.情况是这样的:quincunx 解释了为何子代分布能保持正态.正态分布的对称性及子代条件均值往中心做线性收缩(回归),解释了为什么子代均值与母代一样.至于子代方差,要是没有回归作用,本来是要大于母代方差的,因为固定母代值后子代还有一条件方差 σ_1^2.如没有回归,这个 σ_1^2 将是子代方差大出母代方差的部分.但由于回归使子代均值有了收缩,这相应缩小了方差,从而抵消了所增长的部分 σ_1^2.

①早先高尔顿称之为逆转系数(coefficient of reversion),后来他改用回归系数(coefficient of regression)的名称(1885 年).

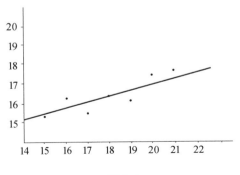

图 7.3

关于"回归"现象的机制,高尔顿也想出了一种用 quincunx 去解释的巧妙办法,即 quincunx 的上部向中心倾斜,见图 7.4.

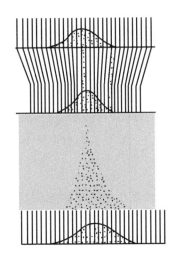

图 7.4

作为亲子代分布稳定性的试验解释,上述甜豌豆试验有其不足之处,是因为母代大小是事先选定而非自然产生的,且一共只有 7 种同样的数目(在自然状态的母体中,各种大小的母体数,按正态分布,会有所不同).因此高尔顿想要通过自然采集的人体指标数据来进一步验证上述结论.

1885 年,高尔顿以保密和给予金钱报酬为许诺,通过向社会征求的方式,获得了 205 对夫妇及他们的 928 个成年子女的身高数据.因女子身高一般低于男子,高尔顿采用把女子身高乘以 1.08 的方法"折算"成男子的身高①. 他采用"中亲"即父母平均身高作为母代变量 X,子代变量记为 Y. 高尔顿通过数据分析验证了使用中亲身高的合理性. 例如,配偶身高大体独立,子代身高只依赖父母平均身高而与(例如)父母身高差无关等.

高尔顿把 X 和 Y 的值域划分为一些区间,计数落在每一区间组合内的子代人数. 如 X 在 67.7(英寸)和 68.7 之间,Y 在 68 和 69 之间的有 34 人. 高尔顿对这样列出的数据表做了一点修饰:他把每个格子中的数据用上下左右四个格子中数据的和去取代. 高尔顿画出经修匀后的数据表上的等值线,发现它们是一些以 $(68.25,68.25)$ 为中心的同心同轴的相似椭圆. 他还发现了:

1. 这些椭圆的与横轴(子代)平行的切线,所有的切点在一通过中心的直线上,此直线对纵轴(母代)的斜率(即 $\tan\theta,\theta$ 为此直线与纵轴的夹角)为 $\frac{2}{3}$.

在给定中亲身高 y 的条件下,子代身高的条件分布方差与 y 无关,其最可能值(即众数,在假定子代条件分布为正态时,即条件均值)为与椭圆切点(图 7.5 中的点 N)的横坐标.

2. 这些椭圆的与纵轴平行的切线,所有的切点在一通过中心的直线上,此直线对横轴的斜率为 $\frac{1}{3}$.

高尔顿现在的问题,就是要找到 (X,Y) 的一个二维分布,来解释所发现的现象. 把他的假定(中亲分布和给定中亲身高时子代身高的条件分布都是正态——当然,这也可理解为是从数据中得出的结论)和上述发现结合,他已经有了:$1°\ Y\sim N(0,\sigma^2)$(用 $X-68.25$ 和 $Y-68.25$ 代替 X,Y). $2°$ 给定 $Y=y$ 时 X 的条件分布为 $N(ry,\tau^2)$(就此处数据 $r=\frac{2}{3}$),要找 (X,Y) 的分布. 高尔顿把这问题提给剑桥的数学家狄克逊,后者很快给了他二维正态的答案②. 根据以上研究(包括狄克逊的数学分析),高尔顿在 1886 年发表了关于回归的开山论文《遗传结构中向中心的回归》("Regression Towards Mediocrity in Heredity Structure"). 如今我们用二维正态密度的形式,很容易把他的发现在

①高尔顿取的 1.08 是数据中男女平均身高之比. 正如卡尔·皮尔逊指出的,应当使用男女身高的标准差之比. 但皮尔逊也指出,由于男女身高的变异系数大致相同,高尔顿的做法不会带来多大问题.

②事隔 35 年,1920 年卡尔·皮尔逊在《相关的历史注记》一文中,惊讶于为何高尔顿未直接写出密度

$$\frac{1}{\sqrt{2\pi}\sigma}\exp\left(-\frac{1}{2\sigma^2}y^2\right)\cdot\frac{1}{\sqrt{2\pi}\tau}\exp\left[-\frac{1}{2\tau^2}(x-ry)^2\right] \tag{1}$$

即直接得出二维正态密度. 对这一点现在只能猜想. 高尔顿在数学上的训练很有限,因此,也许他未能从其在图中所得总结出一个清晰的数学提法. 我们知道,在 19 世纪 80 年代,虽然二维正态的函数形式已为人所知,但是它作为实际的二维统计数据的模型并未确立.

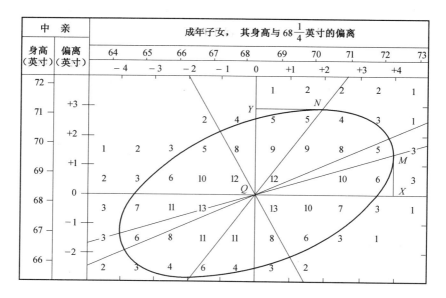

中 亲		成年子女，其身高与 $68\frac{1}{4}$ 英寸的偏离									
身高 （英寸）	偏离 （英寸）	64	65	66	67	68	69	70	71	72	73
		− 4	− 3	− 2	− 1	0	+1	+2	+3	+4	

图 7.5　高尔顿数据图上的等值椭圆及其切线

（转引自 K. Pearson：*Notes on the History of Correlation.*
图上英文说明已改为中文）

数学上解释清楚.

1. 形式（1）表明，(X, Y) 有二维正态，将其密度写为形式

$$f(x, y) = c \cdot \exp\left[-\frac{1}{2(1-\rho^2)}\left(\frac{x^2}{\sigma_x^2} - \frac{2\rho x y}{\sigma_x \sigma_y} + \frac{y^2}{\sigma_y^2}\right)\right] \tag{2}$$

其中 $\sigma_x^2 = 2\sigma_y^2$. 因为中亲相当于 $\frac{\xi + \eta}{2}$，其中 ξ, η 独立，各有方差 σ_x^2, σ_y^2. ρ 为相关系数（高尔顿文章发表时尚无这个名称）.

2. （2）的等值线为同心同轴相似椭圆.

3. 等值椭圆

$$\frac{x^2}{\sigma_x^2} - \frac{2\rho x y}{\sigma_x \sigma_y} + \frac{y^2}{\sigma_y^2} = k \quad (k > 0) \tag{3}$$

与 y 轴平行的切线，其切点坐标可如下求得：在此点有 $\frac{\mathrm{d}y}{\mathrm{d}x} = \infty$. 由（13），两边对 x 求导，有

$$\frac{2x}{\sigma_x^2} - \frac{2\rho y}{\sigma_x \sigma_y} - \frac{2\rho x}{\sigma_x \sigma_y}\frac{\mathrm{d}y}{\mathrm{d}x} + \frac{2y}{\sigma_y^2}\frac{\mathrm{d}y}{\mathrm{d}x} = 0$$

由 $\frac{\mathrm{d}y}{\mathrm{d}x} = \infty$，得

$$x = \rho \frac{\sigma_x}{\sigma_y} y \qquad\qquad (4)$$

这正是 x（子代,作为因变量）对 y 的回归方程,回归系数 $\rho \frac{\sigma_x}{\sigma_y}$ 是此回归线与 y 轴

夹角的斜率,按高尔顿的数据为 $\frac{2}{3}$.

类似地求出:等值椭圆(13)的与 x 轴平行的切线,其切点在直线

$$y = \rho \frac{\sigma_y}{\sigma_x} x \qquad\qquad (5)$$

上. 这是母代 y（作为因变量）对子代 x 的回归方程. 回归系数为 $\rho \frac{\sigma_y}{\sigma_x}$. 按高尔顿

的数据为 $\frac{1}{3}$.

此两回归系数的比值

$$\frac{\rho \dfrac{\sigma_x}{\sigma_y}}{\rho \dfrac{\sigma_y}{\sigma_x}} = \frac{\sigma_x^2}{\sigma_y^2}$$

按高尔顿的数据为 $\dfrac{\dfrac{2}{3}}{\dfrac{1}{3}} = 2$,正与 $\sigma_x^2 = 2\sigma_y^2$ 符合.

我们再用概率论的语言对高尔顿的发现做一个总结:在亲、子两代身高联合分布服从二维正态且各自的分布服从同一正态[①]（稳定性. 这是客观事实,不是数学证明的结果）的条件下,向中心回归及两代均值、方差何以能保持稳定,有了理论上的解释. 读者也许会有疑问:为何这么一个简单的数学事实被赋予如此重大的意义? 问题是:高尔顿的出发点只有两代服从同一正态分布这一观察到的事实,其他的一切都是从试验观察数据（甜豌豆、亲子身高）分析出的,且当时二维正态这模型还远未为统计学者熟悉并使用. 卡尔·皮尔逊曾在其前引 1920 年文章中对高尔顿这项工作评价说:"高尔顿能够从他的观察值中产生这一切结论,在我心目中一直是纯粹从观察值的分析中得出的最值得注意的科学发现之一."

[①]因此处母代为中亲,故分布稳定性的条件要修改为:子代身高有正态分布 $N(a,\sigma^2)$,而中亲身高有分布 $N\left(a,\dfrac{\sigma^2}{2}\right)$.

7.3 高尔顿与相关系数

现今数理统计学著作中通常都把相关系数的概念连同回归一起归功于高尔顿. 虽说这一般讲是正确的, 但还有若干需要提到的情况.

在 1888 年之前, 关于用一个单一的数值去刻画二维分布两分量的关系的程度, 在高尔顿的工作中没起什么作用. 他的著作中也未提到过诸如"相关"之类的名词. 直到 1888 年冬天, 他在分析一些人类学数据时, 注意到下述其实已包括在前面的理论中的事实: 若数据都取统计尺度, 则不仅存在着两条回归直线, 而且它们有相同的斜率 ρ. 实际上这是 (4)(5) 两式的简单推论, 因为当 $\sigma_x = \sigma_y$ (取统计尺度是使这成立的一种情况. 一般地, 只要两变量都以各自的标准差或者或然误差为单位就可以) 时, (4)(5) 分别成为 $x = \rho y$ 和 $y = \rho x$, 其斜率都是 ρ (注意这是对不同轴而言: 前者是对 y 轴的斜率, 后者则指对 x 轴的斜率). 因此, 高尔顿指出: 这个 ρ 可以作为 x, y 之间"相关紧度"(closeness of co-relation) 的数字指标. 后来他取名为"相关指数"(index of co-relation). 起初, 他坚持用 co-relation 的拼法而不用现时通行的 correlation[1], 原因是后面这个词, 指一般的相关, 在科学著作中早出现过, 但他后来改用 correlation. 他指出, 相关的存在是由于: 两个变量之值至少部分地受到一种公共原因的影响.

高尔顿在上述概念的基础上发展了一种用图形估计相关系数值的方法. 设有变量 X, Y 的一些分组数据. 先将数据中心化 (减去中位数) 标准化 (以标准差为单位), 然后对每个 X 值, 算出相应的 Y 值的中位数 $\hat{m}_X$, 得到平面上坐标系内的一些点 $(x, \hat{m}_X)$ (图 7.6 中的"。"), 然后对每个 Y 值, 计算相应的 X 值的中位数 $\hat{m}_Y$, 又得到另一些点 $(Y, \hat{m}_Y)$ (图 7.6 中的"×". 注意: 纵坐标总是中位数). 按 (4)(5), 理论上这些点应落在直线:

纵坐标 ＝ ρ · 横坐标

上. 通过原点画一条直线, 尽可能接近这些点[2], 这条线 (对横轴的) 斜率 r 就作为 X, Y 之间相关系数的估计值. 1888 年, 高尔顿使用人的 (肘长, 身高) 数据 348 个实施了这个方法, 他判断相关系数值为 0.8, 这是统计史上第一个正式发表的相关系数数字. 高尔顿一直用数据的中位数而非算术平均. 对正态而言这

---

[1] 现在通用的"相关系数"(coefficient of correlation) 一词最初由埃奇沃思于 1892 年在其论文《相关的平均值》("Correlated Averages") 中所引进. 此前, 威尔登曾使用过"高尔顿函数"这个名称.

[2] 高尔顿当时是用目测法, 他当时还未能把最小二乘法用到此处. 后来尤尔在 1897 年首先把最小二乘法与相关回归联系起来.

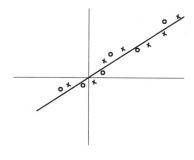

图 7.6

二者差别不大,后来埃奇沃思舍中位数而改用算术平均.

高尔顿的工作发表后相当一段时期内,学术界反应平淡.原因之一是他的这些思想和方法,是在亲子代某种性状(身高)的遗传的研究中做出的,人们怀疑它是否适用于其他性状.至于能否用于遗传以外的领域,疑问就更多,甚至高尔顿本人也曾有过这种疑问.还有,高尔顿工作初发表时,相关回归方法还远未整理成一种合用的形式.例如相关系数如何计算,其误差如何,涉及 3 个或更多变量的问题如何处理等,都是实用上重要而尚未解决的问题.

高尔顿在 1889 年出版了《自然遗传》一书,其中总结了他在这方面的工作.此后他就脱离了这个领域的研究而转向指纹学.幸好当时有几位对他的思想有理解的大学者,他们的工作发展了高尔顿的理论和方法,使之达到一个相对完美的境地.这中间主要的人物有埃奇沃思和卡尔·皮尔逊等.他们与高尔顿一样有资格被列为相关回归这个领域的奠基人.

7.4　埃奇沃思

埃奇沃思现今在概率论和统计学的知名度,主要来自他所创立的一种分布展开式——埃奇沃思展开,其实他在统计学上的主要贡献是在相关回归领域.

统计史学家斯蒂格勒认为,高尔顿、埃奇沃思与皮尔逊 3 人联手在统计学中掀起了一场革命.在这当中高尔顿是思想家,但他拙于数学且不善于从自己的创造性思想中提取出全部果实,留下了许多迷雾.而埃奇沃思是一个思想周密的理论家,在高尔顿的听众中他几乎是唯一的一个从高尔顿的语言迷雾中看清楚事情的实质所在,并有在数学上清晰表达的可能,以致最终可以将这一套方法推向宽广的应用领域.

埃奇沃思出生在爱尔兰,青年时所受教育为古典文学.1867 年进入牛津大学,2 年后毕业,以后还学过法律.在这同时他自修大学数学课程,达到很高的水平.其间他花了大量的时间与精力去研读概率论和最小二乘法理论,熟悉凯特勒和高尔顿的著作.这样的理论修养在当时的英国统计学界也算是比较突出的.

　　埃奇沃思早期的统计学工作集中在一个问题:如何将在正态误差论中建立的一套方法移植于社会统计问题.他在这方面理论上的代表作是发表于 1885 年的两篇文章,其一题为《统计学方法》,另一篇题为《观测数据与统计数据》,已在第 5 章中提及过.埃奇沃思在文章中的提法帮助我们了解问题症结之所在,即 19 世纪的学者对于下述两类数据可否用同一种方法去处理有怀疑:一类是对一个对象 a 的重复观测值,另一类是对一些个体各自的观测值.埃奇沃思的功绩在于对此做了肯定的答复,其代表性的例子是:设有两个(样本)均值 $\bar{x}, \bar{y}$,其标准差分别为 s_x, s_y.他用 $\dfrac{\bar{x}-\bar{y}}{(s_x^2+s_y^2)^{\frac{1}{2}}}$ 是标准正态分布的命题去计算其或然误差,通过这个方法把概率分析引进到社会数据的比较中.这种观点后来日渐被学界所接受,这对概率分析法(统计推断法)渗入到社会统计问题中去起了很大的作用.在如今我们学习数理统计学时,把这一切看得很简单:只要认定数据是从某一总体(如正态总体)中抽出,则适用该总体之下的统计方法,而没有想到这背后还有一些实际的考虑,曾困惑了好几代的学者.

　　埃奇沃思对相关回归的主要贡献包含在他 1892 年写的《相关的平均值》一文中,其后几年他还发表了几篇有关的文章,但主要是对此文的进一步发挥而非创新.

　　在上述论文中,他给了回归一个数学式的、与遗传无关的意义.本来,高尔顿研究中出现的回归线也正是一种条件期望,可因为整个研究重点在其遗传的一面,这一点未能作为一个独立的要素突出出来.现在埃奇沃思的提法则超脱了变量的实际含义,成为一个纯数学定义.这当然为回归方法应用于广泛的领域打开了门径.

　　为实现这个定义,埃奇沃思先引进一般维数的正态分布.用现今的记号,若 m 维变量 $(X_1,\cdots,X_m)$ 有概率密度(他一开始就把期望取为 0)

$$f(x_1,\cdots,x_m)=c \cdot \exp(-\boldsymbol{x}'\boldsymbol{A}\boldsymbol{x}), \boldsymbol{x}=(x_1,\cdots,x_m)' \tag{6}$$

则称为 m 维正态,这里 $\boldsymbol{A}=(a_{ij})$ 为 m 维正定方阵.埃奇沃思想要通过 $x_1,\cdots,x_m$ 的 2 阶矩表出 a_{ij},他在 $m=3$ 时得出了答案并认为这对一般 m 也成立[第 5 章式 (15)],后来由卡尔·皮尔逊在 1896 年给出严格的证明.

　　埃奇沃思推导条件期望 $E(X_1 \mid X_2=x_2,\cdots,X_m=x_m)$ 的方法很别致.首先,X_1 的条件分布密度是

$$f(x_1 \mid x_2,\cdots,x_m)=\frac{c \cdot \exp(-\boldsymbol{x}'\boldsymbol{A}\boldsymbol{x})}{g(x_2,\cdots,x_m)} \tag{7}$$

其中 g 是 $(X_2, \cdots, X_m)$ 的密度. 埃奇沃思看出 $f(x_1 \mid x_2, \cdots, x_m)$ 对 x_1 而言仍是正态密度, 因此, 这条件密度取最大值之点, 就是所求的条件期望. 注意到式 (7) 中的 g 与 x_1 无关, 这无异乎要求函数 $x'Ax$ 作为 x_1 的函数的最大值点 $[(x_2, \cdots, x_m)$ 固定$]$. $x'Ax$ 与 x_1 有关的部分是

$$h(x_1) = a_{11}x_1^2 + \sum_{i=2}^{m} 2a_{1i}x_1 x_i$$

令 $h'(x_1) = 0$, 解出

$$x_1 = -a_{11}^{-1} \sum_{i=2}^{m} a_{1i}x_i \qquad (8)$$

此式右边就是 $E(X_1 \mid X_2 = x_2, \cdots, X_m = x_m)$, 而上式就是以 X_1 为因变量、$X_2, \cdots, X_m$ 为自变量的回归方程 $[$若各变量期望不设为 0, 在式 (8) 中以 $x_i - E(X_i)$ 代替 $x_i]$. 1896 年卡尔·皮尔逊通过各变量的标准差和相关系数写出 (8), 即我们现在习见的形式.

埃奇沃思的另一个重要贡献, 是给出了样本相关系数的公式, 就是现在我们习见的那种形式. 他的推理基于高尔顿的基本结果: 若 X, Y 期望为 0 且标准差相同, 则回归方程 $y = \rho x$ 的系数 ρ, 就是 X, Y 之间的相关系数.

现设有数据 $(x_i, y_i), 1 \leqslant i \leqslant n$. 将其中心化标准化

$$x_i' = \frac{x_i - \bar{x}}{s_x}, y_i' = \frac{y_i - \bar{y}}{s_y}, 1 \leqslant i \leqslant n$$

此处

$$s_x^2 = \sum_{i=1}^{n} (x_i - \bar{x})^2$$

$$s_y^2 = \sum_{i=1}^{n} (y_i - \bar{y})^2$$

则对每个 $i, \dfrac{y_i'}{x_i'}$ 都是 ρ 的一个估值. 在高尔顿的研究成果中, 已知给定 X 值 Y 的条件方差为 $1 - \rho^2$, 故 $\dfrac{y_i'}{x_i'}$ 的条件方差为 $\dfrac{1-\rho^2}{x_i'^2}$. 因此, 若取 $\dfrac{y_i'}{x_i'}$ $(1 \leqslant i \leqslant n)$ 的加权和作为 ρ 的估计, 则 $\dfrac{y_i'}{x_i'}$ 的权应取为 $x_i'^2$, 于是得 (注意 $\sum_{i=1}^{n} x_i'^2 = 1$, 权数和为 1) 估计量

$$r = \frac{\sum_{i=1}^{n} x_i'^2 y_i'}{x_i'} = \sum_{i=1}^{n} x_i' y_i' \qquad (9)$$

再以 x_i', y_i' 之值代回, 得到习见的形式

$$r = \frac{\sum_{i=1}^{n}(x_i - \bar{x})(y_i - \bar{y})}{\sqrt{\sum_{i=1}^{n}(x_i - \bar{x})^2 \cdot \sum_{i=1}^{n}(y_i - \bar{y})^2}} \qquad (10)$$

他还在这基础上,使用与上述类似的方法,导出 r 的标准差的表达式 $\left(\frac{1-\rho^2}{n}\right)^{\frac{1}{2}}$(这个结果有误,正确值为 $\frac{1-\rho^2}{\sqrt{n}}$.

可惜的是,埃奇沃思这些成就后来基本上湮没无闻. 教科书上如今一般都把这些结果归于卡尔·皮尔逊的名下. 这是因为埃奇沃思不长于用数学清晰表达其想法,所用的记号笨重,因而他的文章很难被人理解. 如在上述公式(10)的推导中,就颇有些含糊之处(上面的推导过程经过梳理). 埃奇沃思未能在广泛的实际问题中使用这些公式,他疏于亲自做观察收集数据,而使用他人(如高尔顿)的数据做些计算. 相反,皮尔逊在数学表述上清晰,且在1896年的一篇论文中对当时已知的一切做了很好的综合和整理,成为早期回归理论中的标准文献. 当然,卡尔·皮尔逊在统计学界的巨大声望也是一个重要的因素.

卡尔·皮尔逊的儿子埃贡·皮尔逊曾写过一篇题为《1885—1920年间数理统计学的发展》的文章,其中对"像一个有埃奇沃思这样的天才的人"竟然"对数理统计学的主流发展影响如此之小",表示了惋惜之情,他也分析了其原因所在:

1. 他的方法中涉及逆概率的使用,这是其他人当时不能接受的.

2. 他在表述上流于晦涩,对数学家缺乏吸引力.

3. 他未能建立自己的学派,吸引一些学生沿着自己的方向做工作.

4. 他未能把努力集中于任何特定的应用领域,也未能使人相信他提出的方法确实获得了有价值的结果.

应该说,埃贡的分析基本上是中肯的,他提出了一个有为的科学家值得借鉴的问题:如何"推销"自己的成果并使其具有显示度. 另一方面也应当指出,现今的统计史家对埃奇沃思的贡献已给了他应得的评价,历史终究不会埋没一个确有贡献的人.

7.5 皮尔逊和尤尔

卡尔·皮尔逊1879年在剑桥大学国王学院获得数学学位,以后几年间曾对德国史、物理学和科学哲学感兴趣. 1884年成为伦敦大学应用数学教授. 他是公认的现代统计学奠基人之一,在统计学上有多方面的贡献. 相关回归是其中的一个重要方面．他在数理统计学上的贡献除研究成果外还有培养人才．他在伦敦大学学院主持"高尔顿实验室"多年，在 20 世纪前期该实验室是国际上一个主要的统计学研究教学中心，许多在统计史上大名鼎鼎的人物都在那里学习或工作过，这包括发现 t 分布的戈塞特（Student），假设检验和置信区间理论的奠基者耐曼和埃贡·皮尔逊，对回归分析做出过重大贡献同时也是时间序列分析的奠基者之一的尤尔等．费歇尔在进入统计学研究工作之前曾研读过皮尔逊的系列论文《数学用于进化论》，在这个意义上可以说他是费歇尔的入门导师．虽说二人后来在学术观点上时有分歧，但在 1915 年之前二人曾保持良好关系且在有关相关系数分布问题的研究上，有过一定程度的合作关系．

皮尔逊早期（1892 年前）的科研教学活动涉及许多方面，但统计学在其中只是次要的．他在晚年的回忆中将他的兴趣转向到统计学一事归功于高尔顿及著作《自然遗传》．但据文献记载，他起初其实对高尔顿的工作反应冷淡，说他个人并不觉得将高尔顿关于身高的遗传的结果用于所有的遗传问题是合适的，认为将精确科学（如数学）用于描述性科学（如遗传学和经济学之类）有着相当的危险．斯蒂格勒认为，促使皮尔逊注意高尔顿的工作并因此将他引向统计学方向的关键人物，是埃奇沃思．

卡尔·皮尔逊在相关回归方面的早期（1898 年前）贡献可归纳为以下 3 个方面：

首先，他对当时已有但表述含混不清的结果做了一个系统的综合和整理．这一工作不能单纯看成是复述，因为当时尚在理论的草创时期，不明确的东西很多．一个例子是前面论及的由埃奇沃思首先提出的关于多维正态及一般回归函数的定义问题．在这种整理中也包含了发展．例如，皮尔逊在 1898 年的一篇文章中，证明了线性回归（8）具有如下的性质：在 $X_2,\cdots,X_m$ 的一切线性组合中，唯有（8）右边与 X_1 有最大的相关系数（现在我们把这叫作 X_1 对（$X_2,\cdots,X_m$）的复（全）相关系数，故卡尔·皮尔逊可被认为是这个概念的引人者）．

其次，他用极大似然法对相关系数的估计问题做了一个新的处理．他从一个期望为 0 的 2 维正态密度

$$(2\pi\sigma_1\sigma_2\sqrt{1-\rho^2})^{-1}\exp\left[-\frac{1}{2(1-\rho^2)}\left(\frac{x^2}{\sigma_1^2}-\frac{2\rho xy}{\sigma_1\sigma_2}+\frac{y^2}{\sigma_2^2}\right)\right]\equiv f(x,y) \quad (11)$$

出发，ρ 就是要估计的相关系数，σ_1^2,σ_2^2 分别是 x,y 的方差．设有样本 (x_i,y_i)，$1\leqslant i\leqslant n$．计算 $f(x_i,y_i)$ 并对 $i=1,\cdots,n$ 相乘，近似地认为 $\dfrac{\sum_{i=1}^n x_i^2}{n}=\sigma_1^2$，

$\dfrac{\sum_{i=1}^n y_i^2}{n}=\sigma_2^2$（在皮尔逊心目中，样本量 n 总是很大，所以认为取这种近似从实际

135

角度看没有问题). 由(11) 得

$$\prod_{i=1}^{n} f(x_i, y_i) = c \cdot (1-\rho^2)^{-\frac{n}{2}} \exp\left(-\frac{n(1-\lambda\rho)}{1-\rho^2}\right) \tag{12}$$

这里 c 和 $\lambda = \dfrac{\sum\limits_{i=1}^{n} x_i y_i}{n\sigma_1\sigma_2}$ 都与 ρ 无关. 此式对 ρ 求极大值, 简单计算得出极大值点为

$\rho = \lambda$. 把 λ 表达式中的 σ_1 和 σ_2 分别用 $\left(\dfrac{\sum\limits_{i=1}^{n} x_i^2}{n}\right)^{\frac{1}{2}}$ 和 $\left(\dfrac{\sum\limits_{i=1}^{n} y_i^2}{n}\right)^{\frac{1}{2}}$ 代替. 然后, 对一

般均值不必为 0 的情况, 用 $x_i - \bar{x}$ 和 $y_i - \bar{y}$ 代替 x_i, y_i, 得到相关系数 ρ 的估计

如式(10) 所示. 他还得出样本相关系数 r 标准差[①]表达式 $\dfrac{1-\rho^2}{\sqrt{n(1+\rho^2)}}$, 这有错

误, 后来他在 1898 年纠正了这个错误(前引文章), 得到正确表达式为 $\dfrac{1-\rho^2}{\sqrt{n}}$(这

也是 n 很大时的渐近表达式).

式(10) 定义的 r 现称为(相关系数的) 皮尔逊乘积估计. 虽然它形式上是从极大似然的想法而来, 实际上皮尔逊是从贝叶斯的观点把(12) 看成是 ρ 的后验

密度出发. 当然我们注意到推理中的许多不严谨之处, 例如用 $\dfrac{\sum\limits_{i=1}^{n} x_i^2}{n}$ 和 $\dfrac{\sum\limits_{i=1}^{n} y_i^2}{n}$ 取

代 σ_1^2 和 σ_2^2, 以及求出解后再做这种取代等, 又先令期望为 0 事后用 $x_i - \bar{x}$ 和 y_i $- \bar{y}$ 取代 x_i 和 y_i, 在数学上也不合理. 这问题的严格处理应当是把表达式

$$\prod_{i=1}^{n} \left\{ (2\pi\sigma_1\sigma_2\sqrt{1-\rho^2})^{-1} \exp\left[-\frac{1}{2(1-\rho^2)}\left(\frac{(x_i-a)^2}{\sigma_1^2}-\right.\right.\right.$$
$$\left.\left.\left.\frac{2\rho(x_i-a)(y_i-b)}{\sigma_1\sigma_2} + \frac{(y_i-b)^2}{\sigma_2^2}\right)\right]\right\}$$

中的 a, b, σ_1, σ_2 和 ρ 看作未知参数而对它们求极值点. 可以证明(见 C. R. Rao, *Linear Statistical Inference*, p.529 ~ 531), 对 ρ 而言结果与前无异.

卡尔·皮尔逊的相关系数乘积矩估计 r 与埃奇沃思给出的无异, 后者在时间上早了 4 年, 可惜的是埃奇沃思的结果后来湮没无闻. 这个情况我们在前面已指出过了.

皮尔逊的估计也是一种矩估计. 在他用上述方法导出估计 r 时, 他已发明了矩估计法. 因此我们不禁会产生一个问题: 他为何不在这个问题上使用自己

[①]前面我们曾提到过, 以往一直用"模"来衡量误差大小, 它是方差的 2 倍. 这与早先常将正态密度写为 $c \cdot \exp\left(-\dfrac{x^2}{h}\right)$ 的形式有关. 方差和标准差的称呼是卡尔·皮尔逊在 1893 年引进的.

的矩法,而要用一种他自己也不甚赞同的方法[1] —— 贝叶斯法来处理这个问题?现在我们自然无法对此做可靠的回答.猜想的一种可能情况是:皮尔逊当时发明的矩法,是针对一项特殊应用(见第 5 章),它不是作为"第一原则"(first principle)而提出,而是作为最小二乘法在这个特例下的派生物.料想包括他自己在内的当时的学者都并未把它看成一个可普遍使用的方法.例如,费歇尔在 1912 年关于极大似然估计的论文中就批评过矩法,认为其缺乏理论上的根据(A choice has been made without theoretical justification).其实,我们现在知道,矩法的根据在于大数律.大数律在当时是人们周知的,为何当时的学者(如费歇尔)没有考虑这个角度,也是一件有些令人困惑的事情.

再次,皮尔逊大量地将这些方法使用到生物测量数据,对将这一方法推向广泛的应用领域起了极大的作用,这一点的意义绝不可小视.

当时有一位生物学家兼统计学家威尔登(W. F. R. Weldon),与高尔顿、埃奇沃思和皮尔逊等人都保持密切的关系.他对高尔顿的发现极感兴趣,是相关方法早期发展的有贡献的一位学者.皮尔逊 1920 年在其《相关的历史注记》一文中写道:"高尔顿《自然遗传》一书的出版为相关领域至少召来了 3 个人:威尔登、埃奇沃思和我自己."他还多次提到威尔登是他早年工作的有力的激励者.威尔登自 1889 年起在普利茅斯测量虾的各器官数据,后来又扩大到蟹,算了大量的相关系数,其中有 5 种虾 22 对器官的相关值(采用图示法),其目的是想证明给定的一对器官度量之间的相关与品种无关.皮尔逊用自己的公式重新做了计算并用其或然误差的公式估计其误差.他说明:威尔登提供的这些数据是促使他研究 r 的或然误差的动力.

总体为正态[2]保证了回归的线性.皮尔逊在处理各种数据时会碰到回归并非线性的情况,由此推出数据所来自的母体并非正态的.这使皮尔逊提出问题:找出尽可能广泛的一类偏态曲面能描述这类数据.他在这个问题的一元情况上的成功自然很可能是他提出这个问题的一个动力并相信问题能有适当的解决.皮尔逊沿袭他在处理一维问题时的做法导出曲面所满足的微分方程.但如他自己 1920 年时所说:"我得到了这些系统的微分方程,但在以后长达 25 年的时间内,虽然我不时地回到这些方程,但未能成功地找到其解."

---

[1] 皮尔逊一生不认同贝叶斯方法.1916 年,他在一篇关于样本相关系数的论文中,指责费歇尔 1915 年发表的关于样本相关系数精确分布的论文用了贝叶斯先验分布.费歇尔对此进行了反驳.这是二人关系紧张的开始.

[2] 多元分布的"正"态看上去不像在一元情况下那么一目了然,因为在 $c \cdot \exp(-x'Ax)$ 中当 A 不为对角形时,密度曲面从既有的坐标系看上去是"偏"的.可是如果将坐标轴正交地旋转到分布的主轴,则站在新坐标系的角度看"正"态性变得一目了然.这在数学上讲不过是找一个正交方阵 P,使 $P'AP$ 为对角阵.布拉瓦依斯在其 1846 年的工作中已注意到此问题并解决了 2 维的情况,一般情况是卡尔·皮尔逊在 1901 年解决的.

从我们现今的观点看,皮尔逊在这个问题上的挫折有其必然性.只要看看在一维的情况(那里事情当然简单得多),虽则皮尔逊曲线族不失为一个巨大的成功,但用这种非自然的方式产生的曲线终究未能为处理偏态数据提供一个合用的工具.在高维的情况成功率自然更小.实际上,回顾几十年来多元统计分析的发展,人们不禁会有这样的感喟:它终究没有能超出多元正态这个樊篱[①].

这里就接上皮尔逊的学生尤尔了.尤尔正是从对这个问题的考虑入手,采取了皮尔逊不同的想法,对回归分析做了重大的推进,圆满地结束了相关回归这个领域的"Mark I"(埃贡·皮尔逊语,见后)这一章.

尤尔全名为乔治·尤德尼·尤尔(George Udny Yule,1871—1951),出生在英格兰哈丁顿附近一个富有文学和政治传统的世家.16岁时入伦敦大学学院学习工程.他好像并不太热心这一行,于是在1890—1892年去波恩向赫兹学习无线电物理.当他1893年返回伦敦时,皮尔逊给了他一个助手职位.他起初的意向是研习应用数学,但和皮尔逊这一工作关系使他在1895年成为一位统计学家.他也在这年被纳为英国皇家统计学会会员,1922年成为皇家学会会员.

尤尔的工作起初是在卡尔·皮尔逊的影响之下.例如,在有关"皮尔逊曲线族"的工作中他曾在提供实地数据(多是社会性的,这一点意义很大.皮尔逊惯常使用的是遗传学方面的数据,这可能多少妨碍了科学界对他的工作的理解)方面提供过帮助,但很快他就开始走自己的路.这主要表现在以下两个方面.首先,尤尔把注意力集中在回归关系本身上面,而皮尔逊则执着于这一点:研究相关变量必须与"相关曲面"(即密度曲面)相联系,而不能仅着眼于回归关系.其次,这一看法使尤尔实现了把相关回归这档子事情与最小二乘法联系起来,填补了理论中的这个重要的缺口.

尤尔在1896年发现并告知了皮尔逊下面的结果(仍设变量有期望0):若已知回归[即$E(Y\mid X)$]有直线形式,则其形式不论(X,Y)服从正态与否都是$y=\left(\rho\dfrac{\sigma_y}{\sigma_x}\right)x$.在实际问题中,可能出现数据呈偏态而回归则是接近线性者,这时在正态情况下发展的方法(如皮尔逊的乘积矩估计)可照用不误,这就扩大了应用范围.有意义的是:在尤尔关心的社会统计领域,这种情况甚多.尤尔这个结果曾被皮尔逊作为一个注解收进他的一篇文章(对优先权做了声明),但从他给尤尔的信中看出,皮尔逊并不认为这有多大意义,他仍认为主要问题在于发现

[①]这话当然只能有条件地去理解.例如,晚近兴起的离散多元分析及多元非参数统计,自不臣属于正态王国.这里的意思是:与一元分析中有众多起作用的分布的局面相比,在多元分析中未能出现一个有较大作用的非正态分布.

作为背景的偏态分布.

尤尔这个结果还可以往前推进一步:即使回归是曲线的但如我们想用一条直线来近似地代替它,则这条直线,如果用最小二乘准则,仍如上述一样.这相当于找出常数 a,b 使 $E(Y-a-bX)^2$ 最小,结果易得出为 $a=0,b=\rho\frac{\sigma_y}{\sigma_x}$.这个想法使他把相关回归与最小二乘法接上关系,具体如下(我们按习惯调换了原文中 x 和 y 的地位):设在自变量 x_i 处做了 n_i 次观察得 $y_{i1},\cdots,y_{in}$[①].以 $\bar{y}_i$ 记后者的算术平均,σ_i^2 记 $\dfrac{\sum\limits_{j=1}^{n_i}(y_{ij}-\bar{y}_i)^2}{n_i}$.尤尔要用 $a+bx_i$ 来近似 $\bar{y}_i$.记

$$d_i=\bar{y}_i-(a+bx_i),i=1,\cdots,N$$

尤尔导出如下的分解式:

$$\sum_{j=1}^{n_i}(y_{ij}-a-bx_i)^2=n_i\sigma_i^2+n_id_i^2$$

于是有

$$\sum_{i=1}^{N}\sum_{j=1}^{n_i}(y_{ij}-a-bx_i)^2=\sum_{i=1}^{N}n_i\sigma_i^2+\sum_{i=1}^{N}n_id_i^2$$

以加权和 $W\equiv\sum\limits_{i=1}^{N}n_id_i^2$ 作为逼近的目标函数.考虑到 $\sum n_i\sigma_i^2$ 与 a,b 的选择无关,于是 a,b 的决定归结为使上式左边达到最小,这就是最小二乘解.

尤尔在上述推导中用的一个自变量对多个因变量值的形式源于当时的习惯,这当然不影响普遍性,因为在上述推导中并未限制 $n_i>1$(当然,在 $n_i=1$ 时涉及 σ_i^2 的项没有).

有些统计学家认为,卡尔·皮尔逊终其一生没有认同尤尔的这一做法.当然这不是因为他不理解其中的数学,而仍是在于曾在前面指出过的他那个观点.他在给尤尔的信中就此事写道:"在如物理学那样的精确科学中你可以有变量之间的精确关系,但是在像生物学这种描述性科学中群体内各个体指标本来就呈现一种纷乱的态势,没有单值的关系存在."这意思大致仍可回归到前面曾论述过的"观测数据"(误差)与"统计数据"之间的差异(见第5章).在精确科学中,单值的关系是其本质,不过由于测量误差的存在使这种关系"混浊"了.在描述科学中,这种混浊就是其本质所在,一个单值关系的意义有多大就成问题了.这种看法不能说全不合理,问题在于给回归函数一个恰如其分的解释.

皮尔逊与尤尔观点的分歧还可以从实际的角度做深一层的考察.在生物体

[①]或者说在分组数据(这在当时很流行)中,自变量 X 取组中值 x_i 那一行中的各个 Y 值.

中，量的关系往往没有因果意义，如身高与肘长的关系. 在那里，需要的是用一个量（相关系数）衡量指标间关联的程度，即重点在于相关分析. 如要做全局性的考察，则须回到分布上来，这就是皮尔逊重视分布的缘由. 至于尤尔，他的兴趣在于把这套方法用于社会经济问题，那里变量之间的关系往往有因果性，而重点在于在平均的层面上对现象进行解释和预测，这就是一个单值的关系很重要的缘由. 换句话说，尤尔关心的重点是回归关系而不是分布. 这还可以从他以后工作的重点得到印证. 20 世纪 20 年代以后他开创了时间序列分析，即建立在把这一套方法用到有"时间相关"的数据分析上，其中的重要节目是自回归. 可见这种"在混乱中建立关系"一直是他关注的主要之点.

尤尔早期关于相关回归的著作，有一部分是紧密结合社会经济问题的分析，如贫困问题. 重要的理论性著作有《相关论》，发表于 1897 年，其主要之点是上文已交代的与最小二乘法的结合，以及对这套工具采取一种更宽广的观点，即由仅针对生物学拓展到社会经济问题. 此文中还引进了偏相关系数与复相关系数. 前者他称为"净相关系数"（net coefficient of correlation），后者他称为"重相关系数"（coefficient of double correlation）. 另一篇值得注意的论文是《用新记号系统处理的多变量相关理论》，发表于 1907 年，其中引进了一套新的多元相关回归分析记号. 在以后几十年中被奉为标准. 此前由于记号的混乱曾引起不少误解，并在一定程度上阻碍了方法的普及应用.

总之，皮尔逊在数学上给这套工具做了一个清晰的整理并推广了其在生物学中的应用，尤尔则解除了皮尔逊所加的"分布约束"，阐明了与最小二乘法的关系并将其应用拓展到社会经济领域，这样给相关回归的创始阶段画上了一个圆满的句号. 尔后的发展又上了一个台阶，其主角是费歇尔，方向则是小样本. 这个内容将留做下一章的主题.

小样本:统计学的新台阶

无大不成小.有小样本就必有大样本.但在数理统计学史上,是"小样本"(理论,方法)出现在后,命名却在前;相反,"大样本"出现在前,命名却在后.原因在于:在 20 世纪初以前,或更具体说在 1908 年以前,统计学的主要用武之地先是社会统计(尤其是人口统计)问题,后来加入生物统计问题.这些问题中的数据一般都是大量的、自然采集的.所用的方法,以拉普拉斯中心极限定理为依据,总是归结到正态.说得过头一点,一句话:统计问题是大样本的,无须命名.这种统计学的压阵大将是卡尔·皮尔逊.

到了 20 世纪,在人工控制的试验条件下所得数据的统计分析问题,日渐引人注意.由于试验数据量一般不大,那种依赖于近似正态分布的传统方法,开始招致疑问,并促使人们研究这种情况下正确的统计方法的问题.这个方向上的先驱是戈塞特,主力是费歇尔,他们的主要建树将在下面介绍.

本章讨论的内容,属于小样本(理论,方法)的一个狭义的理解,即涉及求统计量的精确分布问题.更一般的理解是:任何一个统计方法,如果它在定义中未涉及要求样本量$n \to \infty$的成分(如利用统计量的极限分布来确定置信区间),或某个统计方法的一项性质其定义中未涉及要求$n \to \infty$,则这一方法和性质是小样本的.照这样说,分界线在于$n \to \infty$与否而非n的具体大小.不过在"小样本"这个名词建立之初,这个"小"字还是按其字面意义理解的.但究竟要多小才能算"小",统计学家也心中无数(对许多统计问题,今日的统计学家也还是心中无数).戈塞特1908年的开山之作,就是要在一个特定的问题中把这个大小的界限划清楚.

20世纪前30年,确定正态样本统计量精确分布的工作取得了长足的进展,一时情况极为乐观.不过经过这轮工作也看出,正态以外的情况断不可能有可比的进展,而随着统计应用面的拓展,人们也越来越不可能老株守在这一个模型上.于是只好把当年那一套依赖正态逼近的方法再拿出来,以备不时之需.这时大样本方法就不一定是针对"大"样本了,而往往成了一个身不由己的选择.这不是说白话.现今在实际中使用的大样本方法为数众多,如果去问一位统计学专家,某法需要多少样本才能放心使用,多半得不到明确的答复,因为在多数情况下谁也不清楚.但其中一些常用方法,经过长久使用,人们也积累了一些经验,可以作为参考.

这样经过一番"否定之否定",我们又有了大样本统计,而这次是在$n \to \infty$的意义上.由戈塞特、费歇尔为主将掀起的这场"小样本革命",看来其净效果是大大提升了正态分布在统计学中的地位,并把那些原本不需要用皮尔逊式大样本方法处理的问题分离出来,可并未能取代大样本.相反,大样本方法的地位,从近50年发展情况看,只能说是强化了.这一则是实际的需要,二则是理论手段加强提供的可能性,即近几十年来概率极限理论的巨大发展.

这个发展还产生了一个后果,即数理统计学理论研究中脱离应用实际倾向的增加.虽不好做绝对的比较,可以说,一般讲小样本性质的问题往往较难,许多甚至无解.例如据瓦尔德的"统计决策理论"所提供的许多优良性准则下的最优解,有的不存在,有的只在很简单的情况下才好着手.而大样本理论因涉及取极限,总的说问题好着手一些 —— 当然,也不是说都很好解决.于是几十年来,属于大样本性质的研究论文呈指数增加,其中多数是既毫无实用意义,又在表述上烦冗晦涩,缺乏数学美.这种现象已引起国际上一些知名统计学家的忧虑,并针对此提出了一些对策.

本章的目的有限:一是有关相关回归分析中一些重要的统计量,其精确分布的发展的历史情况,这个内容可视为上一章内容的继续;二是统计学中两个很重要的分布 ——t分布和F分布产生的历史情况.至于另一个重要分

布——χ^2 分布,则此前已从好几个途径引进过了,如它是皮尔逊 3 型分布,皮泽蒂在求线性模型最小二乘估计残差平方和的分布时也导出过它. 历史上最早引进这个分布的是物理学家麦克斯韦. 他先导出气体分子运动速度在一个轴上的投影服从正态分布(均值 0),然后在 3 个(正交)轴上速度投影独立的前提下,证明了速度 v 的模的平方 $\|v\|^2$ 服从自由度 3 的 x^2 分布(略去一乘数因子不计). 在 2 维情况,这个分布也曾以向平面靶射击时着弹点与靶心距离平方的分布而导出. 稍晚些,物理学家玻耳兹曼曾在 1878 年和 1881 年分别引进过 2 维和一般 a(a 不必为整数)维的 χ^2 分布. χ^2 分布在统计数据分析中最初的重要应用,当然是卡尔·皮尔逊 1900 年的 χ^2 拟合优度检验,这将在下章中细谈.

8.1　戈塞特和 t 分布[①]

戈塞特,其笔名 Student 比他的真名更为人所知. 耐曼曾指出,许多统计学家在戈塞特于 1937 年去世后,尚不知他就是 Student. 因此我们也从众,在下文中用 Student 来称呼他.

戈塞特 1876 年出生于坎特伯雷. 他曾在温彻斯特大学和牛津大学就读. 1899 年作为一名酿酒师进入爱尔兰的都柏林一家啤酒厂工作,在那里他涉及有关酿造过程的数据处理问题. 1906 年到 1907 年他有 1 年的时间去皮尔逊那里学习和研究统计学. 他着重关心的是由人为试验下所得的少量数据的统计分析问题,在当时这是一个全新的课题. 因为如前面曾指出的,当时统计学中占主导地位的卡尔·皮尔逊学派强调的是由自然观察得来的大量数据的统计处理.

这一研究的成果,就是前面曾多次提到过的那篇使他名垂统计史册的论文《均值的或然误差》(以下简称《均》),发表于 1908 年的《生物计量》杂志上. 如现在所周知的,他在该文中提出了如下的结果:设 $x_1,\cdots,x_n$ 是取自正态分布 $N(a,\sigma^2)$ 的随机样本,a 和 σ 都未知. 记

$$\bar{x} = \frac{\sum_{i=1}^{n} x_i}{n}$$

$$s = \left[\frac{\sum_{i=1}^{n} (x_i - \bar{x})^2}{n-1} \right]^{\frac{1}{2}}$$

[①]早期统计文献习惯用"Student 分布"这个称呼. 用 t 表示 Student 的统计量,大概始于 1924 年费歇尔的文章.

则 $\dfrac{\sqrt{n}\,(\overline{x}-a)}{s}$ 服从自由度为 $n-1$ 的 t 分布 t_{n-1}[①].

《均》文一开头有一段很长的导言，说明他考虑这个问题的动因，大略是：众所周知，当样本量很大时，基于正态（即认 $\dfrac{\overline{x}}{s}$ 为正态分布——本书作者注）的方法是可信的，但没有人很清楚地告诉过我们：样本量的"大"和"小"的界限在哪里，而本文的目的是定出这样一个界限. 正文的主要内容有：推导出 $\dfrac{\overline{x}}{s}$ 的分布；计算出其标准差为 $\dfrac{1}{\sqrt{n-3}}$ 及峰度系数为 $3+\dfrac{2}{n-5}$（应为 $3+\dfrac{6}{n-5}$. 又：t_{n-1} 的标准差为 $\sqrt{\dfrac{n-1}{n-3}}$. 我们要记住 Student 讨论的 $\dfrac{\overline{x}}{s}$ 与 t_{n-1} 的差别）；计算了一个小型的（$\dfrac{\overline{x}}{s}$ 的）分布表如下所示，最后给了几个实用例子：

$z\left(=\dfrac{x}{8}\right)$	$n=4$	$n=5$	$n=6$	$n=7$	$n=8$	$n=9$	$n=10$	$\dfrac{\sqrt{7}}{\sqrt{2\pi}}\displaystyle\int_{-\infty}^{x}\mathrm{e}^{-\frac{7x^2}{2}}\mathrm{d}x$
0.1	0.563 3	0.574 5	0.584 1	0.592 8	0.600 6	0.607 87	0.614 62	0.604 11
0.2	0.624 1	0.645 8	0.663 4	0.679 8	0.693 6	0.707 05	0.718 46	0.701 59
0.3	0.680 4	0.709 6	0.734 0	0.754 9	0.773 3	0.789 61	0.804 23	0.786 41
0.4	0.730 9	0.765 7	0.793 9	0.817 5	0.837 6	0.854 65	0.869 70	0.855 20
0.5	0.774 9	0.813 1	0.842 8	0.866 7	0.886 3	0.902 51	0.916 09	0.906 91
0.6	0.812 5	0.851 8	0.881 3	0.904 0	0.921 8	0.936 00	0.947 32	0.943 75
0.7	0.844 0	0.883 0	0.910 9	0.931 4	0.946 8	0.958 51	0.967 47	0.967 99
0.8	0.870 1	0.907 6	0.933 2	0.951 2	0.964 0	0.973 28	0.980 07	0.982 53
0.9	0.891 5	0.926 9	0.949 8	0.965 2	0.975 6	0.982 79	0.987 80	0.991 37
1.0	0.909 2	0.941 9	0.962 2	0.975 1	0.983 4	0.988 90	0.992 52	0.998 20

[①] 在 Student 的原文中，他设 $a=0$（这无关宏旨）. 在他的定义中，分母是 n 而非 $n-1$. 而且他考虑的是 $\dfrac{\overline{x}}{s}$ 的分布而非 $\dfrac{\sqrt{n}\,x}{s}$ 的分布. 由于这些差异，他讨论的变量 $\dfrac{\overline{x}}{s}$ 是 t 变量 t_{n-1} 除以 $\sqrt{n-1}$，与现在我们常见的 t 分布形式有所不同，但实质当然无异.

续表

$z\left(=\dfrac{x}{8}\right)$	$n=4$	$n=5$	$n=6$	$n=7$	$n=8$	$n=9$	$n=10$	$\dfrac{\sqrt{7}}{\sqrt{2\pi}}\displaystyle\int_{-\infty}^{x}\mathrm{e}^{-\frac{7x^2}{2}}\,\mathrm{d}x$
1.1	0.923 6	0.953 7	0.971 4	0.982 1	0.988 7	0.992 80	0.995 39	0.999 26
1.2	0.935 4	0.962 8	0.978 2	0.987 0	0.992 2	0.995 28	0.997 13	0.999 71
1.3	0.945 1	0.970 0	0.983 2	0.990 5	0.994 6	0.996 88	0.998 19	0.999 86
1.4	0.953 1	0.975 6	0.987 0	0.993 0	0.996 2	0.997 91	0.998 85	0.999 89
1.5	0.959 8	0.980 0	0.989 9	0.994 8	0.997 3	0.998 59	0.999 26	0.999 99
1.6	0.965 3	0.983 6	0.992 0	0.996 1	0.998 1	0.999 03	0.999 51	
1.7	0.969 9	0.986 4	0.993 7	0.997 0	0.998 6	0.999 33	0.999 68	
1.8	0.973 7	0.988 6	0.995 0	0.997 7	0.999 0	0.999 53	0.999 78	
1.9	0.977 0	0.990 4	0.995 9	0.998 3	0.999 2	0.999 67	0.999 85	
2.0	0.979 7	0.991 9	0.996 7	0.998 6	0.999 4	0.999 76	0.999 90	
2.1	0.982 1	0.993 1	0.997 3	0.998 9	0.999 6	0.999 83	0.999 93	
2.2	0.984 1	0.994 1	0.997 8	0.999 2	0.999 7	0.999 87	0.999 95	
2.3	0.985 8	0.995 0	0.998 2	0.999 3	0.999 8	0.999 91	0.999 96	
2.4	0.987 3	0.995 7	0.998 5	0.999 5	0.999 8	0.999 93	0.999 97	
2.5	0.988 6	0.996 3	0.998 7	0.999 6	0.999 8	0.999 95	0.999 98	
2.6	0.989 8	0.996 7	0.998 9	0.999 6	0.999 9	0.999 96	0.999 99	
2.7	0.990 8	0.997 2	0.999 1	0.999 7	0.999 9	0.999 97	0.999 99	
2.8	0.991 6	0.997 5	0.999 2	0.999 8	0.999 9	0.999 98	0.999 99	
2.9	0.992 4	0.997 8	0.999 3	0.999 8	0.999 9	0.999 98	0.999 99	
3.0	0.993 1	0.998 1	0.999 4	0.999 8	—	0.999 99	—	—

表的用法是(要记住已假定总体均值为 0):例如,设 $n=7$,则

$$P\left(\frac{\overline{x}}{s}\leqslant 0.6\right)=0.904\ 0$$

最末一列是就 $n=7$ 的情况,对 $\dfrac{\overline{x}}{s}$ 的正确分布与其近似的正态分布的比较. 如就

上例,$n=7$ 时,$P\left(\dfrac{\overline{x}}{s}\leqslant 0.6\right)$ 的正确值为 0.904 0. 但若近似地认为 $\dfrac{\overline{x}}{s}\sim$

$N(0,7)$,则这个概率将是 0.943 75.

这张表的历史意义在于,它是应用上极其重要的 t 分布的第一张表. 后来 在 1917 年 Student 又对表进行了少许扩充. 限于当时的计算条件及 t 密度积分

计算的复杂性,表中的结果略有误差.Student 自己在 1923 年核验了这两个表,结论说"二者完全不行"("both perfectly rotten").按上表来比较几个值,算 $P(t_q \leqslant a)$(相当于 $n=10$):

$a=0.3$:0.614 62,正确值 0.614 51.

$a=0.6$:0.718 46,正确值 0.718 35.

$a=0.9$:0.804 23,正确值 0.804 22.

其他值的比较相当,看出误差只在 10^{-4},于应用毫无影响.今天我们面对这张表,考虑到他当年简陋的计算条件且 Student 本人并非学数学出身,能算出有这种精度的结果,可以设想他付出了多少精力及其工作态度之认真,因而不由得要表示赞赏.

现在我们来讨论一下论文《均》的核心部分,即 Student 是如何导出它的分布的.他的证明分为 3 步:

第 1 步:找 s^2 的分布.做法是:先算出 s^2 的偏度系数 $\beta_1 = \dfrac{8}{n-1}$,峰度系数 $\beta_2 = \dfrac{3(n+3)}{n-1}$,得到

$$2\beta_2 - 3\beta_1 - 6 = 0$$

据此,他推断:"s^2 的分布可望能拟合一个属于皮尔逊 3 型的分布."按矩法定出 s^2 的密度为

$$c \cdot x^{\frac{n-3}{2}} e^{\frac{-nx}{2\sigma^2}}, x > 0, c > 0 \text{ 且为常数}$$

第 2 步:证明 $\bar{x}^2$ 与 s^2 不相关.这通过计算相关系数容易得出.

第 3 步:据第 2 步,用独立变量①商的密度公式算 $Z = \dfrac{\bar{x}}{s}$ 的密度.由于 $\bar{x}, s$ 的密度都已知悉,这个计算不难.

如今,粗通概率统计的人也能指出 Student 推导中的漏洞之所在.最早注意到这个问题的是费歇尔,他于 1912 年与他的一位天文学家老师谈到这个问题.后者正好认识 Student,因而建议费歇尔直接与 Student 联系,这样就开始了两人的通信及长达二十余年的友谊.Student 开始对费歇尔的论点有所犹疑并曾为此事写信与卡尔·皮尔逊商量.在费歇尔致 Student 的第 3 封信中他给出了完整的证明并显然已使 Student 相信.不过,费歇尔的证明迟至 1925 年才正式发表.

这个插曲的一个重大的历史结果是,费歇尔因此发展了其"n 维几何"的方

---

①显然,在当时 Student 必定还不明白"不相关"与"独立"不是一回事,虽然在这里二者碰巧是一致的.对这一点不能苛责于他.大家如卡尔·皮尔逊,甚至到 20 世纪 20 年代对此尚未明确.《耐曼——现代统计学家》一书第 83 页讲了一段与此有关的故事.

法,他发现这在正态样本统计量的抽样分布中,是一个极有力的方法.沿用这个方法,费歇尔获得了一些在应用上极重要的统计量的精确分布,它促成了统计学的"Mark Ⅱ"阶段的加速到来,其意义十分重大.

费歇尔的"n维几何"法就是把样本$(x_1,\cdots,x_n)$看成n维欧氏空间$\mathbf{R}^n$中的一点.这点落在一个元区域内的概率就是分布的概率元.如在本例,要求$\bar{x}$与s的联合分布(仍设总体均值为0),则要设法找出在$\mathbf{R}^n$中,集合

$$\{(x_1,\cdots,x_n):\xi_0\leqslant\xi\leqslant\xi_0+\Delta\xi_0,\eta_0\leqslant\eta\leqslant\eta_0+\Delta\eta_0\} \tag{1}$$

是怎样一个形状,这里

$$\xi=\sqrt{n}\,\bar{x}\,,\eta=\sqrt{\sum_{i=1}^{n}(x_i-\bar{x})^2}$$

在$\mathbf{R}^n$中过原点与ξ_0作一条射线OB,ξ_0为点$(\bar{x},\bar{x},\cdots,\bar{x})$.图8.1表示$n=3$的情况.图中的$M$是$\xi_0$,而$P$是样本点$(x_1,\cdots,x_n)$.过点$M$作$n-1$维超平面与$OM$垂直,则点$P$位于此平面上以$M$为中心,以$\eta_0=MP$为半径的超球面上,超球面的维数为$n-2$(在$n=3$时,此超球面为图中的圆周,是1维的).

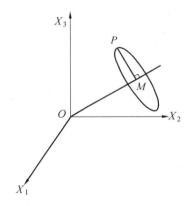

图 8.1

现如η在η_0到$\eta_0+\Delta\eta_0$内变化,则其区域相当于两球面之间的体积元,其体积为$c\eta_0^{n-2}\Delta\eta_0$.另外$\xi$在$\xi_0$到$\xi_0+\Delta\xi_0$内变化,等于说这个向度上还有一个$\Delta\xi_0$的变化幅度.由于$OM$轴与$P$所在的超平面正交,知集合(1)的体积元为

$$c\eta_0^{n-2}\Delta\xi_0\Delta\eta_0$$

而样本密度在上述体积元内(基本上)是一常数,因此

$$c\cdot\exp\left(-\frac{1}{2\sigma^2}\sum_{i=1}^{n}x_i^2\right)=c\cdot\exp\left(-\frac{1}{2\sigma^2}(n\bar{x}^2+\sum_{i=1}^{n}(x_i-\bar{x})^2)\right)=$$

$$c\cdot\exp\left(-\frac{1}{2\sigma^2}\xi_0^2\right)\cdot\exp\left(-\frac{1}{2\sigma^2}\eta_0^2\right)$$

此与上述体积元表达式结合,得出集合(1)的概率元有表达式

$$c \cdot \exp\left(-\frac{1}{2\sigma^2}\xi_0^2\right)\Delta\xi_0 \cdot \eta_0^{n-2}\exp\left(-\frac{1}{2\sigma^2}\eta_0^2\right)$$

这一举证明了 $\sqrt{n}\,\bar{x}$ 与 s 独立，前者有正态分布 $N(0,\sigma^2)$ 而后者有皮尔逊 3 型分布 $cs^{n-2}\mathrm{e}^{-\frac{ns^2}{2\sigma^2}}$（仍以 $\dfrac{\eta}{\sqrt{n}}$ 作为 s 的定义）. 与 Student 猜到的完全一致.

　　这个例子描述的费歇尔的"n 维几何法"，适用于其他更复杂的情况. 当然，在其他情况，体积元的寻求复杂得多. 费歇尔从小训练出来的几何直观帮了他很大的忙，例如对相关系数 r 的分布，其分析推导极其复杂. 费歇尔借助几何直观大大简化了推理过程，其梗概将在后面略述. 这个方法的另一个突出的应用例子，是 1928 年威沙特（J. Wishart）基于此法导出了任意维正态样本全体二阶矩的联合分布 —— 威沙特分布.

　　在"最小二乘法"那一章中我们曾提到，早在 1891 年，皮泽蒂即已得到费歇尔在上面用 n 维几何得到的全部结果，不过他使用的是正交变换加上傅里叶分析（特征函数）. 因此，实际上在那时，制作 t 分布这道大菜的原料和方法都已完全具备，只是没有一种动因促使人去做而已. 那么，为什么统计史上对 Student 工作评价如此之高，而皮泽蒂等的工作则基本上湮没不彰呢？这个问题必须结合当时统计界的状况去看才能理解.

　　首先就是我们在前面多次提到过的那个"数据结合学"（误差分析）与统计学的分离问题. 这使皮泽蒂等的工作或则不为统计学家所注意，或则虽注意了，也不过是作为一个纯数学结果看，不会注意到它在统计数据分析中有何意义. 因此对统计学家而言，Student 提出的问题，即使只从数学角度看，也是一个新问题.

　　更重要的是 Student 所提问题的实际背景，即他首次把小样本问题提到日程上，这一点在前面已有所强调. 但是，在当时及其后的若干年，卡尔·皮尔逊还是统计界的绝对权威，他的"Mark Ⅰ"统计仍是当时统计界的主导思想，故一开始，Student 和费歇尔的小样本工作并未在统计界找到多少知音. 费歇尔的女儿在为她父亲写的传记中回顾了迟至 20 世纪 20 年代初期费歇尔在这个问题上的孤立处境，以至他在 1922 年在其著名论文《理论统计学的数学基础》中还开列了一张单子，列出当时已有的很少几种小样本成果并提出一些有待解决的问题. 1922 年的文章"即是对纯粹数学家的挑战，也是向他们呼吁给予帮助".

　　然而，随着小样本理论的进度，其重要意义日益为统计界所理解，特别是 t 分布的意义，因为这个分布以后多次出现在一些重要统计量分布的结果中，于是 Student 这一结果的行情逐日看涨，使得后来统计界将他尊为小样本理论的开创者和鼻祖. 从 Student 的工作的意义和对以后数理统计学发展所起的影响来看，应该说他对这一评价是当之无愧的.

Student 在 20 世纪前三十余年是统计界的活跃人物.他的成就不限于论文《均》.同年他发表了在总体相关系数为 0 时,二元正态样本相关系数的精确分布,这是关于正态样本相关系数的第 1 个小样本结果.他对回归和试验设计方面也有相当的研究,在与费歇尔的通信中时常讨论到这些问题.费歇尔很尊重他的意见,常把自己工作的抽印本送给 Student 请他指教.在当时,能受到费歇尔如此看待的学者为数不多.

Student 还有一个优良品质,对当时英国统计学的发展起了有益的影响.他是一个性格温和,易于与人合作的谦谦君子.众所周知,当时英国统计界几位领头的大人物之间多有分歧甚至个人成见.这相当大的程度上固然与学术观点上的分歧有关,但也不无个人性格的因素.唯有 Student 一直与各方都保持良好的关系.有这样一个例子:在大学学院有一个非正式的"生物计量学俱乐部".1922 年费歇尔想把它扩建为一个正式的学会,他了解到此事没有卡尔·皮尔逊发起不行,而他是皮尔逊"最后一个听取其意见的人",不得已托 Student 向皮尔逊说情.事虽未成,颇能看出这三位大家之间的关系.后来这个计划直到 1943 年才以建立"国际生物计量学会"而实现,其时距卡尔·皮尔逊逝世已有 7 年.

Student 与假设检验理论创始人耐曼和埃贡·皮尔逊都保持良好的关系.《耐曼 —— 现代统计学家》一书中提到耐曼于 1925 年年初到伦敦大学学院找卡尔·皮尔逊未找到,Student 给他帮助的情景.耐曼与费歇尔初次见面也是由 Student 促成的.对埃贡·皮尔逊,他当然早就认识,因为他是卡尔·皮尔逊的朋友.Student 不住在伦敦,但与埃贡保持通信联系.埃贡在自己的回忆文章中,提到 Student 信中阐发的一些思想,对他日后与耐曼合作建立其假设检验理论有着启发性的影响.他说(引自《耐曼 —— 现代统计学家》):

"我认为现在统计学界中有非常多的成就都应归功于 Student…… 我想引起人们对他,对他注重实际的作风和研究方法的简明性的注意.他一生大部分的活动只是简单地与他同时代的数理统计学家接触、通信或个别聚会,以致人们很容易忽视他."埃贡因为 Student 去世"在情绪上深受影响",他感到Student 在许多方面对他自己的统计学理论的形成所起的作用与耐曼一样多.

8.2　费歇尔及其相关系数分布

这个工作发表于 1915 年,在他的文集中按时序排第 4,是他早期的成名之作.

费歇尔的工作,量多质高面广,许多文章都开辟了一个新的研究领域.本章及以下几章将有机会介绍他的一些重要工作.下面先略述其生平.

费歇尔全名为罗纳尔多·艾尔默·费歇尔(Ronald Aylmer Fisher, 1890—1962),生于伦敦.少时对天文学和数学感兴趣.1909年入剑桥大学攻读数学和物理学,在这期间他研读了卡尔·皮尔逊的《数学用于进化论》,这将他引向生物学和统计学.他认为,将孟德尔的学说与生物计量相结合,是研究人类遗传学的正确方法,这使他对优生学感兴趣.后来他的一些统计学论文就发表在优生学杂志上.他在大学二年级时就对筹建剑桥大学优生学会起了积极作用.可以说,费歇尔研究统计学的动力是服务于生物学的研究.

他无疑是20世纪成就最大的统计学家,是20世纪最初三十余年实现的,由以卡尔·皮尔逊为代表的旧统计学,朝向以他为代表的新统计学的转变中的关键人物.关于这一点,耐曼传记的作者的一段话可作为印证(译文转引自姚慕生等的中译本《耐曼——现代统计学家》第88页):

"(埃贡·)皮尔逊业已做出决定,如果他终究要成为一个统计学家,他就必须与他父亲的思想彻底决裂,构造他自己的统计哲学.在回忆录中,他把他当时所要做的事情描绘成在'马克Ⅰ(Mark Ⅰ)统计'(他用来称呼卡尔·皮尔逊的统计学的略语,这种统计学建筑在从自然总体中获取大量样本的基础上)"与"马克Ⅱ(Mark Ⅱ)统计"(Student与费歇尔的统计学,它处理从受控试验中获取的小样本)之间的"鸿沟上架起的桥梁".

20世纪新统计学之区别于19世纪旧统计学,重视小样本是其一个标志.另一个重要标志应当是基础理论建设,即从学科全局的观点建立严整的数学框架,而不是停留在解决一个个的具体问题的层面上.在这两方面费歇尔都起了领头的作用.当然,起重要作用的还有一些人,如耐曼、埃贡·皮尔逊及瓦尔德(A. Wald)等.

1912年费歇尔发表了题为《关于拟合频率曲线的一个绝对准则》,这是他的第1篇统计学论文,其中提出了估计参数的极大似然法.这件事一个意想不到的结果是使他与Student产生了联系.Student那时已发表了他那划时代的著作《均值的或然误差》,文中的证明有严重的不足之处(见前文).费歇尔与Student通信就是有关这个问题.他发展了一种用n维几何来处理抽样分布的技巧,取得了很大的成功,特别是解决了样本相关系数的确切分布问题.

1914年爆发了第一次世界大战.费歇尔也打算投笔从戎,但因视力不好未果,使他极为失望.此后5年他的职业是中学教师.这期间他萌生了一种思想:农业是一件对生活有意义并可对国家做出贡献的工作,为此他曾在一个短时期内经营过一个小型农场.很可能是这种思想基础使他在1919年乐于接受达尔文一位亲戚的介绍,进入罗瑟姆斯特农业试验站工作.

　　这是费歇尔一生的一个重大转折点,也是统计学发展的一个重大转折点.在那里,他因为农业试验上的需要发展了一整套试验设计的思想,包括随机化、区组、重复、混杂和多因素试验等,奠定了数理统计学中有极大实用价值的分支"试验设计",并从理论上奠定了分析这种试验数据的方法 —— 方差分析法的基础.他在那里工作了十余年,直到 1933 年因卡尔·皮尔逊退休而去伦敦大学学院接替皮尔逊担任高尔顿优生学讲座教授.这十余年是费歇尔统计学生涯的全盛时期,他的大部分重要的研究成果都产生于这个时期.1943 年他转任剑桥大学巴尔福讲座教授(遗传学),直至 1957 年退休.退休后的几年他曾去印度、美国、新西兰和澳大利亚等国做学术访问和工作.1962 年病逝于澳大利亚南方沿海城市阿德莱德(在墨尔本西北方),终年 72 岁.

　　他的著作、论文编入 5 卷本《费歇尔文集》的有 294 篇(包括遗传学方面的论文),专著有 6 种.专著中对统计界影响最大的,一个是《研究工作者用的统计方法》,初版于 1925 年,以后再版 13 次.另一个是《试验设计》,初版 1935 年,再版 7 次.他与其合作者和学生耶茨(F. Yates)合著的《生物农业医学研究中的统计用表》,初版 1938 年,也是重要的经典著作.以上这些著作都被译成多种文字出版.费歇尔在 1929 年当选为英国皇家学会会员,1952 年被授予爵士称号.

　　费歇尔之所以对相关系数分布问题感兴趣,大概有两个动因.其一是在 Student 解决了总体相关系数 $\rho = 0$ 的情况下,样本相关系数 r 的分布,时间是 1908 年.另一个动因来自皮尔逊学派.自 1897 年皮尔逊得出 r 的标准差公式 $\frac{1-\rho^2}{\sqrt{n}}$,他一直相信,对很大的 n,只要 ρ 不很接近 ± 1,r 的分布近似地是正态.沙帕在 1913 年发表了一篇题为《相关系数或然误差的 2 阶逼近》,相对比较粗糙的公式有所改善.后来的研究表明,沿着这条路线不会得出有实际意义的结果.这是由于,虽说从理论上可以证明:当 $n \to \infty$ 时 r 的分布渐近于正态[①],但收敛得极慢,以至于如肯德尔等在其《高等统计学》中所指出的:在 $n < 500$ 时使用 $\frac{1-\rho^2}{\sqrt{n}}$ 之类的渐近公式是"不聪明的".这个问题后来还是由费歇尔通过变换将 r 的分布"扶正"为正态来解决,但眼下他的问题是 r 的确切分布问题.他显然受到用他的 n 维几何法解决 Student 问题成功的鼓舞,相信这个方法能成功地用于 r 的问题.事实确也如此,据说他解决这个复杂问题只用了一周的时间.

　　设 $(x_1, y_1), \cdots, (x_n, y_n)$ 是从具 2 维正态密度

$$(2\pi \sqrt{1-\rho^2})^{-1} \exp\left\{-\frac{1}{2(1-\rho^2)}(x^2 - 2\rho xy + y^2)\right\}$$

[①]这是因为,r 是样本矩的连续可微函数,而样本矩的联合分布渐近于多维正态.

中抽出的样本.此处假定 x,y 各有均值 0 方差 1,这不影响普遍性,因为在变换

$$x' = ax + b, y' = cy + d \quad (a > 0, c > 0)$$

之下,r 的表达式无变化(只把 (x_i, y_i) 改为 (x'_i, y'_i) 且总体相关系数 ρ 也不变.
在这密度下,样本 $\{(x_i, y_i), i = 1, \cdots, n\}$ 的概率元为

$$(2\pi\sqrt{1-\rho^2})^{-n}\exp\left\{-\frac{1}{2(1-\rho^2)}\left(\sum_{i=1}^{n}x_i^2 - 2\rho\sum_{i=1}^{n}x_iy_i + \sum_{i=1}^{n}y_i^2\right)\right\} \cdot$$

$$\mathrm{d}x_1\cdots\mathrm{d}x_n\mathrm{d}y_1\cdots\mathrm{d}y_n \tag{2}$$

以 $\bar{x}, \bar{y}$ 记样本均值,r 记样本相关系数,而

$$s_1 = \left(\sum_{i=1}^{n}(x_i - \bar{x})^2\right)^{\frac{1}{2}}$$

$$s_2 = \left(\sum_{i=1}^{n}(y_i - \bar{y})^2\right)^{\frac{1}{2}}$$

与 Student 问题相似,主要的工作是要找出当 $(\bar{x}, \bar{y}, s_1, s_2, r)$ 各元各自在

$$[\bar{x}, \bar{x} + \Delta x], [\bar{y}, \bar{y} + \Delta y], [s_1, s_1 + \Delta s_1], [s_2, s_2 + \Delta s_2], [r, r + \Delta r] \tag{3}$$

内变化时,在 $(x_i, y_i)(i = 1, \cdots, n)$ 的 $2n$ 维空间 $\mathbf{R}^{2n}$ 中对应的元区域及后者的概率元.记

$$\mathbf{W}_1 = (x_1 - \bar{x}, \cdots, x_n - \bar{x})$$

$$\mathbf{W}_2 = (y_1 - \bar{y}, \cdots, y_n - \bar{y})$$

作为 $\mathbf{R}^n$ 中的向量,其夹角 θ 的余弦 $\cos\theta = r$.问题麻烦之处在于,此关系体现在 $\mathbf{R}^n$ 中,而体积元要在 $\mathbf{R}^{2n}$ 中算.费歇尔用的办法是固定 $(y_1, \cdots, y_n)$,把一切计算转移到 $\mathbf{R}^n$ 中来[①].做法如图 8.2(a),其中点 M 为 $(\bar{x}, \cdots, \bar{x})$,$P$ 为 $(x_1, \cdots, x_n)$,而点 T 则是 $(\bar{x} + (y_1 - \bar{y}), \cdots, \bar{x} + (y_n - \bar{y}))$.这样,向量 $\overrightarrow{MP}$ 和 $\overrightarrow{MT}$ 的夹角,就是上文提到的 $\mathbf{W}_1$ 和 $\mathbf{W}_2$ 的夹角 θ.

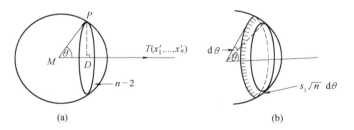

图 8.2

如在讨论 Student 问题中曾指出的,现在点 P 只能在一个 $n-1$ 维超平面中的球面上活动,此球的中心为 M 而半径为 s_1,而若要使 $\overrightarrow{MP}$ 与 $\overrightarrow{MT}$ 的夹角保持

---

①从测度论的观点看,这无非就是用富比尼定理来计算重积分.

为 θ 不变,则点 P 被进一步限制在某个 $n-2$ 维超平面中的球面上. 此球面的中心为图中的 D. 而半径 $DP = s_1 \cdot \sin\theta = s_1\sqrt{1-r^2}$. 因此,当 s_1 有一个 Δs_1 的改变而 θ 有一个 $\Delta\theta$ 的改变时,体积元应与

$$(s_1\sqrt{1-r^2})^{n-3}\Delta s_1(s_1\Delta\theta)$$

成比例. 因 $r=\cos\theta, \dfrac{\mathrm{d}r}{\mathrm{d}\theta}=\sin\theta=\sqrt{1-r^2}$,故上式可用

$$s_1^{n-2}(1-r^2)^{\frac{n-4}{2}}\Delta s_1 \Delta r \qquad\qquad\text{(见图 8.2)}$$

来取代. 再配上 Y 空间的体积元(在 Student 问题中已讨论过)$c\cdot s_s^{n-2}\Delta s_2\Delta\bar{y}$ 及 $\bar{x}$ 的变化 $\Delta\bar{x}$,得改变的体积元为 $c\cdot(s_1 s_2)^{n-2}(1-r^2)^{\frac{n-4}{2}}\mathrm{d}s_1\mathrm{d}s_2\mathrm{d}r\mathrm{d}\bar{x}\mathrm{d}y$. 再注意到式(2)中的函数可写为

$$c\cdot\exp\left\{-\frac{n}{2(1-\rho^2)}(\bar{x}^2-2\rho\,\bar{x}\bar{y}+\bar{y}^2)\right\}\cdot$$
$$\exp\left\{-\frac{1}{2(1-\rho^2)}(s_1^2-2\rho\,s_1 s_2+s_2^2)\right\}$$

将此与上述体积元结合,推出由于(3)的变化,所产生的概率元为 $A\cdot B$,其中

$$A=(2\pi\sqrt{1-\rho^2})^{-1}n\cdot\exp\left\{-\frac{n}{2(1-\rho^2)}(\bar{x}^2-2\rho\,\bar{x}\bar{y}+\bar{y}^2)\right\}\mathrm{d}\bar{x}\mathrm{d}\bar{y}$$

$$B=c\cdot(s_1 s_2)^{n-2}(1-r^2)^{\frac{n-4}{2}}\exp\left\{-\frac{1}{2(1-\rho^2)}(s_1^2-2\rho\,s_1 s_2+s_2^2)\right\}\mathrm{d}s_1\mathrm{d}s_2\mathrm{d}r$$

B 式中的常数 c 可由以上各步推导中涉及的常数写出,此处不细述.

由此推出,$(\bar{x},\bar{y})$ 与 (s_1,s_2,r) 独立,而后者的密度就是 B 式. 对 s_1,s_2 积分即得出 r 的密度,可用积分或无穷级数表出,具体表达式可参看有关著作,此处没必要细述.

此例比 Student 问题更给人以 n 维几何法简洁的深刻印象,难处是体积元不易把握,稍一不慎就可能铸成大错.

费歇尔将写成的文章投寄到由卡尔·皮尔逊主持的《生物计量》杂志,结果该杂志于 1915 年在 507 至 521 页刊登了此文. 在此文发表前后一段期间,费歇尔、皮尔逊二人进行了一些通信,这是这两位大师关系较好的一段时期. 皮尔逊表示对费歇尔的结果很感兴趣,但他感兴趣的原因,在于费歇尔的结果有助于实现他心中早就存在的那个计划,即就样本量 n 和总体相关系数 ρ 的各种值去计算 r 的密度函数,做出其图形,计算其偏度与峰度等——当然,少不了有其或然误差. 做这个的目的是为了确定:对怎样的 n 和 ρ,可以放心地把 r 的分布近似地当作正态分布来处理. 皮尔逊曾建议费歇尔自己也来做这一工作,可是如费歇尔的女儿在她为费歇尔所写的传记中指出,费歇尔对此没有兴趣,一则因为他既无时间,又无计算机器及助手(费歇尔当时还是个小人物,连工作都成问题),不像皮尔逊那样领导着一个大实验室. 而且,更重要的,他不相信这一做法

能有多少成效,"他对坚固的堡垒不主力攻而主智取". 在他看来,更有希望的做法是通过变换,把偏斜的 r 分布"扶正"到正态上来.

皮尔逊确实实施了自己的计划. 他动员了一些人,对 $\rho = 0.0(0.1), 0.9$ 及 $n = 3(1), 25, 50, 75, 100, 400$ 计算了 r 的密度. 他在 1916 年 5 月 13 日给费歇尔的信中,对结果表示失望,因为即使在 $n = 400$ 这么大的样本,对较大的 ρ 值,r 的分布仍与正态相去甚远. 可以说,从负面的意义上皮尔逊这一研究仍是有所收获:它毕竟以明白无误的证据显示了,在此问题中直接用传统的正态逼近方法不能奏效.

相反,费歇尔的通过变换"扶正"的想法,取得了极大的成功,结果于 1921 年以《小样本相关系数的"或然误差"》为题发表. 费歇尔在此文中引进了如今周知的变换

$$\tilde{r} = \frac{1}{2} \log \frac{1+r}{1-r}$$

$$\tilde{\rho} = \frac{1}{2} \log \frac{1+\rho}{1-\rho}$$

而证明了:即使 n 不太大(如 $n = 10$),$\tilde{r}$ 的分布仍很接近于正态分布,其均值为 $\tilde{\rho} + \frac{\rho}{2(n-1)}$[①],方差为 $(n-3)^{-1}$. 方差为一常数是一极好的性质. 下面的图 8.3 中显示了变换前 r 的频率曲线,显示其偏斜的形态,以及变换后 $\tilde{r}$ 的频率曲线被扶正的情况(图 8.3 转引自克拉美的《统计学数学方法》,p. $400 \sim 401$).

皮尔逊等的"合作研究"文章也于 1916 年以《相关系数的小样本分布》为题发表在《生物计量》杂志上. 这是一篇 86 页的大文章,其中主要是图表,总结了皮尔逊等的计算结果.

围绕这篇文章有一个并非无关紧要的插曲. 皮尔逊在此文中插进了一段,批评费歇尔在其 1915 年文章中使用了贝叶斯法且对 ρ 用了一个错误的先验分布. 费歇尔对此感到震惊并于其前引 1921 年文章中对此进行了辩驳. 费歇尔一生反对贝叶斯法,他对此感到不快有其理由. 现在查看费歇尔 1915 年文章,也看不出皮尔逊的批评有何根据. 不过,费歇尔在表述上,例如在他 1912 年引进极大似然估计的论文中,也确留有若干易引人误解之处.

---

①均值的渐近形态显示,用 $|r|$ 估计 $|\rho|$ 可能系统地偏低. 当时尚不知 ρ 的无偏估计,无法对此验证. 近 40 年后,奥勒金(I. Olkin)于 1958 年得出 ρ 的无偏估计 $g(r) = F(\frac{1}{2}, \frac{1}{2}, \frac{n}{2} - 1, 1 - r^2) r$,此处 F 为超几何函数

$$F(a, b, c, x) = 1 + \frac{ab}{c} x + \frac{a(a+1)b(b+1)}{2c(c+1)} x^2 + \cdots$$

总有 $F(\frac{1}{2}, \frac{1}{2}, \frac{n}{2} - 1, 1 - r^2) > 1$,故 $|g(r)| > |r|$.

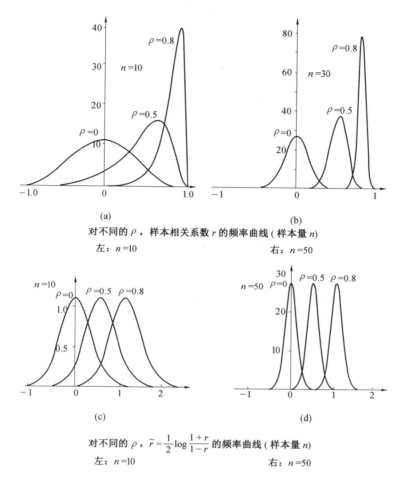

(a) (b)

对不同的 ρ ，样本相关系数 r 的频率曲线（样本量 n）

左：$n = 10$ 右：$n = 50$

(c) (d)

对不同的 ρ ，$\tilde{r} = \dfrac{1}{2}\log\dfrac{1+r}{1-r}$ 的频率曲线（样本量 n）

左：$n = 10$ 右：$n = 50$

图 8.3

  这是这两位大家在一系列统计学术问题上观点分歧的一个例子. 更早些, 在 1912 年文章中, 费歇尔就批评过皮尔逊的矩估计法. 两人分歧最著名的例子, 是在带未知参数时皮尔逊拟合优度统计量的自由度问题. 这将在下一章做较详细的介绍.

  费歇尔关于 r 精确分布的开创性工作, 到 20 世纪 20 年代, 终于引起了更多学者的注意, 有关相关回归中重要统计量的精确分布, 在自 1922 年起的十余年中先后获得了解决. 这包括多元回归系数, 偏、复相关系数等. 到 1933 年巴特利特发表《统计回归理论》一文, 可以说给始自高尔顿的古典回归相关理论和方法的发展, 画了一个圆满的句号. 此中的过程和细节不在此一一赘述, 只指出几个要点:

  1. 回归系数有两种情况. 一种情况是把 x 值（自变量值）看成无随机性的已

155

知常数. 这个情形较易处理,其解决多出自费歇尔,主要在其 1922 年文章《回归公式的拟合优度及回归系数的分布》及 1925 年文章《"Student"分布的应用》中,其解决总是归结到 Student 的 t 分布. 顺便指出:费歇尔在上述 1925 年文章中,导出了比较两个正态分布均值的两样本 t 分布.

2. 至于回归系数问题的另一种情况,即样本是从多维正态总体中抽出的因而自变量也是随机的. 对这种情况,基本的问题在于二阶矩的联合分布. 当时有两条路线,一条是以费歇尔为代表的 n 维几何法,其成就的顶峰是 1928 年威沙特导出的"威沙特分布". 后者是整个古典多元分析的基础,当时的重要应用,除与相关回归有关的问题外,还有将 Student t 分布推广到多元情况的霍特林(H. Hotelling)的 T 分布(1931)等. 另一条路线是罗曼诺夫斯基(V. Romanovsky)的特征函数法,这实际上是皮泽蒂方法的推广. 这个方法不需要高强的几何直观,分析上处理较复杂些但是按部就班的. 现在统计学著作中多采用这种方法.

3. 巴特莱特的主要功绩在于把一些结果"Student 化",以便可直接用于统计推断. 举一个简单例子:对 2 维正态总体 $N(a_1, a_2, \sigma_1^2, \sigma_1^2, \rho)$,以 β 和 $\hat{\beta}$ 分别记样本回归系数和总体回归系数,则变量

$$\xi = \frac{\sigma_1 \sqrt{n-1}}{\sigma_2 \sqrt{1-\rho^2}}(\hat{\beta} - \beta) \tag{4}$$

服从 t 分布 t_{n-1}. 由于 σ_1, σ_2 和 ρ 都未知,此结果无法直接用于检验 β 的假设或构造其置信区间. 巴特莱特证明:若在式(4)中分别以 s_1, s_2 和 r 取代 σ_1, σ_2 和 ρ,并将 $\sqrt{n-1}$ 改为 $\sqrt{n-2}$,则所得变量仍服从 t 分布,但自由度减少 1,为 $n-2$. 这结果已可直接用到关于 β 的统计推断问题中去.

8.3 费歇尔和 F 分布·方差分析

数理统计学中有所谓"三大分布"之说,是指 χ^2, t 和 F[①] 这 3 个分布. 此说之由来是因为它们与许多重要的统计推断问题有关. 前面两个分布的历史缘由在过去已有所介绍,这里我们来讲讲 F 分布的情况,这还联系着方差分析的早期历史.

20 世纪前 20 年,统计学的重点仍在相关回归,而这与多维正态密切联系

---

①F 分布的名称是斯内德克(G. W. Snedecor)在 1932 年引进的,用以表彰费歇尔的功绩,费歇尔本人习惯用 $\frac{1}{2}\log F$,称为 Z 分布.

着,由这也突出了多维正态在数理统计学中的地位.有意思的是,这三大分布的产生都与多维正态分布无关,相反,在一定意义上可以说,它们真正的根子是在高斯线性模型——在 $y = x'\beta + e$ 中视 x 为非随机的已知向量那种线性模型.

事实上,χ^2 分布作为描述统计量的分布,最初是从线性模型最小二乘法的残差平方和分布问题导出的,比卡尔·皮尔逊的 χ^2 检验早.Student 的 t 分布可以认为是与线性模型 $y = \beta + e$ 联系着,e 服从正态分布 $N(0, \sigma^2)$.至于现在我们要讲到的 F 分布,则是出自高斯模型中变量 x 的离散化.

如果我们权且把多维正态也纳入到"线性统计模型"这个大体系内,则大致可以说,这个体系自 19 世纪初以来,相当大程度上直至今日,始终雄踞于数理统计学的要津.其发展大致可分为 3 个阶段:第一阶段自 19 世纪初直至该世纪末尾,代表人物有高斯及拉普拉斯、勒让德等人,形式是误差论并逐渐渗入统计数据分析问题.第二阶段从 19 世纪末到 20 世纪 20 年代初期,代表人物主要是卡尔·皮尔逊,形式是把多元正态与这模型联系起来(这是由于多元正态的一个特殊性质:回归为线性且条件方差保持常数),重点转到相关回归.第三阶段可以说始自 1922 年,代表人物是费歇尔,形式是回复到以自变量为非随机并离散化,重点问题是方差分析(协方差分析)并联系到试验设计的发展.可以说,弄清了这个模型发展的脉络,也就大体上懂得了 19 世纪初以来统计学发展的主流.

再回到 F 分布的正题.这个问题要溯源到 1917 年斯卢茨基(E. Slutsky)的一篇文章,其中提出了运用皮尔逊的拟合优度(goodness of fit)思想去检验回归是否为线性的问题.

采用现在通行的记号,斯卢茨基的原假设可写为如下的模型:

$$y_{ij} = x_i'\beta + e_{ij}, j = 1, \cdots, w_i, i = 1, \cdots, k \tag{5}$$

其中 $\{e_{ij}, j = 1, \cdots, w_i, i = 1, \cdots, k\}$ 全体独立,$e_{i1}, \cdots, e_{iw_i}$ 同分布且有期望 0 和方差 σ_i^2.这里容许误差方差与自变量取值 x_i 有关,是其一特点,另一个特点是在一个自变量值 x_i 处重复做若干次观察,其背景是:当时盛行考虑分组数据,若组范围足够小,同一组内数据的 x 值可认为即是组的中心所在.另外,在这模型中自变量 x 并无随机性,这与皮尔逊学派的取法不同.

如果模型(5)成立,则回归 $y = x'\beta$ 是线性的.斯卢茨基的想法是:要从数据出发去构造一个能反映与这个假设的差距的量.斯卢茨基的做法如下:算出

$$\bar{y}_i = \frac{y_{i1} + \cdots + y_{iw_i}}{w_i}, i = 1, \cdots, k \text{ 及 "组内方差" } s_k^2 = \frac{\sum_{j=1}^{w_i}(y_{ij} - \bar{y}_i)^2}{w_i}, \text{用加权最小二乘法}$$

$$\sum_{i=1}^{k} w_i(\bar{y}_i - x_i'\beta)^2 = 最小 \tag{6}$$

157

确定 β 的估计 $\hat{\beta}$. 计算在各点的残差 $r_i = \bar{y}_i - x_i'\hat{\beta}$, $i = 1, \cdots, k$. 斯卢茨基认为,在原假设(回归为线性的)成立时,统计量

$$\xi = \frac{\sum\limits_{i=1}^{k} w_i r_i^2}{s_i^2}$$

将服从自由度为 k 的 χ^2 分布. 于是若就一组具体样本算出 ξ 之值为 ξ_0,则按卡尔·皮尔逊 1900 年关于拟合优度检验的文章,数据与(线性)模型的拟合优度为 $P(\xi_k^2 \geqslant \xi_0)$(当时还没有检验水平、功效一类的概念).

斯卢茨基这个论断在数学上是不正确的,但其中包含了一种有价值的统计思想: s_i^2 反映与模型取法无关的随机误差,而残差 r_i,则不仅与随机误差有关,还与模型取得是否正确有关,模型与实际偏离越大,r_i 一般也会越大,所以 $\dfrac{r_i^2}{s_i^2}$ 这个量反映了以随机误差水平为标杆去衡量模型与实际的偏离程度:此量越大,模型与数据的符合看上去越差,这就是统计量 ξ 的实际背景,这个思想实际上也就是方差分析的精髓. 这是一个例子,说明在评价一件统计学研究工作时,首要的要看它在统计思想和方法上有无创新. 数学上的正确与否当然重要,但仍只能说是第二位的.

且说费歇尔抓住斯卢茨基这个想法,但在数学上做了改进. 首先,他假定误差服从正态分布且方差 $\sigma_i^2 = \sigma^2$ 不依赖 i[①]. 这样就没有必要用各个 s_i^2 分别除 $w_i r_i^2$,而可把它们加起来,得到一个总的反映模型偏差的量

$$G_1 = \sum_{i=1}^{k} w_i r_i^2$$

同样,为估计反映随机误差水平的量 σ^2,可以把各个 s_i^2 结合起来,因而引进

$$G_2 = \sum_{i=1}^{k} w_i s_i^2 = \sum_{i=1}^{k} \sum_{j=1}^{w_i} (y_{ij} - \bar{y}_i)^2$$

对 G_2,在研究 Student t 分布中已证明它有分布 $\sigma^2 \chi_{n-k}^2$,其中 $n = w_1 + \cdots + w_k$. 对 G_1,费歇尔是这样推理的:它是 k 个量的平方和,本应有 χ^2 分布 $\sigma^2 \chi_k^2$. 但由于 $r_1, \cdots, r_k$ 受到 p 个约束(p 是式(5)中 β 的维数):事实上,由式(6)的加权最小二乘得出

$$\sum_{i=1}^{k} w_i x_{ij} (\bar{y}_i - x_i'\hat{\beta}) = \sum_{i=1}^{k} w_i x_{ij} r_i = 0, \quad j = 1, \cdots, p$$

这里 $x_i' = (x_{i1}, \cdots, x_{ip})$. 由此费歇尔断言,自由度应减少 p,即 G_1 有分布 $\sigma^2 \chi_{k-p}^2$.

[①] 这只是因迁就数学困难不得已而为之的一种假定. 从实际应用的角度看,应该说斯卢茨基原来的假设更合理. 可惜的是,基于这种假设的方差分析缺乏一个有效的小样本理论.

最后,费歇尔肯定 G_1 与 G_2 独立.他这一点的论据充足:G_1 只与 $\bar{y}_1,\cdots,\bar{y}_k$ 有关而 G_2 只与 $s_1^2,\cdots,s_k^2$ 有关.按对样本的假定,$(\bar{y}_1,s_1^2),\cdots,(\bar{y}_k,s_k^2)$ 独立.而在 Student t 分布的推导中已知 $\bar{y}_i$ 与 s_i^2 独立.

这样,把 G_1 和 G_2 分别除以其自由度,得统计量

$$Q = \frac{\dfrac{G_1}{k-p}}{\dfrac{G_2}{n-k}}$$

费歇尔指出(在原假设成立之下)它服从皮尔逊6型分布,现今我们通称自由度为 $(k-p,n-k)$ 的 F 分布 $F_{k-p,n-k}$.但费歇尔习惯于考虑 $Z = \frac{1}{2}\log Q$,其分布在统计上称为 Z 分布.

有了这个分布就可以按皮尔逊的方式计算拟合优度:若由数据算得 $Q = Q_0$,则概率 $P(F_{k-p,n-k} \geqslant Q_0)$ 越小,数据与模型拟合越差.

以上就是费歇尔在 1922 年发表的论文《回归公式的拟合优度及回归系数的分布》一文中的主要内容.其之所以把回归系数分布与上述内容合在一篇文章中,原因看来如下:设回归系数真值为 β 而其(最小二乘)估计值为 $\hat{\beta}$,偏差为 $\hat{\beta}-\beta$,它应当以随机误差为标杆去衡量.因为此处是在模型假定为正确的基础上去讨论,故随机误差方差就用残差平方和(除以自由度)去估计,取其比值即得出 t 分布.这个想法可直接推广到检验多个回归系数的情况.要注意的是,这里的自变量是认为非随机的.

费歇尔在文章中对 G_1 分布的论证没有多着笔墨,看来他基本上依靠直观看出了这个结果,即在由他所首创的"自由度"这个重要概念上.这个概念源出于他的 n 维几何.他在早期与 Student 通信讨论 $\sum_{i=1}^{n}(x_i-\bar{x})^2$ 的除数应是 n 或 $n-1$(Student 是用 n)时,他主张用 $n-1$,理由是定了 $\bar{x}$ 后,点 $(x_1,\cdots,x_n)$ 只能在一个通过点 $(\bar{x},\cdots,\bar{x})$ 的 $n-1$ 维超平面上活动,或者说,点受到一个约束 $\sum_{i=1}^{n}(x_i-\bar{x})=0$.因此只有 $n-1$ 个自由度.这个分析方法他曾多次用于各种问题.实际上直到现在,当人们要确定某个二次型统计量的正确除数时,自由度的分析仍是一个便捷的方法.现在我们在讨论有关线性模型的理论问题时,经常采用化作典则形式的方法.在典则形式下,自由度通过空间维数的变化清晰可见.

费歇尔在 1922 年这篇重要论文中还未提出方差分析这个术语,但已很接近这个思想.两年后的 1924 年,他在于加拿大多伦多举行的国际统计学会大会上,做了题为《关于一个引出若干周知统计量的误差函数的分布》的报告,正式

提出了方差分析.这是费歇尔唯一的一篇讨论方差分析的理论基础的数学论文,也是第一篇出现"方差分析表"的数学论文.

方差分析,又称变差分析[1],是一种分析变异原因的量化技术,举一个例子:拿中国全体国企事业单位的职工收入来说,这是一个变异很大的量,不同的人收入各不同且差异甚大.社会学家乃至一般公众都会对产生这种差异的原因感兴趣,一般定性式的分析也不难:这中间有地区、行业、教育程度、年龄 …… 种种因素.可是如果要问一句:这些因素各起的作用有多大?能否给予一数量的刻画?这就不好回答.方差分析是尝试给予这个问题一种回答的统计分析技术.它之所以能流行开,是因为在一定模型的基础上,它有着一种易于操作的程式,以及坚实的概率理论基础.在数学上为这一技术奠定基础的,就是费歇尔的上述工作.

严格说来,这个思想不是始自费歇尔,早在 19 世纪已有统计学者接近了这种思想.下文要谈到的莱克西斯(W. Lexis,1837—1914)就是其中之一.但是,这些学者考虑的模型过窄,没有在普遍性的高度上清晰地标明方法且缺乏坚实理论基础的支持,因而还不能成气候,这多少受到了当时概率统计水平的局限.总的来说,将方差分析这个重要工具的创始权归于费歇尔是恰当的.

莱克西斯是德国统计学家兼经济学家,1859 年毕业于波恩大学.起初他的专业是科学和数学.1861 年他去巴黎学习社会科学,以后在欧洲一些大学里担任过教职.他像凯特勒一样,是一个致力于把数学方法引进社会科学研究中去的人.

在 1876—1879 年期间他转而研究"统计序列"(statistical series),其最重要的工作《统计序列的稳定性理论》发表于 1879 年.问题的背景是这样的:设考虑一个国家(或一城市、一民族之类)的某项指标,例如离婚率,其逐年记录为 $Y_1,\cdots,Y_n$,如果对两个国家 A,B 对此项指标进行比较,记录得两个序列 $Y_{1A},\cdots,Y_{nA},Y_{1B},\cdots,Y_{nB}$.如何根据所得数据去判定:$A,B$ 两国在此项指标上有无差异,差异多大.这样的数据列 $Y_{1A},\cdots,Y_{nA}$ 莱克西斯称为统计序列,现今我们称为时间序列.

莱克西斯认为,要进行有意义的比较,统计序列必须是稳定的.后者他解释为,序列中的变化纯粹是由于随机性的原因,而没有系统性因素起作用.他用二项分布来描述这个意思.设 $Y_1,\cdots,Y_n$ 是一串独立观察值,Y_i 服从二项分布 $B(N,p_i)$(例如,N 是一国已婚人数,Y_i 是某年观察到的离婚人数,p_i 是该年理

---

[1]实际上费歇尔最早提出的概念"variation"应译为"变差".现在说的总(变差)平方和 $\sum(x_i-\bar{x})^2$ 是一个反映数据总的变化度的量,它并非那一个随机变量之方差的估计.但"变差分析"这个术语未能在国内统计界流行开.

论上的离婚率). 所谓统计序列 $Y_1, \cdots, Y_n$ 是稳定的, 理论上解释为

$$p_1 = p_2 = \cdots = p_n \equiv p \qquad (7)$$

问题是如何判别稳定性之有无. 莱克西斯的做法如下: 先引进 $\left(Y_i' = \dfrac{Y_i}{N}\right)$

$$R = c\left(\sum_{i=1}^{n}(Y_i' - \bar{Y}')^2\right)^{\frac{1}{2}}, c = 0.674\ 5 (下同)$$

作为序列变异的度量, 乘上 c 是迎合当时喜考虑或然误差的时尚. 另一方面, 若稳定性成立, 即有式(7), 则序列 $Y_1, \cdots, Y_n$ 的变异纯是由于同一个二项分布 $B(N, p)$ 的各观察值之间的变异, 应当用 $c\left(\dfrac{p(1-p)}{N}\right)^{\frac{1}{2}}$ 去度量. 由于 p 未知, 用 $\bar{Y}'$ 去估计, 得

$$r = c\left(\frac{\bar{Y}'(1-\bar{Y}')}{N}\right)^{\frac{1}{2}}$$

它是作为纯由随机性引起的变异的度量, 可以把它和方差分析中的"误差平均平方和"来比拟.

最后, $p_1, \cdots, p_n$ 之间的不同(变异), 反映了序列变异的本质成分. 这个变异可用

$$q = c\left[\frac{\sum_{i=1}^{n}(p_i - \bar{p})^2}{n-1}\right]^{\frac{1}{2}}$$

来度量. 这一项可与方差分析中的"主效应平均平方和"来比拟.

莱克西斯说我们期望有

$$R^2 = r^2 + q^2 \qquad (8)$$

如果真是这样, 则式(8)构成一真正意义下的"变差分析". 可是此式在数学上不成立(例如, 观察值 $Y_1, \cdots, Y_n$ 可以碰巧相同, 这时 $R = 0$ 而 r, q 不为 0), 它至多只能理解为在实际数据中经常能大致成立的一个关系. 不过它提供的思想是有价值的. 前面我们就提及, 一件统计工作的价值, 首先看它是否提供了新思想、新方法.

莱克西斯引进比 $Q = \dfrac{R}{r}$, 然后指定一个常数 a, 例如 $a = \sqrt{2}$. 若 $Q < a$, 视"全变异" R 基本上是由"随机变异" r 所提供, 而序列就判为稳定的. 若 $Q \geqslant a$, 则判为不稳定的, 这也与后来方差分析中的 F 检验法在思想上一致.

更有意义的是莱克西斯进一步对 p_i 的变化形式引进模型, 例如线性模型

$$p_i = a + bi, i = 1, \cdots, n$$

从而可以用最小二乘法来计算 p_i 的拟合值 $\hat{p}_i$, 即由

$$\sum_{i=1}^{n}(Y_i' - a - bi)^2 = 最小$$

解出 $a = \hat{a}, b = \hat{b}$,而 $\hat{p}_i = \hat{a} + \hat{b}_i$,这时他证明有下述分解式

$$\sum_{i=1}^{n}(Y_i' - \overline{Y}')^2 = \sum_{i=1}^{n}(\hat{p}_i - \overline{Y}')^2 + \sum_{i=1}^{n}(Y_i' - \hat{p})^2$$

这已是数学上严格的分解式,即我们现今在初等统计教本中习见的一元线性回归方差分析分解式.

不好估计莱克西斯的工作对费歇尔的影响程度如何,但费歇尔是了解这个工作的,他 1925 年出版的专著《研究工作者用的统计方法》中提到了它.

回到费歇尔 1924 年的论文.此文就其内容说是一篇讨论 F 分布在种种检验问题中的应用的文章,其中有检验两个正态方差是否相等的方差比检验,以及肯定 Student 的 t 分布 t_n 的平方就是 F_{1n} 等.更重要的是明确提出方差分析的应用.举两个例子.

一是检验若干个正态均值是否相等的问题,模型是:$X_{i1}, \cdots, X_{is} \sim N(a_i, \sigma^2)$($\sigma^2$ 与 i 无关),$i = 1, \cdots, k$,且 $n = ks$ 个变量 $\{X_{ij}, i = 1, \cdots, k, j = 1, \cdots, s\}$ 全体独立.问题是要判明假设 $H: a_1 = \cdots = a_k$ 是否成立.按当时流行的讲法,就是这个假设与数据的"goodness of fit"如何.

费歇尔的做法是算出几个变差:

全变差 $\sum_{i=1}^{k} \sum_{j=1}^{s}(x_{ij} - \overline{x})^2 = T$,费歇尔称之为"total variance";

组间变差 $\sum_{i=1}^{k} s(\overline{x}_i - \overline{x})^2 = B$,费歇尔称之为"between classes variance";

组内变差 $\sum_{i=1}^{k} \sum_{j=1}^{s}(x_{ij} - \overline{x}_i)^2 = W$,费歇尔称之为"within classes variance".

这里 $\overline{x}$ 和 $\overline{x}_i$ 分别是全部 x_{ij} 和 $x_{i1}, \cdots, x_{is}$ 的算术平均[①],然后列出方差分析表(按费歇尔原文,但平方和用 B, W 和 T 代替):

变差	自由度	平方和	均方
组间	$d_1 = k - 1$	B	s_1^2
组内	$d_2 = ks - k$	W	s_2^2
总	$ks - 1$	T	

"均方"是平方和除以自由度.按费歇尔 1922 年文章的推理,在假设 H 成立时,$\dfrac{s_1^2}{s_2^2}$ 服从 F 分布 F_{d_1, d_2}.

---

①当时的时尚是用 S 代替求和号 $\sum$,也不喜用足标.在费歇尔原文中 T 表为 $S_1^n(x - \overline{x})^2$,有的连起讫足标 $1, n$ 也不标出.

费歇尔在这里假定了各组观测值个数相同,这个条件是非实质的.如第 i 组观测个数为 n_i,则只需在计算 T,B 和 W 的公式中改 s 为 n_i,并把自由度 d_2 改为 $n_1+\cdots+n_k-k$.

费歇尔文章中另一个例子基本上是 1922 年文章的重复,此即一个回归方程的拟合优度问题.他也列了方差分析表,其中变差平方和的名目,分别是"组均值与方程的偏离"与"组内偏离".其自由度、平方和的表达式等,都与 1922 年文章无异.一个新的因素是费歇尔提到回归方程"不论是直线或曲线的"此法都适用.这里就要看"曲线"的意义如何.若像多项式 $y=\beta_0+\beta_1 x+\cdots+\beta_k x^k$ 这类情况,虽则 y 不是 x 的线性函数,但因对系数 $\beta_0,\cdots,\beta_k$ 而言为线性,则费歇尔所说正确.但若回归方程有 $y=\beta_1 e^{\beta_2 x}+\beta_3$ 之类的形式,回归方程对参数已不为线性,则费歇尔所说不正确.从文章中看不出费歇尔真意所在.依作者猜测以后一种可能性居多,因为有其他一些证据表明,费歇尔对他的方法是紧密联系于高斯线性模型这个基本点,似乎不是特别留意的.

应当留意的是:费歇尔此文确实奠定了方差分析的一般框架,不是像在表面上看那样只讨论了"一种方式分组"这个最简单的情形.我们用一个例子可以更容易说明这一点.设有"两种方式分组"数据
$$X_{ij}=a_i+b_j+e_{ij},i=1,\cdots,I,j=1,\cdots,J$$
$a_1,\cdots,a_I,b_1,\cdots,b_J$,分别是 A,B 两因素的"主效应".设要检验"A 的主效应不存在"即 $a_1=\cdots=a_I$,则"组间平方和",在此我们通称"A 的主效应平方和",其计算与前例完全一样.不同的是现在误差平方和与上例的组内平方和不是一回事,因为还有另一因素 B 在.正确的算法是算模型拟合的残差平方和 $\sum_{i,j}(X_{ij}-\hat{a}_i-\hat{b}_j)^2,\hat{a}_i,\hat{b}_j$ 由最小二乘法定出.费歇尔在上例中没有明确强调:该例中的组内平方和就是误差平方和,但细读他在 1922 年和 1924 年的文章,看来他心里是明白这一点的.

在方差分析实用的层面上,费歇尔当时在罗瑟姆斯特农业试验站积极推行田间试验,1923 年与麦肯齐发表了第一个方差分析的实用例子.这期间他发展了试验设计的一些基本原则,其 1924 年文章《农业试验的安排》可视为他的理论的一个大纲,细节后来写进 1925 年《研究工作者用的统计方法》与《试验设计》两本专著中.到 20 世纪 20 年代末为止,试验设计中许多基本要素,诸如交互效应、混杂、2^n 型设计之类的东西,都已在他及合作者的工作中使用,而分析这些数据的方法 —— 方差分析的理论基础,则在于他 1924 年这篇文章.

当时的问题不是出在方差分析理论之不足上,而是出在设计上.更具体地说,出在设计的正交性上.如果一个设计中含有多个效应,如 $A,B,C,\cdots,AB,AC,BC,\cdots$,固然可以用费歇尔 1924 年文章的方法计算每一个效应的平方和,并由残差平方和算出误差平方和,但这些平方和加起来是否等于总变差平方和

163

呢？这就取决于设计有无正交性了.后来的学者对费歇尔早期的若干方差分析实例做过复算,证明有的归不起来,在这种情况下"方差分析"就失掉了它的本义.

不能说费歇尔不了解正交性在方差分析中的重要性,也不能说他在实际工作中没有重视这个问题.据有的学者分析,问题出在他过于相信直觉的正确性,而未能在每个场合都在线性模型的提法下去严格验证这一点,甚至有人认为他一度倾向于采取一种非坐标(coordinate free)的观点来处理试验设计数据的分析问题.

到20世纪30年代,这种有些混乱的局面开始得到改善.统计学家西尔在其《高斯线性模型的历史发展》一文中有一段话,很好地描述了那个时期的情况,转引如下:

"第一个坦率承认下述事实,即一个用最小二乘法分析的线性模型比仅依赖直觉去分析平方和更为基本,是耶茨1933年的文章 …… 然而,即使在那里,线性模型中自变量值的问题仍未得到强调 …… 然而,一年后,罗瑟姆斯特的工作人员埃尔温发表了一篇文章:其中对随机区组和拉丁方设计给了一个明显的向量标示,清楚地指明了,这些向量的正交性是如何将平方和分解为一些组成部分的."

从这里也再一次印证了线性模型的极端重要性,甚至试验设计也是建立在这个模型的基础上.耐曼1966年在美国科学促进协会年会上的演讲中,以费歇尔为界把统计史分成描述性统计与分析性统计两个时期.如果这个说法是正确的,那这个分界,或者说费歇尔的历史功绩,就在于把高斯线性模型从一个局限于"数据组合"的工具,提升到统计学这个大舞台的中心地位,并把它的潜力充分地挖掘出来.

假设检验

第
9
章

近代意义下的假设检验,就其理论体系的建立来说,始于耐曼和埃贡·皮尔逊在 20 世纪二三十年代的工作.就其实用层面看,则由卡尔·皮尔逊和费歇尔两位大师所主导.本章的目的就是以这几位大师的工作为主线,考察一下有关的历史发展情况.

当然,在统计学中提出和处理假设检验问题,并不是始于上述诸人.我们在前面几章的叙述中也曾点到若干有关的情况,如阿布什诺特等人关于婴儿性别的检验,莱克西斯关于统计序列的稳定性检验等.高斯正态误差理论流行后,在研究者中习惯计算各种量的或然误差,它也被用于检验有关正态均值的假设,虽然问题不一定是按检验假设的方式提出来的.

考察早期学者进行的一些假设检验,我们会看出:他们的思路与我们现在的思路比较,并没有实质上的不同,即用某种方式去定义数据与原假设的差异.差异越大,则原假设越不可信,反之则可信.但由于当时概率统计发展的水平,这些学者未能从数量的高度去刻画与一定差异相应的可信程度.卡尔·皮尔逊的拟合优度与费歇尔的显著性水平的提法,在许多重要的检验问题中做到了这一点,因而上了一个台阶.

皮尔逊和费歇尔工作的不足之处,在于他们都是以"个案"的方式来处理检验问题.每当有了一个有待解决的检验问题,就用直观的想法,通过设计出适当的反映数据与假设的差异的量,其一个基本要求是要能定出此量的分布,这样就可构造出一个检验法.但是,反映数据与假设之差异的量可以有很多.使用不同的量,得出的检验方法也不一样.如何制定一些原则和标准,以对此众多的可能性进行选择呢?皮尔逊、费歇尔二人的工作中没有涉及这个重要的基本问题,而耐曼和埃贡·皮尔逊正是从这一点入手,建立了一套有效的理论,从而又上了一个新台阶.

9.1　卡尔·皮尔逊的拟合优度

1. 意义和背景

我没有在小标题上加上"检验"二字,因为皮尔逊那篇大大有名的、被认为是假设检验开山之作的论文,其中没有一处提到"hypothesis testing"这个字眼,它关心的是建立一个衡量数据与其"或然值"拟合程度的数量指标——goodness of fit,现在通译为拟合优度.

皮尔逊这篇于 1900 年发表在《哲学杂志》上的文章的题目长得吓人:"On the criterion that a given system of deviations from the probable in the case of a correlated system of variables is such that it can be reasonably supposed to have arisen from random sampling." 作者的文字水平不足以将这样的长句译成通顺的中文,姑对其意义解释如下:皮尔逊要讨论的问题是要建立一个准则,以判定一组相关变量与其或然值的偏差,可否被合理地解释为是随机抽样所致.

举一个例子也许更可以帮助理解:设有一组 n 个 k 维数据 $(x_{i1}, \cdots, x_{ik})$, $i = 1, \cdots, n$. 它们被认为有可能(但不一定)是从某个具有期望 $(a_1, \cdots, a_k)$ 的 k 维正

态总体中抽出的.计算 $(\bar{x}_1, \cdots, \bar{x}_k)$,其中 $\bar{x}_j = \dfrac{\sum\limits_{i=1}^{n} x_{ij}}{n}$. $\bar{x}_j$ 的"或然值"是 a_i,因而观察结果与"或然"值有偏差 $\bar{x}_1 - a_1, \cdots, \bar{x}_k - a_k$. 这一组偏差是可以被认为仅由随机抽样误差所致呢,还是另有原因 —— 如原先以为的"或然值" $a_1, \cdots, a_k$ 不对,甚或分布也不是正态的?文题中标出"相关变量",是为了强调问题的多维性质,即必须把偏差 $\bar{x}_1 - a_1, \cdots, \bar{x}_k - a_k$ 放在一起考虑.因为,倘若各偏差独立,则可以各自处理,不必绑在一起了.

经历百年,由于表述方式及用语习惯的变化,今人阅读早期统计文献,如费

歇尔等人的文集,常觉不易理解.幸好这些大师的著作在各种统计文献中多有介绍.我们多半是仗了事先得到的一些理解,才能读懂他们的作品.

从数学模型上讲,皮尔逊这篇文章讨论的是一组实际观察结果与一个给定的多项分布的符合程度,多项分布中各状态 $1, \cdots, k$ 的概率 $p_1, \cdots, p_k$ 假定为已知.设在 n 次观察中发现各状态出现的频数为 $E_1, \cdots, E_k$,而按理论应为 $T_1, \cdots, T_k, T_j = np_j$.问题归结为研究这两组频数 $(E_1, \cdots, E_k)$ 和 $(T_1, \cdots, T_k)$ 的符合程度.皮尔逊引进了一个刻画其偏差的量,证明此量(在理论概率 $p_1, \cdots, p_k$ 正确时)近似地有 χ^2 分布,利用这个结果去计算拟合优度.这是一个介于 0,1 之间的值,此值越大,则拟合的程度越好,或者说,我们越能相信原先设定的理论概率值 $p_1, \cdots, p_k$ 是正确的.由于皮尔逊把这个反映偏差的量记为 χ^2,且其分布与 χ^2 分布有密切的联系,它也常被称为皮尔逊的 χ^2 统计量.皮尔逊在此文中也讨论了理论概率不完全已知,但依赖若干参数的情形.

皮尔逊之所以考虑到这个问题,有下面两方面的背景.一是 1985 年皮尔逊发表其分布族时,已考虑了如何估量族中的分布与实际数据符合程度的问题,他在其 1985 年的论文《数学用于进化论 Ⅱ》中,已提出了用分组数据的多边形图与理论分布密度比较,即用曲线与多边形图所夹面积 ÷ 曲线(或多边形图)下的面积.埃奇沃思曾询问此量的确切含义,究竟是

$$\frac{1}{n} \sum_{i=1}^{n} \frac{|y_i' - y_i|}{y_i}$$

及

$$\frac{\sum_{i=1}^{n} |y_i' - y_i|}{\sum_{i=1}^{n} y_i}$$

中的哪一个,这里 y_i 和 y_i' 分别是第 i 组区间上理论曲线与多边形图的面积.皮尔逊的意思是指后者,而埃奇沃思以为是前者.埃奇沃思的理解更接近于皮尔逊后来采用的 χ^2 统计量 $\dfrac{\sum_{i=1}^{n} |y_i - y_i'|^2}{y_i}$.

另一方面的动因来自与赌博和掷骰子等有关的问题.皮尔逊注意到轮盘赌中各状态的概率与实际观察到的严重不符.他于 1894 年在刊物上发表文章对此大加挞伐,且就此事于 1893 年开始与埃奇沃思通信.皮尔逊的论断是建立在所选出的最不符合的状态上的分析.埃奇沃思向他指出由于状态众多且状态之间有相关性,这么处理不合适.他主张用一个 36 维的正态分布作为模型,但又觉得实行起来很难——"这涉及 36 阶行列式的计算".皮尔逊在其 1900 年的文章中实际上采纳了这个思想,但找到了一种办法避免处理这么高维的问题,这

167

是他成功的关键所在.

在差不多同一个时间,威尔登做了一个试验:把 12 颗骰子同时掷了 26 306 次,每次记录下其中出现 5 或 6 的颗数.应皮尔逊教学上的要求,威尔登的秘书把其中 7 000 次投掷的结果整理出来.皮尔逊在检查以后认为不可靠,而威尔登认为(记录等)并无问题.他写信给高尔顿说"你看这是多么严重的一件事".

为这件事,皮尔逊、埃奇沃思和威尔登之间有多次通信,有关情况记录在埃贡·皮尔逊的《生物计量和统计学的早期历史:1890—1894》一文中.长话短说,皮尔逊的论断是建立在"个案"的分析上,他观察到"4"这一组(即 12 颗骰子中有 4 颗出现 5 或 6)有 1 571 次,而其理论值应为 $7\,000 \cdot C_{12}^4 (\frac{1}{3})^4 (\frac{2}{3})^8 \approx 1\,669$ 次.这个差异用二项分布正态逼近可算出极为显著.但讨论者也认识到这样取出极端个案来分析恐有不妥,而感到需要从全局考虑(埃贡·皮尔逊将 $0,1,\cdots,$ 12 分成 11 组(10,11,12 在一组),用 χ^2 检验法算出拟合优度为 0.088,此值还达不到否定随机性的程度).无疑,通过这件事的讨论,使皮尔逊对检验多个相关观察值的拟合问题加深了理解,并对其朝向最终解决这个问题的努力起了促进作用[①].

2.皮尔逊文章内容概要

皮尔逊把 n 个量与其或然值的偏差记为 $x_1,\cdots,x_n$.假定它们的方差为 $\sigma_1^2,\cdots,\sigma_n^2, x_i$ 和 x_j 的相关系数为 $r_{ij}(r_{ij}=1)$.以 R 记行列式 $|r_{ij}|(i,j=1,\cdots,n)$ 之值,R_{pq} 为 $|r_{pq}|$ 的代数余子式.皮尔逊断言,这组变量的"相关曲面"是

$$-\frac{1}{2}\left\{ \sum_{i=1}^n \frac{R_{ij}}{R} \frac{x_i^2}{\sigma_i^2} + 2\sum_{1 \le i < j \le n} \frac{R_{ij}}{R} \frac{x_i}{\sigma_i} \frac{x_j}{\sigma_j} \right\} \tag{1}$$

$$\left(= -\frac{1}{2} \sum_{i,j=1}^n \frac{R_{ij}}{R} \frac{x_i}{\sigma_i} \frac{x_j}{\sigma_j}\right)$$

他这个表述实际上隐含了 $(x_1,\cdots,x_n)$ 服从 n 维正态分布的假定,其意含于"相关曲面"一语.当时的统计学家们能理解他的意思.但在现今让一位没有经验的读者去看,难免有"雾里看花"的感觉.

他接着把式(1)中花括号内的量定义为 χ^2(这是皮尔逊 χ^2 统计量名称的来由),而断言此量服从自由度为 n 的 χ^2 分布 χ_n^2.他的推理很别致:如果把曲面(1)加以压缩,会得到一个球,即 n 个变量的平方和,因而有 χ^2 分布.

这个推理,现今的读者恐怕也会摇头,但在皮尔逊当时却是极为自然.因为我们记得(第 7 章),皮尔逊曾在 1896 年解决了正态分布的主轴问题,熟悉该问

---

①这个故事颇能有所启发.除了说明一种看来无用的活动(赌博掷骰子之类)有时对重要的科学问题起了意想不到的作用外,也说明:统计学家对关于随机性的直观体验很重要,这种体验有时可以通过一些易于实施的试验和观察获得.在中国统计学家的培养工作中这方面的注意似乎太少.

题原委的人当然可立即看出其中的论据.用我们现在的记法,它是下述熟知的
定理:若 $X \sim N(0, \Lambda)$,X 为 n 维的,则 $X'\Lambda^{-1}X \sim \chi_n^2$.

然后,若是把由实际算出的 χ^2 统计量值记为 χ_0^2,皮尔逊计算概率

$$P = P(\chi_n > \chi_0) = \frac{\int_{x_0}^{\infty} e^{\frac{-t^2}{2}} t^{n-1} \, dt}{\int_0^{\infty} e^{\frac{-t^2}{2}} t^{n-1} \, dt} \tag{2}$$

看出皮尔逊是取 χ_n 而非 χ_n^2 的分布——当然,这也可以通过用 χ_n^2 分布结合一个简单的变换达到,当时尚没有现成可用的 χ^2 分布表,故皮尔逊在文章中花了不少篇幅讨论式(2)中积分的计算问题.

接着进入到论文的核心部分——多项分布的拟合问题.皮尔逊设一共有 $n+1$ 个状态,其观察频数和理论频数分别记为 $m_1', \cdots, m_{n+1}'$ 和 $m_1, \cdots, m_{n+1}$.记 $e_i = m_i' - m_i$,他注意到 $e_1 + \cdots + e_{n+1} = 0$,因而只需就 n 个偏差去计算式(1)中的二次型.由于他不用矩阵,引进了一些三角函数且有不少复杂的行列式,计算很冗长.用现在的记号和采用矩阵算法,很容易得出他的结果(注1).

长话短说,最后他得到表达式

$$\chi^2 = \frac{\sum_{i=1}^{n+1} (m_i' - m_i)^2}{m_i} \tag{3}$$

即我们在初等教科书中熟悉的公式.由于在计算中只用了 n 个偏差,自由度只有 n 而非 $n+1$.

皮尔逊用 χ_n^2 分布计算此量的拟合优度.现在我们都知道,式(3)的 χ^2 统计量只是在极限的意义(观察数 $\to \infty$)上有 χ_n^2 分布,因此皮尔逊这个结果是一个大样本结果,其根据是 $(m_1' - m_1, \cdots, m_n' - m_n)$ 渐近于 n 维正态.皮尔逊在文章中未明言这个极限性质,但他心中当然清楚这一点,因为这种表述方式也是当时的习惯.

此后,皮尔逊考虑带参数的情形.他做了若干推导,证明在这种情况下自由度不变.这个推导是错误的,因为他未能正确评估有关的项的数量级,因而忽略了某些不能忽略的项.这个错误首先由费歇尔所发现,他在 1924 年得出了正确的结果.为此事两人进行了长时间的争论,成为 20 世纪初期统计史上的一个重大事件,有关情况将在后面介绍.这也是皮尔逊众多工作中一个比较重大的失误.

最后皮尔逊举了若干应用例子,其中之一是威尔登那个 12 骰子掷 26 306 次的试验.皮尔逊分成 $0, 1, \cdots, 12$ 共 13 个组,算出 χ^2 值 43.872 41,拟合优度为 0.000 016,足以否定"骰子均匀"的假设.皮尔逊的分组中,10,11,12 这 3 组的观察值只有 1,9,0,因此将其合成一组较为合理.作者做了这一计算,得到拟

合优度 0.000 087,虽有所升高,仍不能改变原有结论.后来威尔登建议按二项分布$(0.337\,7 + 0.662\,3)^{12}$去拟合.皮尔逊算出拟合优度为 0.122 7,已在可接受的范围内.看来骰子均匀度有一个 10^{-3} 数量级的偏差,由于试验次数很大,这个偏差也被检验出来了.

3. 皮尔逊和费歇尔的争论

皮尔逊在这篇论文中有一个严重错误,即在考虑多项分布的概率依赖于若干参数的情况时,认为最后所得的 χ^2 统计量的自由度不受影响,即与这些概率完全已知时的情况一样,在总的自由度不太大时,这会对拟合优度的计算产生相当大的影响,在临界状态附近甚至可能对数据与分布是否拟合做出错误的判断.

直到 1922 年之前的 20 余年时间,无人提及这个问题,有可能是由于此错误比较隐晦,不易察觉.但到 1922 年,这个问题终于由费歇尔所发现.他在这年发表的文章《列联表的 χ^2 统计量的解释》中,就列联表这个最重要的特例分析了其 χ^2 统计量的自由度问题.

考虑一个 $r \times s$ 列联表,其 (i,j) 格的观察频数为 n_{ij}. 记 $n_{i.} = \sum_{j=1}^{s} n_{ij}$, $n_{.j} = \sum_{i=1}^{r} n_{ij}$, $n = \sum_{i=1}^{r} n_{i.} = \sum_{j=1}^{s} n_{.j}$, 则 (i,j) 格的理论频数为 $N_{ij} = \dfrac{n_{i.} n_{.j}}{n}$. 记 $e_{ij} = N_{ij} - n_{ij}$, 则有

$$\sum_{j=1}^{s} e_{ij} = 0, \quad i = 1, \cdots, r$$

$$\sum_{i=1}^{r} e_{ij} = 0, \quad j = 1, \cdots, s$$

总共有 $r + s$ 个约束,但只有 $r + s - 2$ 个是独立的,故依费歇尔,此问题的 χ^2 统计量的自由度应为

$$(rs - 1) - (r + s - 2) = (r - 1)(s - 1)$$

而不是皮尔逊所主张的 $rs - 1$. 看得出来,费歇尔在这里得力于他在用"n 维几何"的观点处理统计量分布时所发展的关于"自由度"的直观概念.但单是这样的推理尚不足以使皮尔逊信服.于是,费歇尔特别对 2×2(四格表)的情况做了一个单独的分析.以 n_{ij} 记 A 因素取水平 i, B 因素取水平 j 的观察频数,则:

$$\frac{n_{11}}{n_{.1}} = B \text{ 因素取水平 } 1 \text{ 时}, A \text{ 因素取水平 } 1 \text{ 的频率}$$

$$\frac{n_{12}}{n_{.2}} = B \text{ 因素取水平 } 2 \text{ 时}, A \text{ 因素取水平 } 1 \text{ 的频率}$$

这样,当 A, B 两因素独立时, $\dfrac{n_{11}}{n_{.1}}$ 和 $\dfrac{n_{12}}{n_{.2}}$ 是同一概率的估值,因而当 n 充分大时,

统计量

$$K \equiv \frac{\dfrac{n_{11}}{n_{.1}} - \dfrac{n_{12}}{n_{.2}}}{\left(\dfrac{1}{n_{.1}} \dfrac{n_{1.} n_{2.}}{n^2} + \dfrac{1}{n_{.2}} \dfrac{n_{1.} n_{2.}}{n^2} \right)^{\frac{1}{2}}}$$

应渐近于正态 $N(0,1)$，因之有 $K^2 \xrightarrow{\mathcal{L}} \chi_1^2$. 但易算出

$$K^2 = \frac{n(n_{11} n_{22} - n_{12} n_{21})^2}{n_{1.} n_{2.} n_{.1} n_{.2}}$$

它正是四格表的 χ^2 统计量. 因此在 2×2 四格表这个情形，χ^2 统计量的自由度应为 1，与费歇尔的公式 $(2-1) \cdot (2-1)$ 符合，而按皮尔逊，自由度应为 $4-1=3$.

照我们今天看来，费歇尔分析的这个特例已足以证明皮尔逊的错误——虽然严格讲，尚不足以证明费歇尔关于"有多少个参数就要减去多少个自由度"的论断. 但当时皮尔逊是英国统计界的权威，随着地位的升高与年龄的增长（他当时已 65 岁，费歇尔 32 岁），性格上有其固执之处，不易接受不同意见，何况费歇尔当时虽已在统计界崭露头角，毕竟还只是农业试验站的一名统计师. 因此，皮尔逊在当年就进行了反驳，他在《生物计量》杂志上发表了题为《关于拟合优度 χ^2 检验进一步的注记》的文章，其中说"我希望我的批评者原谅我把他比作挑战风车的堂吉诃德". 但是，他这一次碰到了认真的罗纳尔多·费歇尔，下决心要把问题搞个水落石出. 正好在 1922 年，尤尔发表了一篇文章《χ^2 法用于列联表及实验例证》，文中用随机模拟法列出了 350 个 2×2 表，是在两因素独立且各水平有固定概率的情况下取的. 费歇尔在 1923 年利用这个资料进行了计算，结果列为下表：

χ^2 值的区间	观察频数	按 χ_1^2 的理论频数	按 χ_3^2 的理论频数
$0 \sim 0.25$	122	134.02	10.80
$0.25 \sim 0.50$	54	48.15	17.58
$0.50 \sim 0.75$	41	32.56	20.13
$0.75 \sim 1.00$	24	24.21	21.05
$1 \sim 2$	62	56.00	80.10
$2 \sim 3$	18	25.91	63.27
$3 \sim 4$	13	13.22	45.56
$4 \sim 5$	6	7.05	31.38
$5 \sim 6$	5	3.86	21.07
76	5	5.01	39.06

表中第 2 列是那 350 个 2×2 表中，其 χ^2 值落入所标示的区间内的个数，第 3,4 列是按此 χ^2 值服从 χ_1^2 分布或 χ_3^2 分布时应有的理论频数. 检视此表容易看出：

χ^2_1 与观察频数符合较好而 χ^2_3 则与之相去甚远. 费歇尔就此写了题为《观察值与假设的一致性的统计检验》的论文.

1924 年,费歇尔发表的《χ^2 作为度量观察值与假设间的偏差的条件》,从理论上分析了皮尔逊的推理存在的问题.

皮尔逊的推理如下:以 O_i 记观察频数,E_i 和 E'_i 分别记理论频数 $np_i(\theta_0)$ 和 $np_i(\hat{\theta})$,其中 θ_0 是参数真值,$\hat{\theta}$ 是其估值. 记

$$\chi^2 = \frac{\sum_i (O_i - E_i)^2}{E_i} = \frac{\sum_i O_i^2}{E_i} - n$$

皮尔逊记 $\mu_i = E_i - E'_i$. 则由参数估值而计算出的 χ^2 统计量为

$$\tilde{\chi}^2 = \frac{\sum_i (O_i - E'_i)^2}{E'_i}$$

于是经过简单的代数运算,得

$$\chi^2 = \frac{\sum_i (O_i - E'_i - \mu_i)^2}{E'_i + \mu_i} = \tilde{\chi}^2 - \sum_i \frac{\mu_i(O_i^2 - E_i'^2)}{E_i'^2} +$$

$$\sum_i \frac{\mu_i^2 O_i^2}{E_i'^3} - \sum_i \frac{\mu_i^3 O_i^2}{E_i'^3(E'_i + \mu_i)}$$

皮尔逊认为,当样本量 n 很大时,E_i 和 E'_i 很接近,$\mu_i = E_i - E'_i$ 很小,故上式右边后三项当 n 很大时可忽略不计,因而 $\tilde{\chi}^2$ 与 χ^2 应有同一之极限分布.

问题就出在这里:此式右边后三项并非都能忽略不计. 因为,$\mu_i = n(p_i(\theta_0) - p_i(\hat{\theta}))$. 因 $\hat{\theta} - \theta_0$ 为 $n^{-\frac{1}{2}}$ 的数量级,故 μ_i 为 $n^{\frac{1}{2}}$ 的数量级,E'_i, O_i 等都是 n 的数量级,故 $\frac{\mu_i^2 O_i^2}{E_i'^3}$ 一项有数量级

$$O\left(\frac{(n^{\frac{1}{2}})^2 n^2}{n^3}\right) = O(1)$$

并不能忽略不计. 第 2 项亦然,只第 4 项可以忽略不计. 费歇尔在其上引 1924 年的论文中,对 $\tilde{\chi}^2$ 做了更精密的分析,清楚地显示出了自由度减少的原因. 他的证明从严谨的数学标准看还嫌不够,但实质是正确的(注 2).

虽然有了如此确切不移的证据,但统计学界当时对此事仍是存在分歧[①].

[①]当时部分统计学家对费歇尔公开指摘一位大师工作中的问题,抱有一种不以为然的情绪.1925年,有一位学者在评论费歇尔的新作《研究工作者用的统计方法》时写道:"我们刚才听见一个婴儿骑在他父亲肩上大叫:'我比我父亲高得多!'"

如费歇尔的女儿在为其父所作的传记中所说,一些统计学家仍追随皮尔逊的做法,另一些人则认为这是一个高度技术性的问题,更多的统计学家逐渐站到了费歇尔的一边.这种情况的出现,除了卡尔·皮尔逊的威望是一个因素外,同当时的多数应用统计学家可能难以理解一些纯理论性的论据,也有一定的关系.但到了 1926 年,发生了一件可以把此事付诸试验的事件.为验证贝叶斯定理,埃贡·皮尔逊在 1926 年发表了一个模拟试验,产生了约 12 000 个 2×2 四格表.费歇尔指出,这些表的 χ^2 值的算术平均为 1.029 41.按 χ_1^2,理论值应为 1,此值与 1 的误差在合理的范围内,而与按 χ_3^2 的理论值 3 相去甚远.对此皮尔逊未作答,估计他此时已相信了费歇尔意见的正确性.

虽然有这点瑕疵,并不影响此文在统计史上的崇高地位.它是数理统计史上的一块丰碑.有一种意见认为此文是近代意义的数理统计学的开始.这个说法也许还有可议之处,但绝非空穴来风.如果说,皮尔逊这项工作,以及随后的 Student 和费歇尔等的工作,标志着统计学最终告别以描述性为主要特征的时代而全面进入以严格的概率方法为基础的推断时代,应当是可以成立的.此外,此文的实用意义也很重大.皮尔逊提供的方法应用面广:不论是一维或多维,离散或连续及分布是否已知,都可以用且计算上不太繁.直到如今,它还是最常用的一种拟合优度检验法.

皮尔逊 χ^2 检验法以外的拟合优度检验法,以苏联大数学家和概率学家柯尔莫哥洛夫在 1933 年提出的检验法最为著名.此法是以经验分布与理论分布之差的上确界作为检验统计量.柯氏导出了在原假设成立之下此统计量(称为柯氏统计量)的极限分布,以此可作为大样本检验的基础.1956 年,我国统计学家张里千求出了柯氏统计量的确切分布和渐近展开,其结果受到国际统计学界的重视.与皮尔逊检验法相比,在分布为一维连续且完全已知的情况下,柯氏的方法在功效上比皮尔逊的略优,且柯氏统计量的值不像皮尔逊 χ^2 统计量那样依赖于数据分组的方法.但柯氏方法不能用之于不连续、高维及带参数的情况.

另外在应用上重要的是检验一组数据是否符合正态分布,因此针对这个特例提出了一些检验方法.

9.2 费歇尔的显著性检验

费歇尔关于假设检验的主要著作包括 3 篇论文:《回归公式的拟合优度及回归系数的分布》(1922 年),《关于一个引出若干周知统计量的误差函数的分布》(1924)及《Student 分布的应用》(1925).在这些奠基性工作中,他创立了在实用中常用的基于 t 分布和 F 分布的检验.另外还有两本著作:发表于 1925 年的《研究工作者用的统计方法》,其中有好几章的内容与假设检验有关,包括拟合优度检验,均值和回归系数的显著性检验,方差分析及其应用等,主要通过数字实例来演示统计方法的使用.另一本是发表于 1936 年的《试验设计》,其中发挥了他的显著性检验的思想.

与卡尔·皮尔逊处理的大量由自然观察得到的数据相反,费歇尔关心的问题,是从人为试验中得到的少量数据中,去检测所关心的某项效应之有无.例如用一种预期能增产的农业品种来取代现用品种.新品种的增产效应是否确实呢?这需要通过试验收集数据来检验,费歇尔把这种检验叫作显著性检验.在《试验设计》这一著作的前 3 章中,他提出了有关设计试验和进行显著性检验的一些基本原则.

费歇尔指出:一个试验的分析和解释,与该试验的结构密不可分.因而为了能通过试验获取新的知识,必须有某些原则存在.特别是,要使在归纳性推理中必然存在的不确定性,能通过概率从数量上表示出来.他认为,适当地设计试验,就能达到这一目标.而这个所谓"适当地"的含义,包含两个要点:一是试验要有随机性,以使检验统计量服从一定的概率分布;二是包含重复、分区组等技巧,以降低误差的影响而提高试验的灵敏度.

关于"显著性检验"的实质,费歇尔提出以下几点解释:

1.有一个命题,称之为"零假设"或"解消假设"(null hypothesis),其含义是:所关心的效应不存在(不存在即为 0,"效应不存在"即"解消"了"有效应"的说法).设计试验的唯一目的,是寻求否定零假设的证据.

2.可找到一个统计量 T,其值可按对否定零假设所提供的证据强弱来排序,比方说,T 值越大,否定零假设的证据越强.零假设要足够确定,使得在它成立的前提下,可算出 T 的确切分布.这个分布的根据就包含在试验的具体设计中.

3.若在试验中得到 T 值为 T_0,则大于或等于 T_0 的一切 T 值,是比本试验所得值更倾向于否定零假设的全部情况.计算概率

$$P(T \geqslant T_0 \mid 零假设成立) \equiv p$$

若 p 很小,则说明:在零假设成立时,极不容易得到大于或等于 T_0 的 T 值.而现在居然得到了,因而是"零假设不对"的有力证据.因此,定义

$$T_0 值的显著性水平 = p \tag{4}$$

至于 p 要小到多少才能被认为是零假设不成立的充分证据,这不能给出公认的界限,是根据问题的具体性质及当事人的倾向性来决定的.如 $p \leqslant 0.01$,称 0.01 为显著性水平.通常讲显著性水平高是指概率低,这是习惯讲法,不要与式(4)

混淆.

费歇尔通过两个实例来解释这些概念. 一例是人为的"女士品茶"试验. 牛奶茶是茶与牛奶按一定比例混合. 在制作时有两种方法:先放牛奶后放茶(MT),先放茶后放牛奶(TM). 某女士声称她能鉴别 MT 和 TM,于是做一个试验来判断她所说的是否有根据. 准备 8 杯牛奶茶,MT 和 TM 各半,给这位女士喝,让她把 MT 和 TM 分辨出来(先告诉她各有 4 杯). 以 x 记她说对的杯数,则 x 只能取 $8,6,4,2$ 和 0 这 5 个值.

立下零假设"该女士没有辨别 MT 和 TM 的能力". 这时,她从给她的 8 杯中挑出 4 杯(作为 MT)的方法,与随机地从 8 杯中挑出 4 杯是一样的. 由此不难算出,在零假设成立时,x 的分布为

x 值	8	6	4	2	0
概率	$\frac{1}{70}$	$\frac{16}{70}$	$\frac{36}{70}$	$\frac{16}{70}$	$\frac{1}{70}$

取检验统计量 $T=x$,T 值越大,越说明该女士有分辨力而更倾向于否定零假设. 设 $T=8$,即女士全说对了,这时按式(4),显著性水平为

$$p=P(T\geqslant 8)=\frac{1}{70}\approx 0.014$$

显著性很高,有理由认为可否定零假设 —— 当然,这也随试验者的看法而异,也可能他不认为这个结果已提供了强有力的证据. 这时他可加大力度,例如把 8 杯改为 12 杯(MT,TM 各 6). 这时在零假设下,$T=12$ 的概率只有 $\frac{1}{924}\approx$ 0.001 1. 如果某女士试验结果为 $T=12$,则否定零假设的证据就有力得多.

仍回到费歇尔的试验. 若 $T=6$,成绩也很可观,但此时的显著性水平为

$$p=P(T\geqslant 6)=\frac{1}{70}+\frac{16}{70}=\frac{17}{70}\approx 0.244$$

就是说,仅凭瞎碰,也有近乎 $\frac{1}{4}$ 的机会取得与该女士一样或更好的成绩,因此这没有为否定零假设提供任何根据.

费歇尔强调零假设不能被证明. 如此例 $T=6$,我们说不能否定零假设,但也不说明零假设就对了. 因为该女士可能有一定程度(但非 100%)的鉴别力,例如判对率为 $\frac{2}{3}$,那也可以很好地解释 $T=6$ 这个试验结果.

本例中的设计部分有两个方面:一是保证随机性,即 MT 和 TM 从杯子等外表上不能有差异,且是按随机的次序把这 8 杯依次交给该女士. 这个做法保证了费歇尔的上述第 2 条原则:在零假设成立的前提下,可算出检验统计量的确切分布. 另一方面是杯数及预定 MT 和 TM 的数目. 比方说,在预定 8 杯时,

是否把 MT 和 TM 各取一半为好,还是其他数目,如 MT 取 2 杯,TM 取 6 杯? 还有,是告诉该女士 MT 和 TM 各多少杯好,还是不告诉她好? 对杯数,当然多一些试验的灵敏度高,但有一个代价问题(人力、物力、时间). 这问题在此例中也许不显著,但在费用昂贵且安排试验费时费人的场合,就是一个不得不考虑的因素. 至于 MT 和 TM 的数目,肯定是各半为好. 如在 8 杯的情况,若 MT 取 2 杯,则该女士全说对时,显著性水平还只有 $\frac{1}{28}$,远不如取 4 杯时的 $\frac{1}{70}$ 为好. 关于是否把 MT 的杯数告诉该女士的问题,则是不告诉时灵敏度更高. 如在 8 杯而 MT 有 4 杯的场合,若不告诉该女士,则她由于瞎碰而全碰对的机会只有 $\frac{1}{128}$,比 $\frac{1}{70}$ 的显著性高,仅是这样一个简单的例子就有如此多的考虑,在复杂的情况下当然更是如此,这说明试验设计的重要性.

费歇尔利用他提出的原则,在《试验设计》第 3 章中讨论了一个实际问题,这是达尔文一个试验的数据,目的是比较两种施肥方法 A, B 对某种作物高度的影响,共选了 15 块大小形状一样的地块,每块等分,其中一小块用 A,另一块用 B. 结果是(单位:$\frac{1}{8}$ 英寸):

地块	1	2	3	4	5	6	7	8	9	10	11	12	13	14	15
A	188	96	168	176	153	172	177	163	146	173	186	168	177	184	96
B	139	163	160	160	147	149	149	122	132	144	130	144	102	124	144
差	49	−67	8	16	6	23	28	41	14	29	56	24	75	60	−48

费歇尔假定这些差是从正态 $N(a, \sigma^2)$ 中抽出的样本,解消假设相当于 $a = 0$,于是可用 Student t 分布检验之,取 $T = \left| \frac{\sqrt{n}(\bar{x} - a)}{s} \right|$,则费歇尔的前述第 2 条原则全部满足:当零假设 $a = 0$ 成立时,T 有一个确定的分布;T 值越大,否定零假设的理由越强. 就此例费歇尔算出 T 值为 2.148,显著性水平为 0.048.

本例与女士品茶那个例子相比,有一个重要的区别. 在女士品茶的例中,只要简单的随机性条件满足,则 T 在零假设下有确定的分布,无须任何其他的假设,此处则不然. 由于 15 个地块并非均匀,各个差的方差均一这一点,与实际情况会有些距离. 每地块中两小块条件不可能绝对一致. 最后,分布的正态性也只是一个假定. 因此,费歇尔的第 2 条原则的满足,在此只是在一堆假设的前提下,至多只能算是一个近似. 这种情况是实际问题的通例. 所谓给一个统计问题选择模型,无非就是选择一些适当的、从实用角度看来合理(这要由试验的设计来保障)的假定,以使费歇尔的第 2 条原则能满足. 费歇尔所制定的一些在应用上很重要的、基于 t 分布和 F 分布的检验,都是属于这种模式.这构成了他对假设检验这个领域的主要贡献.

费歇尔在 20 世纪 20 年代当时即已认识到此中的局限性.到底,"正态""等方差"之类,都是一种人为性的假定.不考虑具体的试验环境和材料,而一味套用这类假定,总是一个理论中的不足之处,有时也会有损于实用.为此,费歇尔提出,应当把随机性的考虑仅寄托在实有试验资料的可变性上(如参与试验的地块条件之不同).为此,他对达尔文上述试验做了另一种解释.设想达尔文在每地块的两小块中实行了随机化,即让 A 和 B 各有 $\frac{1}{2}$ 的概率占用两小块中的任一块,而把零假设解释为:A,B 在效应上不存在差异,所观察到的表面差异,全是随机化的偶然性所致(例如,随机化的结果,使每地块内条件较优的小块较多地分给了 A).比如就第 1 地块而言,实际试验结果 A 优于 B,但(在零假设下)这是由于 A 碰巧分到了"好小块",而不是由于 A 优于 B.如果随机化的结果倒过来,则此地块内的结果将是 $A139$,$B188$.其余各块类推.费歇尔称这为一个更广的零假设.

就此例而言,每地块在施行随机化时,有 2 个可能结果(A 好 B 坏,A 坏 B 好).故就整个试验而言,随机化的全部不同结果有 2^{15} 个.考虑统计量

$$T = \mid A \text{ 小块和} - B \text{ 小块和} \mid$$

则由表中"差"一栏可知,本例 T 可取 2^{15} 个值(相同的值也分开算),即

$$\mid \pm 49 \pm 67 \pm 8 \pm 16 \pm \cdots \pm 60 \pm 48 \mid$$

而本例实得 T 值为

$$T_0 = \mid 49 - 67 + 8 + \cdots - 48 \mid = 314$$

费歇尔将 2^{15} 个 T 值排序,发现其中有 1 670 个大于 T_0,56 个等于 T_0,这样算出显著性水平为

$$p = \frac{314 + 56}{2^{15}} = 0.052\,7$$

与用正态理论算出的值 0.048 很接近.这个分析有两项重要意义:

1. 它建立了一个模式,在此模式下,零假设的检验只依赖于对实有试验资料的随机性操作,而与外加的诸如"正态、等方差"之类的假定无涉.这与女士品茶的例子相似.

2. 它显示(至少在这个实例中),用这种较广的模型的计算结果,与用通常正态假定算出者基本一致.如果这是一个一般规律,那意义就很重大了.因为,在样本量较大时,随机化方法涉及的计算量太大(若有 100 地块,则有 2^{100} 个值要算),实际无法执行,而用正态法则计算简便.如二者计算基本一致,则二者可统一起来,而我们可对通常基于正态的检验法,给予一个全新的更贴近实际的解释.

这正是费歇尔的基本想法. 这把他的两个方面的成果 —— 基于随机化的设计与基于正态假定和 t, F 等分布的检验理论完满地结合起来.

可是费歇尔当时尚不能对这两个做法的一致性给出理论的证明. 其证明的基础在于线性置换统计量的极限理论. 这个理论发端于 20 世纪 40 年代瓦尔德与沃尔夫维奇的工作, 并经诺特, 尤其是 20 世纪 60 年代捷克学者哈耶克的努力, 达到完善. 因而也证明了上述两种做法在大样本下的渐近一致性. 在拙著《数理统计引论》第 6 章中, 对这一切有详细的论述.

卡尔·皮尔逊的拟合优度检验与费歇尔的显著性检验, 二者的对象不同 —— 一是针对分布, 另一是针对一个效应, 通常是数值. 但二者的思路和做法很一致: 都是要找出一种能衡量数据与假设的偏差的量, 并用其概率 (拟合优度和显著性水平) 来衡量假设是否可信. 因此, 在这二位大师学术上的诸多分歧中, 唯有假设检验这一项, 二人之间没有做过什么批评. 对费歇尔显著性检验理论的不同意见来自贝叶斯学派, 主要有两条: 一是针对费歇尔 "做试验的唯一目的是搜集对零假设不利的证据" "零假设只能被否定不能被证实" 这类的说法, 认为这样一来, 零假设等于是一个被捆住的活靶子, 总有被击中的一天. 公平地说, 费歇尔这些说法从字面上看是绝对化了一些, 好在费歇尔本人也做过一些解释, 例如说不能根据单一的试验结果来否定零假设, 在实际运用中, 一个重要的零假设也许会有多人去检验它, 将其结果做综合分析, 可以得到更现实的评估. 这里重要的是对数据分析结果的解释要慎重, 通常还要与问题相关的专业知识和经验联系起来考察.

另一个批评是: 显著性检验中的零假设往往有 $\theta = 0$ 这类形式, 但 θ 不可以绝对地为 0, 故这假设天生就是错的. 贝叶斯派主张, 要么把 $\theta = 0$ 换成更现实的 $|\theta| \leqslant \varepsilon, \varepsilon > 0$ 为某选定值, 而对 θ 给一先验分布, 要么仍维持 $\theta = 0$, 但对这一点 (即 0) 给一个正的先验概率. 这不失为一种替代的做法, 但以此批评零假设 $\theta = 0$ 之不合理, 则仍是表面上的. 因为, 尽管在理论上严格标明了假设是 $\theta = 0$, 但所用检验, 实际上并未执着于这一点. 比如说当 $\frac{|\bar{x}|}{s}$ 足够小时我们接受 $\theta = 0$, 如果 $|\theta|$ 虽不为 0 但相当小, 则 "$\frac{|\bar{x}|}{s}$" 足够小仍能维持. 故除非样本量非常大 (而一般在人工控制的试验中, 这种情况不大有), 不太可能发生这种情况: $|\theta|$ 很小, 实际上可以认为是 0 (即这个效应没有实际意义), 但 θ 值不为 0, 而在检验中原假设 $\theta = 0$ 被否定了. 这类检验法经过实用者的长期使用, 并没有从他们那里听说由于零假设提法上的不合理而在实用上带来不便, 就是一个证明.

9.3 耐曼和皮尔逊的故事

这里借用了埃贡·皮尔逊写的一篇文章《耐曼和皮尔逊的故事——1926—1934》的题目,文章刊载于他与肯德尔合编的文集《概率统计史研究》,1970 年出版. 文中回忆了他与耐曼的个人交往及合作建立假设检验理论的往事. 他们二人也因这项成就而载入 20 世纪统计学发展的史册. 对耐曼而言,除了此项成就外,另一项广为人知的有基本意义的成就,是在 20 世纪 30 年代建立的置信区间理论.

埃贡·皮尔逊的经历比较简单. 年轻时即追随其父学习和研究统计学. 待耐曼 1925 年秋到大学学院参加卡尔·皮尔逊主持的研究生班时,埃贡在班上协助其父任辅导,后来到 1933 年卡尔·皮尔逊退休并将其职务一分为二时,埃贡接替了其统计系主任的工作直至退休.

据说他为人性格比较内向,不善与人交往. 在当时统计界名流中,唯有 Student 与他保持良好的关系. 他 1926 年开始与 Student 通信以来,书信往来一直到 Student 去世的 1937 年. 他很珍视这份友谊,临去世前两年他还在编辑他与 Student 的往来信件,共百余封,其中包含了不少这段时期有关统计学的珍贵史料.

费歇尔当时接替了卡尔·皮尔逊的另一半职务:高尔顿优生学讲座教授,与埃贡同在一座楼的相邻两层. 费歇尔对这一安排并不满意,因为他认为,他自己是同时继承这两大职务的唯一适当人选. 但二人在学术观点和其他方面也未曾有过严重的冲突或失和. 实际上自 20 世纪 20 年代中期起,埃贡已背离了其父的那一套大样本统计,转而归到费歇尔的小样本旗下. 历史事实表明,他这一立场的转变,是他日后在开创假设检验理论方面取得巨大成就的根源. 他与耐曼的交往始于 1925 年秋耐曼前去大学学院就学于卡尔·皮尔逊时,这经历只有一年. 1926 年至 1934 年期间耐曼不长住英国,1934 年耐曼来大学学院工作至 1938 年去美. 尔后二人天各一方,见面很少. 他与耐曼合作的 8 年二人并不在一处,主要依靠通信及因学术会议和旅游度假等的短暂会面.

比起埃贡·皮尔逊来,耐曼的经历就显得复杂多样了. 他 1894 年出生在俄国临近罗马尼亚的宾杰里. 1912 年举家迁至哈尔科夫,当年进入哈尔科夫大学学习数学和物理. 在这里一件对他一生有重大影响的事件,是他听了当时著名概率学者伯恩斯坦的讲课. 他在年轻时即对纯数学有强烈的兴趣并有很高的素养,与伯恩斯坦等名师的熏陶有关. 这对他日后研究数理统计学的风格留下了印记.

1921 年他根据第一次世界大战后的《里加条约》,作为交换移民随家迁往波兰,自此他成为一位波兰公民.1957 年他回他的祖国波兰访问,在华沙的科学文化宫做讲演.笔者当时适在波兰进修,在报告厅见到了他.这是影响了 20 世纪统计学发展进程的少数几位大师中,笔者有幸亲眼见到的唯一的一位,其言谈举止风貌在笔者脑海中留下了深刻的印象.

到波兰后,耐曼接受他哥哥的建议,去比得哥什的国立农业学院申请工作,任高级统计助理,这是他统计生涯的开始.1925 年得到政府资助去卡尔·皮尔逊那里深造.在这期间经 Student 介绍,于 1926 年 7 月会见了费歇尔.他在卡尔·皮尔逊那里待了一年,于 1926 年秋因洛克菲勒基金的资助,在巴黎进修了一年.据说他离开大学学院的原因是对那里的统计学表示失望,认为没有多少数学.由此看来,他这种重视统计学中数学严格性的观点,是早已形成并终其一生一以贯之的.

在巴黎期间他听过勒维、勒贝格和鲍莱尔这些大师的讲课,对他影响很大.此后直到 1934 年,他绝大部分时间在波兰任职,与埃贡的合作研究就在这段时间.1934 年再去大学学院任教师,到 1938 年 4 月应美国加利福尼亚伯克利大学数学系之邀去该系任教授.这一事件对美国统计学的发展,以及对他自己,都是一个转折点.这中间牵涉到他与费歇尔的矛盾,使他感到在英国难于发展,而美国则是一个新天地,他大有发展自己才干的余地.

20 世纪 30 年代后期的美国统计学与英国相比,尚属"第三世界"的性质.加利福尼亚伯克利大学当时的数学系主任埃文斯是一个很重视应用数学的人,也了解统计学的重要性.学校当局在他的建议下着手从英国引进一位统计界重量级人物来加利福尼亚大学数学系.当时考虑了包括费歇尔及其弟子在内的一些人,最后锁定在耐曼身上.在这里除了其他一些因素外,关于耐曼在统计学中坚持严谨数学的主张起了一定的作用,因为埃文斯主张严谨的统计学是数学的一个组成部分.顺便说一句,埃文斯的这种观点也使耐曼关于在加利福尼亚大学建立统计系的主张直到 1955 年才实现,虽然加利福尼亚大学的统计实验室早就起到了系的作用.这个实验室是耐曼到加利福尼亚大学工作不久,于 1938 年建立的,它在第二次世界大战后逐步取代伦敦大学学院的统计系,成为国际统计学的主要中心.

耐曼不负众望,很快把加利福尼亚大学建设成美国的一个主要的统计中心,与东海岸的哥伦比亚大学对峙.他大力抓人才队伍建设.据说有一个时期,统计实验室的研究生人数占加利福尼亚大学全部研究生人数的近一半.在他周围集结了一批新秀,其中有勒康(Legrand)、莱曼(E. L. Lehmann)、斯坦因(Stein)、布莱克韦尔(Blackwell)和歇菲(H. Scheffe)等后来成为美国统计界的重量级人物.自 1945 年开始他主持了多届伯克利国际概率统计讨论会,对推动国际上统计学的研究和国际统计学术交流起了重大的作用.

这里想特别提到他与我国著名统计学家许宝騄先生的一段关系.许宝騄在第二次世界大战后曾在加利福尼亚大学耐曼手下工作过一段短暂的时期.耐曼对许宝騄极为器重,曾为许宝騄的职称问题大声疾呼.后来许宝騄去北卡罗来纳大学工作,耐曼还曾去看过他,想把他争取回自己的旗下,但许宝騄于1947年回国在北大任教.据说在那以后他还多次对许宝騄的状况表示关心.

对于耐曼移居美国对美国统计学发展的影响,也有些其他看法,主要是认为他倡导了统计学研究和教学中的纯数学倾向.持这种看法的有受英国统计学传统影响很深的一部分美国统计学界元老,费歇尔本人也持这种看法[①].不过,如果说战后美国统计学确然存在所说的倾向,那倒不是体现在耐曼本人身上.他领导的实验室在战时曾受军方的委托研究过与战争密切相关的问题,战后也从事过多方面的有实际意义的重要课题.

下面转到正题.他们二人的合作大体上可分成两个阶段,以1930年初为界.前期起主导作用的是埃贡,而后期则是耐曼.特别是,提出这个问题的最初想法是来自埃贡.这一点看来甚合情理:毕竟埃贡与统计学打交道的时间比耐曼长得多,而耐曼又是一个比较专注于统计问题的数学方面的人.但后期的进展主要是耐曼之力.

埃贡考虑到这方面的问题与他当时转向小样本的大环境有关,因为正是小样本理论提供了处理同一问题的多种方法且有确切的概率计算可资比较.他因此思索这样的问题:可不可以制定某些原则以指导这种选择? 我们知道,这正是卡尔·皮尔逊和费歇尔的假设检验工作中没有考虑的问题,他们只是对确定的问题提出一种看来合理的检验法.

埃贡在回忆文章中,提及当时对他思考有影响的两位学者.其一是罗德斯,他在1924年发表了一篇题为《关于两组样本是否来自同一总体的问题》的文章,考虑了$2\times k$列联表.处理这问题的一种方法已由卡尔·皮尔逊给出,但罗德斯在文章中说,很显然,存在着许多检验这问题的方法,在逻辑上同样有根据.他提出,在这种场合下应当用最严的(most stringent),即给出最小尾概率的检验.埃贡说,正是这一提法在他心中引起了许多问题和疑问,他开始在多维的样本空间中比较不同检验的否定域,看是否能找到什么在直觉上有吸引力的原则,以指导对这些否定域的选择.

①这里摘引费歇尔女儿为她父亲写的传记中的一段话:"耐曼和瓦尔德分别在1939年和1940年移居美国.在教学中,统计的理论和数学方面日益受到强调.美国统计学家的态度有了改变,这熄灭了在1936年费歇尔来访时看到的曾使他很高兴的那种热情.当他(费歇尔)1946年重访美国时,年轻的统计学家确然把他作为一个权威来欢迎,但同时也把他看作一个陌生人,他的想法和做法已不再符合他们的胃口."

另一个对他有影响的学者是 Student.1926 年春,埃贡给他写信请教关于用他的 t 统计量去检验正态均值的合理性.Student 在回信中指出,否定一个统计假设的唯一正当理由是,存在另一个假设,它能以更大的概率解释观察到的样本.这"另一个假设"现在我们称之为对立假设或备择假设,这可能是假设检验史上首次提出这个重要概念.Student 并举例解释道:若你检验一个正态分布的均值 $a=a_0$ 而发现 $|\bar{x}-a_0|=c$,其概率(指概率 $P(|\bar{x}-a_0|\geqslant c)$——引者注)非常小,例如只有 10^{-4},这也不能证明你的样本不是来自 $a=a_0$ 的正态分布.但如有另一个可供选择之值 a_1,它使 $P(|\bar{x}-a_1|\geqslant c)$ 比方说等于 0.05,则你必会非常倾向于认为,原来的假设 $a=a_0$ 可能不真.

　　到 1926 年末,埃贡把在心中酝酿已久的想法写信告诉耐曼,这是他俩合作的第一篇文章的大纲,其中包括两类错误、控制第一类错误的原则、备择假设,以及似然比.此文于 1928 年发表在《生物计量》杂志上.

　　他提出似然比检验,与费歇尔 1912 年所做极大似然估计的文章的影响有关,但主要恐怕是他通过此法对一些重要例子的应用而积累的信念,认为这可以作为选取一个良好检验的方法.耐曼对似然比开始并不热心,他觉得此法隐含了对贝叶斯原则的使用,说与其如此,还不如直接给参数以某种先验分布[①],但后来他有保留地接受了埃贡的想法.紧接着他们又合作写了一篇关于似然比检验的文章,文题与第一篇同且也是在 1928 年发表在《生物计量》上.此文用似然比检验的观点研究了卡尔·皮尔逊 χ^2 拟合优度检验带参数的情形,用一种几何表述法,清楚地看到费歇尔提出的关于自由度的修改.耐曼写了一个附录包含此事的严格证明.在 1928 年至 1930 年期间,他们二人合作以埃贡为主,研究了两样本问题和多样本问题的似然比检验.两样本问题的提法为:设 $X_1,\cdots,X_m$ 和 $Y_1,\cdots,Y_n$ 分别是抽自正态总体 $N(a_1,\sigma_1^2)$ 和 $N(a_2,\sigma_2^2)$ 中的随机样本,$a_1,a_2,\sigma_1^2,\sigma_2^2$ 全部未知,要检验假设

$$\{a_1=a_2,\sigma_1^2=\sigma_2^2\}$$

他们导出了似然比统计量 λ,并证明了当 m 和 n 都很大时,$-2\log\lambda$ 在原假设成立的前提下渐近于分布 χ_2^2,这是 1938 年由威尔克斯(S. S. Wilks)所证明的有关似然比极限分布定理的一个特例.他们关于两样本和多样本的合作论文,是分别于 1930 年和 1931 年在波兰刊物上发表的.

　　从以上描述可以看出:他们合作的第一期的主要成果是似然比检验,作为耐曼 — 皮尔逊理论的核心的那些内容尚未出现,那是第二期(1930—1934 年)合作的成果.在这一阶段,重心转到耐曼这边.他之所以担当了这个任务,一是

---

　　①耐曼成名后一直是一个坚定的反贝叶斯主义者.他在这里的想法表明,在 1926 年时他还没有对贝叶斯派采取明确的反对立场.

由于他对似然比存在的保留态度,这使他不像埃贡那样把似然比看成终极的结果,即还是存在如下的问题:或者证明似然比检验在某种意义上为最优,或者设法找出最优检验.正是对这个问题的探索使他发现了著名的"基本引理"及一致最优检验等中心内容.二是他的数学根底及倾向性强过埃贡,这在下一步基本上是纯理论的研究中十分重要.

这个阶段可以说起始于 1930 年 3 月 8 日.在这一天耐曼给埃贡写了一封信,提出 5 个当前有待研究的问题,其中之一是 t 检验第 2 类错误概率的计算.耐曼后来把这叫作功效函数,这是将这一重要概念引入假设检验之始.另一个问题是一个所谓"一般的变分学问题".

此问题是这么一回事:虽然他们的研究证明了似然比是一个有用的检验,但它仍只是一个在直观上看来有吸引力的检验,需要寻求某种理论上的根据.在对待这一问题上,埃贡和耐曼走的路线不同.

埃贡倾向于利用在大学学院积累的随机抽样资料来做模拟比较.他对检验正态分布均值(方差未知)为 μ_0 的假设比较了两个检验.其一是 Student t 检验,另一是基于统计量

$$z' = \frac{x_1 + x_n - 2\mu_0}{x_n - x_1}$$

的检验,其中 x_1 和 x_n 分别是 n 个样本值中的最小者和最大者.他的模拟结果显示,当总体分布由均匀分布向长尾分布过渡时,t 检验的优越性逐渐显著.埃贡认为,虽则所得结果尚嫌粗糙,但也指明了:把注意力集中在功效函数上是合理的.

耐曼则从更根本的立场出发,即从数学的角度去考察:为使接受一个"不对的假设"的概率最小,也即使否定它的概率最大,检验该是什么形状.他在处理这个问题时碰到了相当的困难.据埃贡回忆,只是由于坚持不懈的精神保证了最后的成功.长话短说,到 1931 年秋,耐曼已完成了基本的研究,得到"基本引理"和一致最优(UMP)检验的基本理论.1931 年末二人在华沙会面商定了题为《关于统计假设的最有效检验问题》的合作论文.此文在 1932 年 8 月经卡尔·皮尔逊推荐给皇家学会.由费歇尔审阅,于 1933 年发表,这就是我们现在通称的耐曼 — 皮尔逊理论的奠基性工作.

此文发表后,他们二人这一段 8 年合作的故事也走向落幕[1],虽然 1934 年耐曼来伦敦与埃贡在同一单位工作.自此至 1938 年,他们和他们的研究生还共同研究过一些问题,但已不像前一段那样有一个明确的计划.后期二人共同发

---

[1]从二人合作发表论文的时间看,最早一篇是 1926 年而最末一篇是 1938 年.可是埃贡在其《耐曼与皮尔逊的故事 ——1926—1934》一文中,把他们二人合作的时间明确截至 1934 年.

表的论文中,重要的有发表于1936年和1938年的《对假设检验理论的贡献》,其中引进了无偏检验和一致最优无偏检验的概念.这方面的研究根源可以追溯得更早.问题是这样的:在前一段研究中已明确,在简单假设的情况下UMP检验存在且就是似然比检验.但在复合假设情况下,虽则仍可构造其似然比检验,但不一定是UMP,这一点促使他们在其1933年的文章中引进"相似检验"的概念,即把所考虑的检验范围缩小,这个在无偏检验的研究中是一个关键的概念.另外在1931年,就一个特例耐曼已接触到非无偏检验,虽则当时还没有引进这个名称.问题是由正态$N(a,\sigma^2)$ $(a,\sigma^2$ 都未知)中抽出的样本去检验假设$\{a=0,\sigma=1\}$.耐曼算出,似然比检验在$a=0,\sigma=1.1$处的功效小于检验的水平.后来到1955年,莱曼与歇菲合作,在《完全性、相似区域与无偏估计》一文中,发展了指数族分布参数一致最优无偏检验的理论.

后世对耐曼 — 皮尔逊理论的评价很高.1978年,当耐曼传记的作者问他是否把二人合作在数理统计学上导致的革命看成一场"准哥白尼革命"时,他承认"在一定程度上是的".

这个理论的巨大影响,不在于它提供了一批在实际中有用的检验 —— 它在这方面的建树其实有限.即使似然比检验是一个应用很广的方法,但它实用的最重要情况其实还是 Student、费歇尔等已用其他方法得出的,UMP 检验也只在有限的情况存在且大部是已知的检验.

它的巨大意义在于做出了一个样板,从而指导和影响了统计学以后的发展方向.自有统计学以来,破天荒第一次在一个重要领域把其基本概念和所要解决的问题严格地用数学表达出来,即把统计问题的解化为一个数学最优化问题.十余年后,瓦尔德把这一想法推展到整个的数理统计学领域,建立了统计决策函数理论.对统计学的理论研究和应用都产生了相当大的影响.溯本寻源,有充分的理由认为耐曼 — 皮尔逊理论是瓦尔德的理论的先声.无论如何,耐曼 — 皮尔逊的工作成了那以后严谨的统计理论研究工作的一个模式.这一点在数理统计学另一重要分支 —— 参数估计中,看得最为明显.

这样一个变化的结果如何呢? 这是一个见仁见智的问题.确有不少统计学家认为,第二次世界大战后统计研究中过分的数学化倾向造成了理论与应用的脱节,造成了空洞无物的文章泛滥的情况,这不能不说是实情.但是应该看到:耐曼 — 皮尔逊的假设检验理论是有用的理论,且在统计研究中提倡严谨的数学本身也不能说有错.一切要看实际如何运用.不能把耐曼和皮尔逊的后来人中所存在的一些错误倾向归咎于他们.

9.4　许宝騄教授的贡献

许宝騄(1910—1970)祖籍杭州,1910 年 9 月 1 日出生于北京,先后在燕京大学和清华大学攻读化学和数学,毕业后在北京大学任教.1936 年赴英留学学习统计学,1940 年回国执教于西南联大.1945 年赴美,先后在伯克利加利福尼亚大学、哥伦比亚大学和北卡罗来纳大学任访问教授.1947 年 10 月回国任北京大学教授至 1970 年 12 月 18 日去世.

许先生在数理统计和概率论领域的成就是多方面的,这里只结合本章主题介绍一点他在假设检验方面的成就.先得说说 20 世纪 30 年代后期许先生开始其研究工作时,数理统计学面临的热点问题.

当时耐曼 — 皮尔逊的假设检验理论刚刚建立,但还未能应用到比较复杂的模型中去,其中最重要的是线性统计模型.另一方面,早在十余年前费歇尔等人已对线性模型的线性假设发展了 F 检验.这种检验是基于直观,不知道它有何优越性或是否有比它更优越的检验.在没有耐曼 — 皮尔逊理论时,这种问题无从提出,即或提出也无从下手.现在耐曼 — 皮尔逊理论建立了以比较功效函数为基础的方法.因此,把这一方法用于线性模型的线性假设检验问题(当然也包括 Student 检验在内),是一个很有意义的研究方向,因为这些检验在应用上有巨大的重要性.但这种研究牵涉到很复杂的精细分析问题,而在当时的统计学家队伍中,具备这种数学素养的,为数还很少,许先生正是其中的突出者.他又及时敏锐地抓了这个研究方向,取得了有重要意义的成就.以下介绍几篇他在这个领域中的代表作品.

1.《Student t 分布理论用于两样本问题》.

此文发表于 1938 年.设 $x_{11},\cdots,x_{1n_1}$ 和 $x_{21},\cdots,x_{2n_2}$ 分别是从正态分布 $N(a_1,\sigma_1^2)$ 和 $N(a_2,\sigma_2^2)$ 中抽出的随机样本,$a_1,a_2,\sigma_1^2,\sigma_2^2$ 都未知.许先生考虑了以下几个检验问题:

A. $a_1=a_2,\sigma_1^2=\sigma_2^2$.

B. $a_1=a_2$.

C. $a_1=a_2$,假定 $\sigma_1^2=\sigma_2^2$(公共值未知).

问题 A 在耐曼和埃贡·皮尔逊 1930 年的文章《关于两样本检验》中讨论过,他们求得了似然比检验,但对其性质未做深入讨论.问题 B 是著名的贝伦斯 — 费歇尔问题.至于问题 C,已由费歇尔在其 1925 年的文章《Student t 分布的应用》中讨论过,他引进了沿用至今的两样本 t 检验.但也未能仔细探究其表现,特别是在作为出发点的假定 $\sigma_1^2=\sigma_2^2$ 不正确时,会有如何的后果.

许先生用一个一般的形式对这些问题进行了一揽子讨论.令

$$\bar{x} = \sum_{j=1}^{n_i} \frac{x_{ij}}{n_i}, S_i = \sum_{j=1}^{n_i} (x_{ij} - \bar{x}_i)^2, i = 1, 2$$

许先生引进统计量

$$u = \frac{(\bar{x}_1 - \bar{x}_2)^2}{(A_1 S_1 + A_2 S_2)}$$

其中 $A_1 > 0, A_2 > 0$ 为常数,而考虑以 $|u| > c$ 为否定域的检验.这包含了当时在讨论这些问题时引进过的一些检验.例如,当 $A_1 = A_2$ 时得到两样本 t 检验.

这个工作的重头部分是计算上述 u 检验的功效函数,即

$$\beta(\lambda, \theta) = P(|u| > c \mid a_1, a_2, \sigma_1^2, \sigma_2^2)$$

这里

$$\lambda = \frac{(a_1 - a_2)^2}{2\sigma^2}$$

$$\theta = \frac{\sigma_1^2}{\sigma_2^2}$$

而

$$\sigma^2 = \frac{\sigma_1^2}{n_1} + \frac{\sigma_2^2}{n_2}$$

容易看出,这功效函数只是通过 λ 和 θ 这两个参数而依赖 $a_1, a_2, \sigma_1^2, \sigma_2^2$. 做这个计算的目的,是据以研究这个检验在各种情况下的表现.例如,当两样本 t 检验用于问题C时,表现如何.下表是许先生计算的部分结果(原假设 $a_1 = a_2$ 成立时 t 检验功效函数 $\beta(\theta)$ 之值):

θ	0.05	0.10	0.20	0.50	1	2	5	10	20
(5,15)	0.003 2	0.004 9	0.084	0.025	0.05	0.098	0.178	0.230	0.266
(3,5)	0.030	0.030	0.031	0.038	0.05	0.072	0.103	0.145	0.172
(7,7)	0.067	0.063	0.058	0.051	0.05	0.051	0.058	0.063	0.067

此检验水平定为 0.05.表中(5,15)表示 $n_1 = 5, n_2 = 15$,其余类推.这个计算的目的是阐明在问题C中,若假定 $\sigma_1^2 = \sigma_2^2$(即 $\theta = 1$)不正确时,会有如何的后果.读者不难从表中看出一些情况.

2.《回归问题的典则形式简化》.

此文发表于1941年.一般线性回归模型

$$Y_i = x_{1i}\beta_1 + \cdots + x_{pi}\beta_p + e_i, i = 1, \cdots, n$$

关于其回归系数 $\beta_1, \cdots, \beta_p$ 的一般线性假设可表为

$$H: c_{1r}\beta_1 + \cdots + c_{pr}\beta_p = 0, r = 1, \cdots, k$$

$k \leqslant p$,且向量 $(c_{1r}, \cdots, c_{pr})(r = 1, \cdots, k)$ 线性无关.这个形式很复杂,在研究理论

问题时很不方便.许先生通过变换把它表为如下的典则形式：

$$Y_i = \gamma_i + e_i, 1 \leqslant i \leqslant p; Y_i = e_i, p+1 \leqslant i \leqslant n \tag{5}$$

$$H: \gamma_1 = \cdots = \gamma_p = 0 \tag{6}$$

这里 $\gamma_1, \cdots, \gamma_p$ 为模型中的参数.这个形式很简洁,便于理论上的研究.许先生提出的这个形式成为日后研究者采用的标准形式,对线性回归模型的研究起了很大的促进作用.

3.《功效函数观点下的方差分析》.

此文发表于 1940 年.它首次证明了方差分析中的 F 检验从功效函数观点去看的一种优越性.

方差分析中任一个效应有无的检验,都可以化为典则形式(5)之下的假设(6).许先生证明了如下的结果:如果假设(6)的水平 α 检验不是 F 检验,但是其功效函数在任一个球面

$$\gamma_1^2 + \cdots + \gamma_k^2 = c^2$$

上保持常数,则此检验的功效必小于水平 α 的 F 检验的功效.

这些在当时都是处于国际领先水平的重要工作,从理论上看起了开辟新的研究方向的作用,也有很强的实际应用背景.

注 1 公式(3)的证明.

记 $x_i = m_i' - m_i, i = 1, \cdots, n$. 按皮尔逊的定义,$\chi^2$ 值是式(1)中花括号内的表达式,即 $x' \Lambda^{-1} x$,其中 $x = (x_1, \cdots, x_n)'$,Λ 是 x 的协方差阵. 有(N 为观察次数)

$$\text{Var}(x_i) = \frac{m_i(N - m_i)}{N}, i = 1, \cdots, n$$

$$\text{Cov}(x_i, x_j) = \frac{-m_i m_j}{N}, i, j = 1, \cdots, n, i \neq j$$

于是有

$$\Lambda = A - uu'$$

其中 A 为对角阵 $\text{diag}(m_1, \cdots, m_n)$,$u'$ 为行向量 $\left(\frac{m_1}{\sqrt{N}}, \cdots, \frac{m_n}{\sqrt{N}} \right)$. 按矩阵论中的公式,有

$$\Lambda^{-1} = A^{-1} + \frac{A^{-1} uu' A^{-1}}{1 + u' A^{-1} u}$$

于是

$$x' \Lambda^{-1} x = x' A^{-1} x + \frac{(x' A^{-1} u)(u' A^{-1} x)}{1 + u' A^{-1} u} \tag{A_1}$$

右边第 1 项是 $\dfrac{\sum\limits_{i=1}^{n} (m_i' - m_i)^2}{m_i}$. 又因

$$x'A^{-1}u = \frac{\sum_{i=1}^{n}(m_i' - m_i)}{\sqrt{N}} = 0$$

且

$$\sum_{i=1}^{n} m_i' = N = \sum_{i=1}^{n} m_i$$

于是得到式(3). 证毕.

这个计算比皮尔逊的原文大大简省,是因为利用了式(A$_1$). 皮尔逊是直接从式(1)出发,要用很烦冗的方法计算行列式 R 和 R_{ij}.

注2 费歇尔 1924 年关于自由度的论证.

考虑只含一个参数 θ 的情况. 设 θ 的真值为 θ_0, θ_0 未知. 当取参数值为 θ 时, χ^2 统计量之值,记为 $\chi^2(\theta)$, 等于

$$\chi^2(\theta) = \frac{\sum_{i=1}^{k}(E_i(\theta) - O_i)^2}{E_i(\theta)}$$

这里 $E_i(\theta) = np_i(\theta)$. 费歇尔用"$\chi^2$ 极小原则"估计 θ_0, 即取使 $\chi^2(\theta)$ 达到最小的 θ 值 $\hat{\theta}$ 作为 θ_0 的估计. 因

$$\chi^2(\theta) = \sum_{i=1}^{k} E_i(\theta) - 2\sum_{i=1}^{k} O_i + \frac{\sum_{i=1}^{k} O_i^2}{E_i(\theta)} =$$

$$n - 2n + \frac{\sum_{i=1}^{k} O_i^2}{E_i(\theta)} =$$

$$-n + \frac{\sum_{i=1}^{k} O_i^2}{E_i(\theta)}$$

列出方程 $\dfrac{\mathrm{d}(\chi^2(\theta))}{\mathrm{d}\theta} = 0$, 得

$$\sum_{i=1}^{k} \left(\frac{O_i^2}{E_i^2(\hat{\theta})}\right) E_i'(\hat{\theta}) = 0 \tag{A$_2$}$$

因

$$\sum_{i=1}^{k} E_i'(\theta) = \left(\sum_{i=1}^{k} E_i(\theta)\right)' = n' = 0$$

式(A$_2$)可写为

$$\sum_{i=1}^{k} \frac{O_i^2 - E_i^2(\hat{\theta})}{E_i^2(\hat{\theta})} E_i'(\hat{\theta}) = 0 \tag{A$_3$}$$

记 $E_i = np_i(\theta_0)$, 则用泰勒展开(在点 $\hat{\theta}$ 附近, $\Delta\theta_0 = \theta_0 - \hat{\theta}$)

$$\frac{1}{E_i} - \frac{1}{E_i(\hat{\theta})} \approx - \frac{1}{E_i^2(\hat{\theta})} E_i'(\hat{\theta}) \Delta\theta_0 +$$

$$\left(\frac{2}{E_i^3(\hat{\theta})} (E_i^3(\hat{\theta}))^2 - \frac{1}{E_i^2(\hat{\theta})} E_i''(\hat{\theta}) \right) \frac{(\Delta\theta_0)^2}{2} \qquad (A_4)$$

此处略去了 $o(\Delta\theta_0)^2$ 项.

现有

$$\chi^2(\theta_0) - \chi^2(\hat{\theta}) = \sum_{i=1}^{k} O_i^2 \left(\frac{1}{E_i(\theta_0)} - \frac{1}{E_i(\hat{\theta})} \right)$$

由式(A_4),得

$$\chi^2(\theta_0) - \chi^2(\hat{\theta}) = -A_1 + A_2 - A_3 \qquad (A_5)$$

其中

$$A_1 = \sum_{i=1}^{k} \frac{O_i^2}{E_i^2(\hat{\theta})} E_i'(\hat{\theta}) \Delta\theta_0$$

$$A_2 = \sum_{i=1}^{k} \frac{O_i^2}{E_i^3(\hat{\theta})} (E_i'(\hat{\theta}))^2 (\Delta\theta_0)^2$$

$$A_3 = \frac{O_i^2}{2E_i^2(\hat{\theta})} E_i''(\hat{\theta}) (\Delta\theta_0)^2$$

由式(A_2),知 $A_1 = 0$. 由于

$$\frac{O_i}{E_i(\hat{\theta})} = 1 + o_p(1)$$

$$\sum_{i=1}^{k} E_i''(\hat{\theta}) = 0$$

且

$$\Delta\theta_0 = o_p(1)$$

知

$$A_3 = o_p(1)$$

由

$$\frac{O_i}{E_i(\hat{\theta})} = 1 + o_p(1)$$

知

$$A_2 \approx \sum_{i=1}^{k} \frac{1}{E_i(\hat{\theta})} (E_i'(\hat{\theta}))^2 (\Delta\theta_0)^2$$

表达式 $\sum_{i=1}^{k} \frac{1}{E_i(\hat{\theta})} (E_i'(\hat{\theta}))^2$ 是 Fisher 信息量,近似地等于 $\mathrm{Var}(\hat{\theta})$,而 $\Delta\theta_0 = \theta_0 - \hat{\theta}$. 故 A_2 近似地等于 $\left(\frac{\theta_0 - \hat{\theta}}{\sqrt{\mathrm{Var}(\hat{\theta})}} \right)^2$. 括号内的量当 $n \to \infty$ 时,以 $N(0,1)$ 分布为极限. 综合以上论证并注意(A_5),知当 $n \to \infty$ 时

$$\chi^2(\theta_0) - \chi^2(\hat{\theta}) \to \chi_1^2$$

这样 $\chi^2(\hat{\theta})$ 比 $\chi^2(\theta_0)$ 少了一个自由度. 当有 r 个参数时, 论证类似.

　　拿现今的标准来看, 上述论证中的问题很多. 严格的证明最初出现在耐曼与埃贡·皮尔逊合作的文章《用于统计推断的某些检验准则的使用和解释》(1928) 的附录中. 差不多在同时, 帕德也在文章《将分散的数据拟合于一个公式》(1929) 中给出了一个证明.

参数估计

参 数估计是数理统计学中与假设检验并列的两大基础分支,分别研究统计推断两个基本形式之一,其理论和方法为数理统计学中众多的门类和应用分支所依据和使用.

如果说假设检验这个分支可算是"世纪同龄人",那么,参数估计则是与数理统计这门学科"与生俱来"的. 收集数据的目的总是估计点什么,可以争辩说,这个说法值得商榷,因为在漫长的描述统计时期,计算 $\bar{x}$ 之类的量更多是从整理数据的眼光看,"带参数的一族分布"这种概念,还是在 20 世纪 20 年代才有的. 费歇尔在其《理论统计学的数学基础》一文中还曾感叹对理论统计学的忽视,而他指出的两个原因之一竟是"存在于统计量和参数之间的混淆". 这样看,可以把参数估计看成是一个到 20 世纪才有的分支. 怎么看都有道理,因为到什么火候才算得上形成一个分支,标准掌握可以不同.

不过如果我们不拘泥于形式而注重问题的实质,则不能不承认,在 1900 年之前,数理统计学中处理的问题,绝大部分是属于如今我们归入"参数估计"名目下的那一些,且基本上可归入 3 大类:频率估计概率,$\bar{x}$ 估计平均,以及最小二乘法,后者在 19 世纪时属于"数据结合"(误差分析),逐渐且最终完全归入数理统计学的旗下.

第 10 章

191

从理论方面看,也不好把这一段(1900前)的参数估计状况全看成"史前时期",而是已有相当"文明"的进展了.伯努利大数定律、棣莫弗－拉普拉斯中心极限定理等,莫不可解释成且事实上也是参数估计理论的成就,尽管"相合性""渐近正态估计"这类术语当时尚没有.至于勒让德－高斯的最小二乘估计和正态误差理论,以及在第4章所述的19世纪线性模型理论的进展,就其方法应用价值之高及理论上的深度,比之20世纪的许多重大成就都不遑多让,我们今天都还被其余泽.

　　自19世纪末以来,确切地说是从1894年到1912年,又发生了两件大事,使参数估计在形成一个近代意义下的分支的征途中,又上了一个台阶.一件就是自1894年起卡尔·皮尔逊提出他的分布族,以及为确定族中参数值而提出的矩估计法.另一件是1912年费歇尔在《关于拟合频率曲线的一个绝对准则》一文中提出了极大似然估计法.这两件工作的意义在于:它不像此前的估计法只是一些可用在特定场合的方法(如频率、$\bar{x}$之类),而是有了一个一般框架,即依赖于参数的一族分布,所提出的方法也有普适性.如估计均值、方差和相关系数等问题,以往都个别处理,其实都是这两个方法在特定问题中的应用.

　　所以,到了1910年,参数估计的局面可比拟为一张有4条腿的桌子,这4条腿分别是矩法、极大似然法、最小二乘法和贝叶斯法.贝叶斯法其实是"老字号",但20世纪初年几位大师,包括卡尔·皮尔逊和费歇尔(以及后来的耐曼和埃贡·皮尔逊),都对之持批判态度,故情况有些低迷,但其影响还是可见的[①].最小二乘法在它那个特定范围内的使用无人持异议,且其发明者已是古人.唯独矩法和极大似然法这两项,"产品"用途相同,"经营者"都是大家,难免有一个"一争高下"的问题.发难者是费歇尔,他在其著作中,批评矩法的言论甚多.至于卡尔·皮尔逊这一方,终其一生未为其论据所动.他最后一篇反驳的文章《矩法和极大似然法》发表于他逝世的那一年——1936年.

10.1　矩法和极大似然法

　　从费歇尔1912年文章题目中的"绝对准则"(absolute criterion)四字来看,他对于自己所提出的这个估计方法的优越性是有"绝对的"自信的.文章一开始,他就提到现行的两种将数据拟合于频率曲线的方法,即最小二乘法和矩法.他对二者都做了批评.对前者的批评是"显然不能用",因为这与x的尺度有关:

---

　　①后来统计学家在论及费歇尔1912年的文章时,多持这样的观点:他对似然函数取极值点的做法,受到了"贝叶斯假设"的影响.

如果用一个 x 的(严增连续)函数 ξ 代替 x 作为横坐标,拟合结果将有改变.同时,如果数据分组的话,分组方式的变化也会影响估计的结果.

对矩法,他说上述反对意见不适用[1].但是他认为这方法"没有理论上的合法性",对此他没有仔细解释,接着他提出了极大似然法并举了几个应用实例.

这篇文章(发表在一个名叫 *Messenger of Mathematics* 的杂志上)在当时及以后很长时间没有引起什么反应,很可能皮尔逊本人也没有注意它.此事的一个证据是那以后若干年在皮尔逊的著作中未见到反驳此文的材料,且至少到 1916 年为止,皮尔逊与费歇尔维持很好的关系.到 1922 年,费歇尔再回到这个题目,他说除了正态分布以外[2],矩法没有被证明能获得(参数的)最好值.他承认在这些情况(正态以外)下,矩法作为一个获得(参数)近似值的方法是可用的,但为了在必要时改进它,一个更适当的准则是必需的.这后者当然是指他的极大似然估计.他也指出,像在估计柯西分布参数那样的情况,矩法根本不能用.

他的上述意见发表于 1922 年那篇大文章《理论统计学的数学基础》中.在此文中倒是有其实质性的意见,即他证明极大似然估计的(渐近)方差为费歇尔信息量的倒数,而矩估计的方差则大于它,因而不是有效的.他指出在 1914 年以前皮尔逊及其他人造成了一些混乱,因为他也用这同一公式来计算矩估计的方差,而这公式只适用于极大似然估计.以后,矩估计的非有效一直是他批评这个估计的基本论点.

费歇尔这个论点是大样本性质的 —— 而且即使在这个范围内,其数学论证也离严格性的标准相差很远,因此皮尔逊不能接受这些论点也是可以理解的了.但他却也拿不出令人信服的理由来为矩法辩护.他对这个方法的辩护集中体现在其 1936 年的文章《矩法和极大似然法》中,在该文所提出的对这两法进行比较的 4 个条件中,有 3 条是涉及数据和计算的,只有一条提出"对效率比较必须有一个大家同意的标准,即大家都接受的'最好的'(估计)的定义".应该说这一点抓住了问题的实质.如果要对两个方法的优劣做全面的比较,则标准也要是全面的而非单一的.就算费歇尔关于矩估计效率不如极大似然估计的论点确有其根据,那也不能仅凭这一点就对二者的优劣比较做出一个判决.

皮尔逊在 1936 年去世,这场争论(在此二人之间)也就画上一个句号.但费歇尔在 1937 年还发表了一篇文章:《皮尔逊教授与矩法》.他还指责由于把过多的注意力放在"用矩来拟合曲线"上,影响了学生们学习其他一些材料,如小样本、方差分析和估计理论等,这会越来越被认为是浪费时间.

---

[1]其实,这两条都适用于矩法,且后一条也适用于极大似然法.

[2]是指在皮尔逊分布族中除正态分布以外.

193

从这场争论的结局看,费歇尔是胜利的一方,这只要从以后(直到现在)出版的统计教本中,一般都认为极大似然估计优于矩估计这一点就可以证明.这不能说全无根据,极大似然估计渐近方差最小是其主要之点.再说皮尔逊之执着于矩法,是因为事关他的整个体系,他不认同 Student、费歇尔诸人小样本那一套.前引费歇尔关于把过多注意力放在用矩来拟合曲线上,或更一般的理解,放在皮尔逊心仪的他那一套老的统计体系上的批评,确并非空穴来风.但作者觉得,单就这两法的比较上看,而不涉及二人整个的体系,公允的结论应是各有所长,只说一点:在非参数领域,极大似然估计基本不适用,但矩法则可顺利使用.这不仅在像估计一般分布的均值方差这类问题,也包括更复杂的诸如概率密度和非参数回归等问题.

10.2　充分统计量

充分性概念的提出是费歇尔最有独创性的贡献之一,其对数理统计的理论也有很大的影响,虽然近来也有一种意见,认为因这概念过于依赖总体分布的形式,它对应用统计的作用是有限的.

费歇尔提出这个概念是在 1920 年《关于确定一个观察值的精度[①]的两种方法的数学考察:平均误差与均方误差》一文中.此文是为了回答天文学家爱丁顿在 1914 年出版的著作《行星运动和宇宙结构》中提出的一个看法,即认为在估计一系列观察值的均方误差时,用简单的平均绝对残差比用均方残差好.用现代的确切术语来讲,他的意见是:设 $x_1, \cdots, x_n$ 是从正态总体 $N(a, \sigma^2)$ 中抽出的随机样本,a 和 σ 都未知,要估计 σ,通常用的方法是 $s = \left(n^{-1} \sum_{i=1}^{n} (x_i - \bar{x})^2\right)^{\frac{1}{2}}$.爱丁顿主张用统计量

$$m = c \cdot \sum_{i=1}^{n} \frac{|x_i - \bar{x}|}{n}$$

c 为适当选择的常数[②].爱丁顿还说,这与通常教本中的主张相反,但可以证明这是正确的.

费歇尔先计算这两个估计的方差,发现后者(m)的标准差比前者大 14%,当 n 很大时,他推论说,由于当 n 很大时,二者的联合分布渐近于正态(这是当时的习惯看法,认为只要样本量大了,分布就会渐近于正态,其实在本例,严格

---

①指其标准差.
②为了比较二者的方差,就选择 c 使 m 为 σ 的无偏估计,s 也要乘上适当的常数 d,使 ds 为 σ 的无偏估计.

证明并非 trivial),故这时标准差的大小完全决定其优良性. 这证明:在样本量 n 很大时,s 优于 m.

但此推理对 n 不大时不适用. 于是费歇尔走出了其关键的步骤:他计算在 s 给定之下 m 的条件分布. 这如要得出解析表达式当然很难,但费歇尔用 n 维几何的方法,得出这个条件分布与 σ 无关(也与 a 无关),而给定 m 时 s 的条件分布则与 σ 有关. 以下的推理与我们现在在教本中见到的推理方式一样:这证明在已有了 s 时,再知道 m 已不能提供关于 σ 的更多信息,而反过来则不然,这证明了 s 对 m 的优越性(注 1).

费歇尔在 1920 年的文章中尚未提出充分性这个名词,首次提出这个名词是在 1922 年的文章《理论统计学的数学基础》中,但其定义所依据的思想是在 1920 年的文章中建立的. 费歇尔对充分统计量的意义是从更根本的角度去看. 他认为统计方法的主要任务之一是简化数据,即把数据中所含的有关信息量浓缩在尽量少的一些统计量中,若有充分统计量在,则这一浓缩不会造成任何损失,当然是最理想的.

费歇尔在 1920 年的文章中也注意到一个重要事实:他所发现的关于条件分布 $m \mid s$ 与 σ 无关的性质,与总体的正态性有极大的关系. 他指出,在估计重指数分布(拉普拉斯分布)$(2\sigma)^{-1} \exp\left(-\frac{\mid x - m \mid}{\sigma}\right)$ 的刻度参数时 s 不如 m(都调整到无偏). 他建议计算样本峰度,当它接近 3 时用 s,否则用 m.

拉普拉斯在其 1812 年的名著《概率的分析理论》中,也以费歇尔的方式很接近于统计量的充分性概念. 他考虑的是一元线性回归系数的两个估计的比较:最小一乘估计 m_1 和最小二乘估计 m_2. 他先求出这二者的极限分布,比较其渐近方差,证明在误差为正态分布时,m_2 优于 m_1. 他进一步想在这二者的线性组合 $c_1 m_1 + c_2 m_2$ 中,找一个渐近方差最小者,他于是算出 (m_1, m_2) 的联合极限分布为 2 维正态,在此基础上,证明了在一切上述线性组合中,最优者就是 m_2. 费歇尔比拉普拉斯往前走的关键一步,是考虑了给定其中之一时另一个的条件分布.

10.3 费歇尔点估计大样本理论

这主要包含两篇文章,一是前引的 1922 年的文章,二是 1925 年的《点估计理论》.

费歇尔的统计文章多数属于这种性质:有一个明确而具体的主题. 如关于极大似然估计的,关于相关系数分布的,关于 F 检验和方差分析的,关于

Student t 分布的应用的,关于列联表等的题目.这两篇文章风格有点不一样,它的目的是想建立数理统计学的一个总的架构.在他以前,这样的文章在统计文献中还不存在,因此有理由说,他这些工作是统计学走上一个新台阶的标志.

他在 1922 年写的文章从题目上看,是要建立整个理论统计学的数学基础,但这篇 59 页长的文章事实上只涉及点估计,或更确切地说,只涉及点估计中大样本理论那一部分.1922 年的文章提出了一系列的基本概念,论述中颇有含糊不清之处,数学上也很粗糙.1925 年的文章在一定意义上是其深化,澄清了前文中一些不好理解的部分.这两篇文章给点估计大样本理论这座大厦建立了一个外壳,其"内部装修"花了好几十年的时间.可以说,它是以后几十年此领域研究工作的纲领,后人有所完善、发挥和创造,但基本上是在他规划的那个格局内.

按费歇尔的说法,统计问题可划分为以下 3 个方面:1. 型式化(specification),即选定一族分布作为统计问题的模型.2. 估计,即找一个统计量以估计模型中参数的值.3. 统计量的抽样分布.与我们现行教科书的提法比较,第 1 条无异,不过我们现在谈到总体或样本分布族,也考虑非参数情形.第 2条我们现在一般说是统计推断,不限于估计.至于第 3 条,现在我们大致还这么理解,但不是在严格的字面意义上,在非正态模型中能确切求出精确抽样分布的情况为数不多,可以求出其某种近似(如大样本方法).有时可通过模拟,也可能只需考虑抽样分布的某些特征,如方差,故在相当的程度上可以说,费歇尔为统计学设计的这个数学框架,直到现在我们还沿用着,当然在理解上增添了不少的新内容.

在其 1925 年的文章中有很长一段关于"无限总体"的论述,可以作为上述第 1 条的一个脚注."总体"(population)这个词在费歇尔之前,一直是理解为一些现实的个体的集合,如你要研究某地近海一种虾的某一数量特征,则该地近海全部这种虾就是总体,其数量虽可以非常之多,但总属有限.这有一个很大的不方便,即这种总体的任何特征,其分布原则上都是离散的.无限总体这个概念的引入,把两类原来不同对待的总体统一起来:一类是实物总体,另一类是像测量一个物件之长那样的试验值组成的总体,其个体并非实物,是因试验而产生,因而理论上是无限的.像 Student t 分布的文章(1908)是按误差论的基调写的,因而一上来就引进正态分布这个无限总体.到皮尔逊时期,实物总体也开始用正态等分布作为近似,已为费歇尔这个无限总体的概念做了铺垫.如今,"无限总体"这个名词已较少使用.我们一般直接说"样本是从某分布中抽出的",但这个说法后面还是有费歇尔那个无限总体的背景在.

费歇尔在文章中提出了下面一些概念:

1. 费歇尔相合性.设某个待估的量 η 可表为总体分布 F_θ 的泛函 $g(F_\theta)$,以

F_n 记样本 $x_1,\cdots,x_n$ 的经验分布,则估计量 $T_n=g(F_n)$ 称为有费歇尔相合性.

据格里汶科定理,只要泛函 g 有弱连续性,则 T_n 也是我们现在流行意义下 η 的(弱)相合估计,费歇尔引进这个定义的本意可能是想免除这个现象:一个参数的相合估计有许多.但他这个定义并未做到这一点.例如样本 X 从正态总体中抽出,要估计 σ^2,我们有

$$E(X^{2n})=(2n-1)!!\,\sigma^{2n}$$

定义泛函 g:

$$g(F_{\sigma^2})=\left(\int_{-\infty}^{\infty}\frac{x^{2n}\mathrm{d}F_{\sigma^2}(x)}{(2n-1)!!}\right)^{\frac{1}{n}}$$

则 $g(F_{\sigma^2})=\sigma^2$. 于是按定义,$g(F_n)=\left(\dfrac{x^{2n}}{(2n-1)!!}\right)^{\frac{1}{n}}$ 是 σ^2 的费歇尔相合估计,这对 $n=1,2,\cdots$ 都成立.另外有意思的是:费歇尔毕生反对矩估计,但费歇尔相合性要求最容易满足的,往往就是矩估计.

2. 有效性.如一估计为渐近正态,且其极限分布方差达到最小,则称之为有效的.

3. 充分性.前已提及,费歇尔关于充分性的概念在 1920 年已有了,这里他提出了正式的定义和命名,证明了著名的因子分解定理.他的证明在数学上不够严格.1935 年耐曼给了一个更严格的证明(故有把这定理称为耐曼 — 费歇尔定理的).1949 年哈勒姆斯用测度论工具给了一个完备的证明.

费歇尔有这样的想法:若 T_1,T_2 都是 θ 的估计,而 T_1 为充分统计量,则 T_1 的渐近方差 σ_1^2 不超过 T_2 的渐近方差 σ_2^2,因此 T_1 是有效的.他的证明很别致,可以窥见费歇尔这类推理风格之一斑:(T_1,T_2) 渐近于 2 维正态 $N(\theta,\theta,\sigma_1^2,\sigma_2^2,\rho)$.因此条件期望

$$E(T_2\mid T_1)=\theta+\frac{\varrho\,\sigma_2}{\sigma_1}(T_1-\theta)=\theta\left(1-\frac{\varrho\,\sigma_2}{\sigma_1}\right)+\frac{\varrho\,\sigma_2}{\sigma_1}T_1$$

由于 T_1 为参数 θ 的充分统计量,$E(T_2\mid T_1)$ 应与 θ 无关.故必有

$$1-\frac{\varrho\,\sigma_2}{\sigma_1}=0$$

因而

$$\sigma_1^2=\rho^2\sigma_2^2$$

由于 $|\rho|\leqslant 1$,知 $\sigma_1^2\leqslant\sigma_2^2$.

证毕.

证明错误之处当然在于 (T_1,T_2) 的分布只是接近而非等于 $N(\theta,\theta,\sigma_1^2,\sigma_2^2,$

ρ），而当分布差之毫厘时，条件期望可以失之千里①.

4.极大似然估计 $\hat{\theta}$ 为渐近正态，且渐近方差为费歇尔信息量的倒数.

在这个阶段，费歇尔还相信：极大似然估计为充分统计量，他甚至试图给一个"证明"，然而到 1925 年时，他已明白这个论断不成立，因此，即使用极大似然估计，样本中的信息也还有所损失.在 1925 年的文章中他花了不少篇幅讨论这个问题，但在其后半个世纪，未得到多少响应，到 20 世纪 70 年代，有的学者从几何的角度重新审视这个问题，提出了若干新见解.

要是极大似然估计是充分统计量且性质 3 成立，则费歇尔的理论可以画上一个圆满的句号.因为若如此，则据性质 3 知极大似然估计为有效估计，因而性质 4 给出了估计的渐近方差的一个可达到的下界.因这二者都不真，故一切无从谈起，这倒给后人留下了不少研究的空间.有意思的是，最终的结论基本上肯定了费歇尔当初的料想，即极大似然估计是渐近方差最小的估计 —— 虽然有霍奇斯指出的对某些参数值超有效性的存在，但如勒康 1953 年证明的，这种参数值的集合至多只能占据一个勒贝格零测集.可以说，以后几十年关于点估计大样本理论的工作，主要集中在极大似然估计的研究上，有的学者也提出了其他形式的渐近性质的问题.可惜的是，这些研究成果中所加的正则性条件繁杂，缺乏数学美，在实用的层面上也未能添加多少东西，故不在此多着笔墨了.

10.4　小　样　本

小样本指的是在样本量固定之下，寻求符合某种优良性标准的估计的方法和理论.在瓦尔德统计决策理论的著作在 1950 年问世之前，这方面唯一的有些成果的问题，是研究在无偏性的限制下，寻找方差一致最小的估计，简称 UMVU 估计.

无偏性作为一个准则的实际运用由来已久.样本均值和频率是在早期使用的两个主要估计，它们都有无偏性.作为一个准则正式提出来，最早出自高斯 1821 年的《数据结合理论》的著作，它是作为"无系统误差"的一种表述并与其最小二乘法的研究相关联.至于以方差作为无偏估计优良性的指标也是出自高斯，其误差正态分布的形式 $c \cdot \exp\left(-\dfrac{x^2}{h}\right)$ 中，h 反映精度且完全决定了这个分布，而它是误差方差的 2 倍.

---

①费歇尔这个结果一般也不成立，除非估计量 T_1 也是完全统计量，这时充分统计量只有唯一的一个.

到 1950 年，文献中已出现一些具体的 UMVU 的例子，涉及好几种方法，如克拉美 — 劳不等式、与零的无偏估计不相关以及作为无偏估计的函数等. 1950 年，美国统计学家莱曼和歇菲发表文章《完全性、相似区域与无偏估计》，其中引进了统计量的完全性这个概念，证明了：若 T 是一个完全而充分的统计量，且 $h(T)$ 是 $g(\theta)$ 的无偏估计，则 $h(T)$ 就是 $g(\theta)$ 的 MVUE. 以后这方面也再没有什么实质性的进展. 本来，MVUE 存在的场合是例外而非常见，这些例外包含了一些常见的（涉及指数分布族和截断分布族）估计问题，它们都可用莱曼 — 歇菲的定理解决.

瓦尔德的统计决策理论从两个方面拓展了点估计小样本优良性的研究范围. 一是损失函数由平方推向一般，二是优良性标准的多样化. 如极小化极大（minimax）准则是从一个综合指标去考察估计量的优良性，而同变（invariant）最优准则与 MVUE 相似，是在对所考虑的估计量的类加以限制的前提下，从这个缩小了的类中寻找一致最优者，在五六十年代，这个方向的研究曾是点估计研究的主流. 在正态分布、指数族分布及位置 — 刻度参数分布等的范围内有若干具体成果. 这类工作，技术性的成分大且涉及的人很多，不在此一一论列了.

点估计小样本研究的另一个热门题目是估计的容许性. 问题是要在一定的模型下（总体分布、损失函数），决定哪些估计是可容许或不可容许. 在 20 世纪 50 年代有人用 C-R 不等式法在指数分布族范围内取得一些成果，其他还有若干散见的成果，这种问题的数学难度很大，在一个具体问题上取得一点进展已属不易，更遑论系统的进展了. 实质上，这类问题的数学意义重于其统计意义. 其定位应该是有统计背景的数学问题.

有一项关于容许性的工作引起统计界的广泛兴趣. 美国统计学家斯坦因（C. Stein）1956 年在第 3 次伯克利概率统计讨论会上发表了一篇题为《多维正态分布均值常用估计的不容许性》，其中包含了一个出人意料的结果：设 $X_{i1}, \cdots, X_{in}$ 是抽自正态分布 $N(a_i, 1)$ 的样本，要估计 $a_i, i = 1, \cdots, p$，全体样本独立. 记 $\bar{X}_i = \sum\limits_{i=1}^{n} \dfrac{X_{ij}}{n}$，常用于估计 a_i 的是 $\bar{X}$. 斯坦因考虑平方损失

$$L(d, a) = \sum_{i=1}^{p} (d_i - a_i)^2$$

证明了：若 $p \geqslant 3$，则 $(\bar{X}_1, \cdots, \bar{X}_p)$ 作为 $(a_1, \cdots, a_p)$ 的估计，是不可容许的. 他具体指出：若取

$$T = (T_1, \cdots, T_p) = \left(1 - \frac{p-2}{\sum\limits_{i=1}^{p} |\bar{X}_i|^2} \right) (\bar{X}_1, \cdots, \bar{X}_p)$$

则有

$$\sum_{i=1}^{p} E(\mid T_i - a_i \mid^2) < \sum_{i=1}^{p} E(\mid \overline{X}_i - a_i \mid^2) = \frac{p}{n}$$

这个结果的实际含义是:估计 $a_1, \cdots, a_p$ 是 p 个不相干的问题. 照常理,估计 a_i 只应用到与之有关的样本 $x_{i1}, \cdots, x_{in}$,而在这个场合下 $\overline{x}_i$ 已知是一个良好的估计. 现在斯坦因的结果告诉我们说,情况并非如此,在估计 a_i 时,除了使用 $x_{i1}, \cdots, x_{in}$ 外,还要使用另外 $p-1$ 组与之不相干的样本,才能得到更好的结果. 这个说法与常理相违背.

这个结果的深刻含义在于:它显示了数学理论与实用考虑之间的一种不合拍,因而使人对这种理论的有效性提出了疑问. 毕竟统计学是一门实用学科,一个问题,从模型提法、优良性准则到数学论证,不论看上去多么合理,最后还得落实到应用上的合理性这一条. 对斯坦因这个结果从实用层面来看,不会动摇人们对习以为常的估计$(\overline{X}_1, \cdots, \overline{X}_p)$的信赖,而是反过来,对平方误差损失,对用风险函数衡量一个估计的优良性这些基本出发点的合理性提出质疑.

10.5　区间估计

把对参数的估计表成区间的形式,最早见于拉普拉斯 1812 年的著作《概率的分析理论》,是关于用频率估计概率的问题. 这种形式也散见于 19 世纪包括高斯在内的一些学者的著作中,到 20 世纪,美国统计学家霍特林首先给出了严格的置信区间的例子.

到 1930 年初,已有了两种构造区间估计的方法,一种是贝叶斯法,此法有固定的程式:每有了样本 x 后,根据样本分布和先验分布,算出参数 θ 的后验分布 $p(\theta \mid x)$. 于是对给定的 $\alpha(0 < \alpha < 1)$,找 a, b(都与 x 有关),使 $\int_a^b p(\theta \mid x)\mathrm{d}\theta = 1 - \alpha$,用 $[a, b]$ 作为 θ 的区间估计,其"后验置信度"为 $1 - \alpha$. 此法的最大好处是原则上易行,不存在求抽样分布的数学难题. 问题在于先验分布的取法没有定准,当时统计界包括费歇尔在内的一批领头人物对此多有批评.

另一个方法是费歇尔的信任分布法,这我们下面再谈. 如今单说耐曼,他的想法是把待估计的参数 θ 视为一个固定的未知量,只依靠现行的概率论来构建一套区间估计的理论. 在耐曼那里,区间估计 $[A(x), B(x)]$ 是一个依赖于样本 x 的随机区间(这一点与贝叶斯法和费歇尔的信任分布法无别). 其置信度,也称置信系数,则是这个区间能包含 θ 的概率 $P_\theta[A(x) \leqslant \theta \leqslant B(x)]$. 这就与另外两个方法不同:对另两个方法,置信度是理解为当作随机变量看的 θ 落在区间 $[A(x), B(x)]$ 内的概率,而样本 x 看成固定的.

耐曼这个想法最初应用于他 1934 年一项关于抽样调查的论文《论代表性

抽样的两个不同方面》.以后的几年他致力于研究这方法的理论基础,即与这种估计有关的优良性准则的问题.文章发表于 1937 年,题为《基于经典概率论的统计估计理论纲要》,载于《皇家学会哲学会报》.这就是我们现在从教科书上看到的耐曼置信区间理论的主要内容,其中心思想是在置信区间与假设检验之间建立一种联系,从而可以把有关假设检验的优良性的结果转化为有关区间估计的优良性的结果.

在耐曼的传记《耐曼 —— 现代统计学家》中,较仔细地描述了此文发表的曲折经历,颇有助于我们了解当时英国统计学界的一些情况,现摘要介绍于下:

耐曼在 1936 年 9 月将写成的文章投寄给《生物计量》杂志.当时埃贡·皮尔逊已接替他刚去世不久的父亲担任该刊的主编.埃贡回信说他认为耐曼的论文"许多部分异乎寻常的好",但对于在该刊上发表此文则有保留.一个次要之点是文章太长(后来在《皇家学会哲学会报》上发表时占了近 50 页的篇幅).主要之点是埃贡认为该文太理论化,太数学化,不易为实用统计学家所接受.几经反复后,埃贡·皮尔逊决定不采用这篇文章.据耐曼自己说,这是这两位曾经是亲密的合作者之间分歧的开始.

从埃贡与耐曼当时的关系看,埃贡这个行动当不是出于宗派情绪的作祟,而是反映了当时英国统计界的主流思想,即统计论文主要应当包含能用于实际问题,能被实用工作者理解的方法,而不能包含过多的纯理论和数学的内容.但是,这也反映了埃贡在当时对耐曼的工作的意义缺乏足够的估价,以及当时统计界相当多的人那种轻视理论研究的偏狭观点.

论文被退稿一定使耐曼很伤心,因为他对此文倾注了许多心血,他甚至把此文的分量放在他与埃贡合作的假设检验论文之上.他要设法寻找出路.但当时英国的统计刊物被两大巨头所控制:埃贡控制了《生物计量》,而费歇尔有力量决定一篇文章能否在此外的任何一家重要的刊物上发表.最后他决定到英国最权威的科学杂志 ——《皇家学会哲学会报》去试一试.

他想找当时英国的权威统计学家尤尔推荐(此人我们在第 7 章介绍过).尤尔表示为难,因为他是偏实用的,不能理解耐曼的工作.最后他找到当时英国贝叶斯学派的领袖杰弗里斯.后者因对贝叶斯学派的看法不同与费歇尔有矛盾,因而可能答应推荐(当时耐曼与费歇尔之间关系已很紧张),他这个估计没错.

推荐后还需二人审稿.审稿人之一尤尔做了否定的评语,幸而另一位审稿人,也是当时英国统计界的权威人物的艾特肯教授,做了肯定的评价,且他的理由比尤尔的理由更有力,此文才得以通过审查.

耐曼这篇论文给他在英国这段时间的工作,也可以说是给他长达五十余年的统计生涯中最富创造性的时期,画上了一个句号.次年他离开英国去伯克利加利福尼亚大学工作,在那里开辟了一番新天地,他赴美工作这件事标志着一个新时期的开始,即英国学派影响走向衰落和世界统计学中心逐渐移向美国.这一点固然有统计学发展自身的因素,也与战时及战后英美两国国力的消长不无关系.

201

下面来谈谈费歇尔的信任分布.

"信任分布"这个名词最初出现在费歇尔于 1930 年发表的文章《逆概率》中. 以后在 1934 年到 1939 年期间他还发表了好几篇关于这个题目的文章.

费歇尔的想法是:由样本定出参数 θ 的一个概率分布,他称之为信任分布. 这与贝叶斯学派的目标相同,但达到这个目标的手段相异. 在贝叶斯学派,为做出后验分布,除需要利用样本分布外,还要利用一个外加成分即先验分布,费歇尔的信任分布则只利用前者. 一旦有了信任分布,即可将其用于对 θ 的统计推断,应用的方式与贝叶斯学派使用后验分布的方式相同.

他的概念可以用一个简单例子说明. 设样本 x 抽自正态总体 $N(\theta,1)$,可以把 x 表为

$$x=\theta+e, e \sim N(0,1)$$

把 e 移向左边,得 $\theta=x-e$. 这一切运算都没有可挑剔的地方. 但费歇尔对此式给了一个全新的解释:他把 x 看作固定的已知数而 e 则仍保持它原来的身份. 这一来,θ 作为一常数与一随机变量之差,可视为一个随机变量,其分布为 $N(x,1)$. 费歇尔把这称为 θ 的信任分布.

这个称呼的直观背景是:设我们知道总体有分布 $N(\theta,1)$. 在抽样前,对 θ 茫无所知,抽样得到 x 后,因为靠近 x 的 θ 值能产生样本 x 的可能性大,我们对它信任多一些,而对远离 x 值的 θ 信任程度小一些,$N(x,1)$ 这个分布从数量上确切地刻画了我们对各种不同的 θ 值的信任程度的大小.

站在传统的立场上看,这种推理当然不能成立. 因为首先的一条,θ 既然是一个固定的数,何来分布? 但我们可以不管这些,而把它作为一个公理接受下来. 但为使这成为一个有用的统计推断方法,有两个问题必须回答.

1. 它有否直观背景,其推论是否与人们的经验大致符合?

2. 它在理论上能否自圆其说,不产生歧义和内在矛盾? 它的方法是否有足够广的使用范围?

费歇尔没有给信任分布下一个一般的、可操作的定义,对若干常见的单参数情况,使用枢轴变量和充分统计量,可给出参数的信任分布. 例如,总体分布为 $N(\theta,1)$,样本为 $x_1,\cdots,x_n$,这时

$$Z=\sqrt{n}(\bar{x}-\theta) \sim N(0,1)$$

故

$$\theta=\bar{x}-\frac{Z}{\sqrt{n}}$$

给出 θ 的信任分布 $N\left(\bar{x},\dfrac{1}{n}\right)$. 若用样本中位数 m,则 $w=\sqrt{n}(m-\theta)$ 的分布也与

θ 无关,因此由 $\theta = m - \dfrac{w}{\sqrt{n}}$ 也可以给出 θ 的信任分布. 费歇尔的意见是前者正确而后者不对,因为前者是基于充分统计量. 但是,在充分统计量不存在的场合,问题就麻烦了. 例如,若 $x_1,\cdots,x_n$ 是从柯西分布中抽出的样本,参数 θ 的信任分布该如何定?

在多参数情况,问题形式更复杂,少数存在充分统计量的情况,可仿照一维用枢轴变量的方法去处理. 例如设 $x_1,\cdots,x_n$ 是从 $N(a,\sigma^2)$ 中抽出的随机样本,记

$$\bar{x} = \sum_{i=1}^{n} \frac{x_i}{n}$$

$$s = \left(\sum_{i=1}^{n} \frac{(x_i - \bar{x})^2}{n-1} \right)^{\frac{1}{2}}$$

令

$$Z = \sqrt{n}\,\frac{\bar{x} - \theta}{\sigma}$$

$$w = \sqrt{n-1}\,\frac{s}{\sigma}$$

则 $Z \sim N(0,1), w^2 \sim \chi_{n-1}^2, z, w$ 独立. 故 (z,w) 的联合分布可以求出. 利用

$$\theta = \bar{x} - \frac{\sigma Z}{\sqrt{n}} = \bar{x} - \sqrt{n-1}\,\frac{sZ}{w\sqrt{n}}$$

$$\sigma = \sqrt{n-1}\,\frac{s}{w}$$

将 $\bar{x}$ 和 s 视作常数. 上式可定出 (θ,σ) 的(信任)分布.

在上述这类简单例子中,由费歇尔信任分布得出的结果,与通常频率学派方法得出的一致. 如由上式得

$$\frac{\sqrt{n}\,(\bar{x} - \theta)}{s} = \frac{Z}{\dfrac{w}{\sqrt{n-1}}} \sim t_{n-1}$$

因此得出 θ 的"信任"区间估计就是一样本 t 区间估计,与用耐曼的置信区间方法一样. 所以最初人们曾觉得,费歇尔信任分布不过是原有方法的一个不同的说法而已,但后来发现事情没有这么简单.

问题涉及在方差不同且未知时,做两个正态分布均值差的区间估计问题. 统计学上把这个问题叫作贝伦斯－费歇尔问题. 贝伦斯在 1929 年的一篇文章中研究了这个问题,而费歇尔在《统计推断中的信任法》(1935)与《关于从方差可能不等的总体中抽出的样本的比较》(1939)等论文中,用他的信任分布概念讨论了这个问题. 费歇尔的推理很简单:有

$$\xi_1 = \frac{\sqrt{n_1}\,(\bar{x} - a_1)}{s_1} \sim t_{n_1 - 1}$$

$$\xi_2 = \frac{\sqrt{n_2}\,(\bar{y} - a_2)}{s_2} \sim t_{n_2 - 1}$$

这里 n_1, n_2 分别是从 $N(a_1, \sigma_1^2)$ 和 $N(a_2, \sigma_2^2)$ 中抽出的样本个数, s_1, s_2 分别是其样本标准差. 由上式得

$$a_2 - a_1 = \bar{y} - \bar{x} + W$$

$$W = \frac{s_1 \xi_1}{\sqrt{n_1}} - \frac{s_2 \xi_2}{\sqrt{n_2}}$$

因 $\bar{x}, \bar{y}, s_1, s_2$ 都视为常数, 且 W 的分布与参数无关(求 W 的分布用到 ξ_1, ξ_2 独立这一点). 故 $a_2 - a_1$ 的信任分布可以求出, 利用这个分布可定出 $a_2 - a_1$ 的信任区间.

此问题的解在信任分布的历史中有相当的意义. 它对一个用频率派方法难予处理的重要问题, 给了一种明确的解法而不必涉及大样本, 这说明它并非原有方法的改头换面的形式, 而是能提供一些新东西. 可以说, 要不是这个例子, 费歇尔的信任分布法可能早就被人遗忘了.

坚持频率派观点的耐曼对费歇尔的解法不以为然, 他在 1941 年发表的文章《信任论据与置信区间理论》一文中, 除做了原则性的批评外, 还就若干特例做了计算, 证明费歇尔所定的信任系数与用他的置信区间理论算出者不符, 如对 $n_1 = 12, n_2 = 6$ 及信任系数 0.95, 用费歇尔方法得出的信任区间, 按耐曼置信系数定义不为 0.95: 它与方差比 $\rho = \frac{\sigma_1}{\sigma_2}$ 有关, 当 $\rho = 0.1, 1$ 和 10 时, 置信系数分别为 0.966, 0.960 和 0.934. 不过这个差异还不甚大, 倒使人觉得费歇尔的解还是可信的.

但是, 费歇尔的信任分布法终究未能形成气候, 因为未能给出一个确定信任分布的一般方法. 在费歇尔对数理统计学的诸多贡献中, 这是引起争议的最大的一项. 几十年来, 也不断有些学者在这个方向上进行探索, 但看来都未取得什么真正有意义的进展. 比较值得注意的是弗莱塞所提出的所谓"结构概率"或"结构推断", 弗莱塞是加拿大多伦多大学教授, 自 20 世纪 60 年代初以来, 他和他带领的学生在这个方向上写了一系列的文章, 总的目的是为信任分布给出一个适用范围较广的确定方法.

他的方法最好通过例子来说明. 先考虑一个只含一个位置参数的例. 设 $x_1, \cdots, x_n$ 是从具密度 $f(x - \theta)$ 中抽出的样本, 函数 $f(x)$ 已知, 可以将这模型写为

$$x_1 = \theta + e_1, \cdots, x_n = \theta + e_n \tag{1}$$

$e_1, \cdots, e_n$ 独立同分布, 其公共分布已知且具密度 $f(x)$. 弗莱塞把它们称为"误

差变量". 弗莱塞的结构概率包含 3 个成分: 数据、误差变量及一个把这二者联系起来的变换(群), 在此例中即(1). 记

$$\xi = (e_2 - e_1, e_3 - e_1, \cdots, e_n - e_1)$$

这是此变换群的极大不变量, 考虑条件分布 $e_1 \mid \xi$, 其密度为

$$g(t \mid \xi) = \frac{f(t) f(t + e_2 - e_1) \cdots f(t + e_n - e_1)}{h(e_2 - e_1, \cdots, e_n - e_1)}$$

其中

$$h(e_2 - e_1, \cdots, e_n - e_1) =$$
$$\int_{-\infty}^{\infty} f(t) f(t + e_2 - e_1) \cdots f(t + e_n - e_1) \mathrm{d}t$$

有了 e_1 的(条件)分布, 再利用 $\theta = x_1 - e_1$, 即得 θ 的(条件、信任)分布, 其密度为

$$\frac{f(x_1 - \theta) f(x_1 - \theta + x_2 - x_1) \cdots f(x_1 - \theta + x_n - x_1)}{h(x_2 - x_1, \cdots, x_n - x_1)} =$$
$$\frac{f(x_1 - \theta) \cdots f(x_n - \theta)}{h(x_2 - x_1, \cdots, x_n - x_1)}$$

这个做法的实质可以解释如下: 对 $n = 1$ 的情况, 只有 $x_1 = \theta + e_1$ 一个式子, 由 $\theta = x_1 - e_1$ 自然得出 θ 的信任分布. 若 $n > 1$, 则每个式子 $x_i = \theta + e_i$ 都可得出 θ 的一个信任分布, 它们不一致, 而且单用一个式子就没有利用其他样本的信息, 所以要想一种办法结合起来使用. 如果 f 为正态密度, 则 $\bar{x}$ 为充分统计量, 故一个看来合理的办法是用

$$\bar{x} = \theta + \bar{e}$$
$$\bar{e} = \sum_{i=1}^{n} \frac{e_i}{n} \sim N\left(0, \frac{1}{N}\right)$$

分布已知, 在没有充分统计量时就得另想办法. 这里用的办法是取条件分布.

再看一个稍复杂一些的例子 —— 位置 - 刻度参数族. 设 $x_1, \cdots, x_n$ 是抽自密度 $\sigma^{-1} f\left(\frac{x - \theta}{\sigma}\right)$ 的随机样本, $-\infty < \theta < \infty$ 和 $\sigma > 0$ 分别为位置和刻度参数. 令

$$x_1 = \theta + \sigma e_1, \cdots, x_n = \theta + \sigma e_n \tag{2}$$

$e_1, \cdots, e_n$ 为弗莱塞的"误差变量", 它们独立同分布且公共分布密度为已知的 f, 变换群(2)的极大不变量为

$$\eta = \left(\frac{e_3 - e_1}{|e_3 - e_1|}, \cdots, \frac{e_n - e_1}{|e_n - e_1|}\right)$$

为 $n - 2$ 维. 找条件密度 $(e_1, e_2) \mid \eta$, 记为 $H(t_1, t_2, \eta)$. 利用

$$\sigma = \frac{x_2 - x_1}{e_2 - e_1}$$

$$\theta = x_1 - \frac{(x_2 - x_1)e_1}{e_2 - e_1}$$

按通常求随机变量函数密度的公式,并注意到 η 只与样本有关(因 $\dfrac{e_i - e_1}{|e_2 - e_1|} = \dfrac{x_i - x_1}{|x_2 - x_1|}$,得到 (θ, η) 的(条件、信任)分布的密度函数.

从这两个例子不难窥见弗莱塞的方法在一般变换群下的操作方式. 也不难见到,他这个方法适用范围有限,基于上限于线性变换群下有不变性的这种分布族,且表达式异常繁复,这都对这一方法的有用性投下了疑问.

正如美国统计学家埃弗龙(B. Efron)1978 年发表在《美国数学月刊》上的一篇题为《统计学基础中的争论》的文章中所指出的:"绝大多数,即使不说全部的当代统计学家,或者把它(信任推断)看成是客观贝叶斯主义的一种形式,或者干脆就是一个错误."当然,在某种有限的范围内这个方法有其用武之地,贝伦斯 — 费歇尔问题就是一个例子. 但是,想把这个方法发展成为一个能与频率学派和贝叶斯学派三分天下的局面,看来成功的希望很是渺茫.

注 1 设 $x_1, \cdots, x_n$ 是抽自正态分布 $N(a, \sigma^2)$ 的随机样本,a 和 σ 都是未知参数. 记

$$y_1 = \Big(\sum_{i=1}^n (x_i - \overline{x})^2 \Big)^{\frac{1}{2}}$$

$$y_2 = \sum_{i=1}^n |x_i - \overline{x}|$$

要证明:

(1) 条件分布 $y_2 \mid y_1$ 与参数无关.

(2) 条件分布 $y_1 \mid y_2$ 与 σ 有关.

(1) 之所以需要证明,是因为虽则 $(\overline{x}, y_1)$ 是充分统计量,但 y_1 不是 (a, σ) 的充分统计量,故条件分布 $y_2 \mid y_1$ 是否与参数有关尚不清楚.

做正交变换

$$Z_1 = \sqrt{n}\overline{x}, \quad Z_i = \sum_{j=1}^n c_{ij}x_j, \quad 2 \leqslant i \leqslant n$$

则

$$y_1 = \Big(\sum_{i=1}^n Z_i^2 \Big)^{\frac{1}{2}}$$

y_2 只与 $Z_2, \cdots, Z_n$ 有关. 此因作为 $x_1, \cdots, x_n$ 的线性型,$\overline{x}$ 与 $x_i - \overline{x}$ 正交,因此每个 $x_i - \overline{x}$ 都可表为 $Z_2, \cdots, Z_n$ 的线性函数. 记

$$y_2 = g(Z_2, \cdots, Z_n)$$

由于 $Z_2, \cdots, Z_n$ 独立同分布且公共分布为 $N(0, \sigma^2)$,给定 $y_1 = c$ 时,$(Z_2, \cdots,$

Z_n)在空间 $\mathbf{R}^{n-1}$ 的以原点为中心、c 为半径的球面上的条件分布为均匀分布,这与 σ 无关,因而 $g(Z_2, \cdots, Z_n)$ 局限于此球面上的(条件)分布,也与 σ 无关.

(2)的证明稍复杂一点,为叙述方便,考虑 $n=3$ 的情况,一般情况的证明完全类似.

给定 $y_2 = c$,由于 $x_i - \bar{x}$ 都可表为 Z_2 和 Z_3 的线性函数,可知集 $A = \{(Z_2, Z_2) : y_2 = c\}$ 在 (Z_2, Z_3) 平面上是由一些有限或无限的直线段组成. 它不是一个球面且不含原点(设 $c > 0$),故由原点至此集的距离若记为 d,则此集上必有一点其至原点的距离 $h > d$,记 $h - d = 3\varepsilon$,定义集

$A_1 = \{(Z_2, Z_3) \in A, (Z_2, Z_3)$ 与 $(0,0)$ 的距离在 $[d, d+\varepsilon]$ 内$\}$

$A_2 = \{(Z_2, Z_3) \in A, (Z_2, Z_3)$ 与 $(0,0)$ 的距离大于 $d + 2\varepsilon\}$

考虑 4 个条件概率,取 $0 < \sigma_2 < \sigma_1$:

$$g_1 = P_{\sigma_1}(d \leqslant y_1 \leqslant d+\varepsilon \mid y_2)$$
$$g_2 = P_{\sigma_1}(d + 2\varepsilon \leqslant y_1 \mid y_2)$$
$$g_3 = P_{\sigma_2}(d \leqslant y_1 \leqslant d+\varepsilon \mid y_2)$$
$$g_4 = P_{\sigma_2}(d + 2\varepsilon \leqslant y_1 \mid y_2)$$

此处 P_b 表示条件概率是在 $\sigma = b$ 时计算的. 因为

$$H_1 \equiv \max_{t \geqslant d+2\varepsilon} \left\{ \frac{\left(\frac{1}{2\pi\sigma_2^2} e^{\frac{-t^2}{2\sigma_2^2}}\right)}{\left(\frac{1}{2\pi\sigma_1^2} e^{\frac{-t^2}{2\sigma_1^2}}\right)} \right\} = \frac{\sigma_1^2}{\sigma_2^2} \exp\left\{ \left(\frac{1}{2\sigma_1^2} - \frac{1}{2\sigma_2^2}\right)(d+2\varepsilon)^2 \right\}$$

$$H_2 \equiv \max_{d \leqslant t \leqslant d+\varepsilon} \left\{ \frac{\left(\frac{1}{2\pi\sigma_2^2} e^{\frac{-t^2}{2\sigma_2^2}}\right)}{\left(\frac{1}{2\pi\sigma_1^2} e^{\frac{-t^2}{2\sigma_1^2}}\right)} \right\} = \frac{\sigma_1^2}{\sigma_2^2} \exp\left\{ \left(\frac{1}{2\sigma_1^2} - \frac{1}{2\sigma_2^2}\right)(d+\varepsilon)^2 \right\}$$

可知 $H_2 > H_1$. 由此推出

$$\frac{g_4}{g_2} < \frac{g_3}{g_1}$$

即

$$\frac{g_1}{g_2} < \frac{g_3}{g_4}$$

这就证明了条件分布 $y_1 \mid y_2$ 与 σ 有关. 因为若无关,则应有

$$\frac{g_1}{g_2} = \frac{g_3}{g_4}$$

卷　尾　语

到了 20 世纪 30 年代末期,以 Student、费歇尔、埃贡·皮尔逊和耐曼为主将,自世纪初开始的这一拨数理统计学的大发展,终于告一段落.数理统计学脱去了 19 世纪时那种幼稚的描述性状态,成长为一个符合现代数学严格性标准的学科,这个时期无论从哪个意义看都是数理统计发展史上的一个黄金时代.

随着这个时期的结束,开始了两个有关联的进程,对未来数理统计学发展趋势有重大的影响.这就是英国在国际统计学界的无上权威日渐销蚀,以及国际统计学主要中心移向美国.这并非是英国统计学家的过错所致,20 世纪初几十年英国统计学独步天下的局面,是诸多因素汇合作用所致.例如,19 世纪的遗产(我们在第 7 章提起过,统计学中心由欧陆转向美国始于 19 世纪后期),并世难逢的杰出人物的出现,其他国家的相对落后(如美国在 20 世纪 30 年代合格的统计学教师也不易找),与由于上述情况及英国的一等强国地位对域外人才的聚集作用等.即使没有第二次世界大战的影响,这种状况也不可能长久维持下去,第二次世界大战不过是加速了事件的进程而已.

老一代的统计界权威相继辞世,卡尔·皮尔逊在 1936 年,Student 在 1937 年,尤尔在 1951 年,但在 20 世纪 30 年代他们已不活跃了.新锐一辈,耐曼在 1938 年离去 —— 英国的体制使他难于获得一个适当的职位,埃贡·皮尔逊接替他父亲担任系主任和《生物计量》主编,忙于行政事务,虽然也出现了像巴特莱特、艾特肯和耶茨等有作为的统计学家,但和费歇尔这类人物相比还不在一个重量级,不足以重振英国统计昔日的辉煌.

费歇尔还健在,在科研上仍很活跃.但毕竟已过知命之年,不再处于一生最有创造力的巅峰时期.自 1940 年到 1962 年他去世,他共发表了论文 124 篇,属于统计学方面的约 40 篇,为数不算少,但从内容上看,多属于前期工作的进一步发挥,原创成分相对少一些,这可从下述事实得到印证.1978 年,美国明尼苏达大学举办了一个系列讲座回顾费歇尔统计学研究成果的意义,从出版的文集看,发言者评介的费歇尔的工作,除个别外,都是 1940 年以前的,费歇尔在 1957 年退休,到 1962 年他去世的 5 年中,不少时间在国外,特别是澳大利亚南部偏远的城市阿德莱德(他的文集最早是阿德莱德大学出版的).他 1946 年重访美国时发出的感喟(见第 10 章)确也反映了他对战后数理统计学的影响的衰落,这是英国学派影响衰落的最富象征意义的事件.

"后费歇尔时期"数理统计学逐渐倾向于数学气息较重的研究风气,似乎不应视为个别或少数统计学家(如耐曼)的导向作用,而是有其必然的因素存在.在 20 世纪之前本无"专职"的数理统计学家,统计学家都是某一专门科学领域的专家,因工作上的需要研究数据分析问题而介入统计学.高尔顿、威尔登、埃奇沃思以至卡尔·皮尔逊都是这个情况.由皮尔逊、威尔登等人于 1901 年创刊的 20 世纪前期一份主要的统计杂志命名为"生物计量",可以透露此中消息.费歇尔基本上也可列入这种情况,他在遗传学方面的名声不亚于统计学方面,他的研究论文不少发表在《优生学杂志》上.尤尔、Student 更是如此,这个背景孕育了英国统计学讲求实用、不尚纯理论研究的传统,这是一个非常好的传统,今日不少对当前统计学发展状况不满意的学者,也还在号召以回到这种传统来纠正统计学发展中的偏向.

但事情还有另外的一面,卡尔·皮尔逊 — 费歇尔那个时代,统计方法的武库还非常贫乏,实用工作者可沿用的成法很有限,要解决实际问题就意味着要创造新方法.皮尔逊等人的伟大和成功之处,就在于他们出色地做到了这一点,尤其重要的是,他们创立的方法具有通用性,并不限于他们关心的特定问题.例如费歇尔创立的方差分析和试验设计,本是源于农业试验的需要,而其成果可用于工业、社会和经济诸多方面.但这种情况也不是经常都会有的,多少与他们的活动年月还处在近代统计学的"草创"时期有关.对后来者来说,这种模式的研究方法,对于做出重大成果的希望来说,困难的程度必定会增加,而理论研究则可能是一个更有吸引力的方向.

当时的客观形势也要求加强理论研究.自费歇尔到瓦尔德这 20 余年中,先后树立了点估计、假设检验、方差分析、区间估计和统计决策函数的理论框架,这还只能说是给理论统计学这座大厦建立了一个"外壳",其"内部装修"还有大量的工作要做,这涉及许多要用到较高深和精细的数学的问题.例如点估计的大样本理论,费歇尔只提出了一个大纲,经过以后约 40 年众多学者的努力,才把所涉及的问题基本上理清头绪,应该说这种工作也是有很强的实际背景的,不能贬斥为纯数学的游戏.由于"遗传基因"的作用,英国当年统计界对这类理论研究的态度,至少可以说是积极性不高.这从耐曼关于置信区间的奠基性论文被退稿(见第 10 章)一事可以充分看出,这样在英国也就缺乏从事这种研究的人才储备.他们在数理统计学的下一步发展中不能起到领导新潮流的作用,也就是可以理解的了.

美国的情况则大有不同.当然不能以"一片空白"来形容美国当时的统计学状况,但与英国比确实落后了许多,那时美国正从英国引进这门科学.20 世纪 30 年代费歇尔和耐曼等人曾由美国农业部和若干大学主持邀请去美讲学,引起热烈的反响.当时霍特林已在美国建立了第一个统计系.《数理统计学纪事》也已创刊多年,为统计学的大发展奠定了良好的基础,缺乏的是一个有威望且有能力并处在科研第一线的领头人物.耐曼在这个时候去美,在时机上可以说恰到好处.更早,美国的条件还不甚具备,他自己的威望也还不够,更晚,那张纸上可能已画了不少图画,他施展的余地可能受到限制.比如他 1938 年一到伯克利加利福尼亚大学就担任了该系统计实验室主任,如果该机构早已建立并由一位权威人物主持,他在加利福尼亚大学也可能与在大学学院一样无能为力,不能施展自己的抱负.

笔者十年前在美做访问学者期间,在与同行的交谈中,了解到当时美国统计学家中还存在这样一种看法:当时(1937—1938 年)加利福尼亚大学决定从英国引进统计学术带头人时,曾把费歇尔和他的弟子也考虑在内(耐曼传记中也曾提到此事),如果当年选择的是费歇尔,以后美国统计学的发展可能是另外一个样子.历史无法假定,此事不好置评,但看来也难.从耐曼传记来看,耐曼的中选除个人性格方面的因素外,一个重要原因是当时美国统计在理论和教学这方面太落后,急需这方面的人才.伯克利加利福尼亚大学数学系主任埃文斯(是他主导了引进耐曼的事)的个人看法也起了相当的作用,他想要找"一个个性极强的中心人物来建立一个理论统计学学派".

耐曼对统计学的数学理论基础的重视是一贯的.1937 年,他与埃贡合作创办了一个统计学杂志《统计学研究纪事》,在第 1 卷的前言中编辑们指出,他们的抱负是,新杂志"要为统计学理论达到其他数学分支通常具有的精确水平做出贡献".估计这主要反映了耐曼的观点.《传记》中还有一处提到,耐曼强调严格,他在讲课中总是说"这并非像它看上去那么显然",而费歇尔则相信直觉.有一次一个学生为证明一个收敛性而绞尽脑汁,费歇尔让他试 $N=1,2,3$,然后说"完全正确".这个细节很能反映这两位大师对于在统计学中对数学严格性的要求的不同看法.

耐曼传记的作者认为,对耐曼的选择"使美国统计学界发生戏剧性的变化",这大概是指此举导致了那以后美国统计学研究的着重点转到与纯数学有较多关联的问题上.不过,这种趋势是否主要由耐曼的到来所促成,还有考虑的余地.20 世纪早期统计学研究之着重实际而不崇尚理论,除了 19 世纪的遗产外,一个重要原因是当时这门学科的数学框架尚未建立,没有为数学理论研究的发展扫清场地.到了一定阶段,数学内在的发展能自行产生新问题,从实用问题出发研究通用方法并非易事,不易取得成果.这些因素都会有力地将不少新一代的统计学家引向纯理论研究的方向.在美国有一个流传的口号:"publish or purish"(不发表就灭亡),提升职称等许多与个人利益有关的事都取决于多发表,搞理论较易达到这一目标.这种情况在我国统计学界同样是一个问题,看来不能把这种偏向主要归咎于耐曼的倡导.

美国统计学界著名的元老图基(J. W. Tukey)在 1962 年发表了一篇有很大影响的长文《数据分析的未来》.在此文中他把数理统计学工作分为两类.一类是对数据分析有贡献的,对另一类,他说:"一件数理统计学工作,如果即使从长期的观点看,甚至通过曲折的环节,也不能对数据分析的实践有所贡献,则应视为一件纯数学工作,应从纯数学的标准去评价."以下还说,任何一件数理统计学工作必须从这二者(实用或纯数学)之一的标准中寻求其合法性.对于那种这两个标准都不符合的工作,必然会成为一时的过客,最终从人们的视线中消失.

这里说到了问题的要害,战后数理统计学发展中的偏向(有的学者认为是"危机"),不在于理论文章比重的增加,而在于这些理论文章中,大量的是那种上述两个标准都不符合的工作.许多文章条件一大堆,结论烦冗复杂,方法上也往往老套,不仅对数据分析毫无裨益,也缺乏数学美,从纯数学的观点看也没有多大意义.

图基的上述论文是一个信号,表明美国统计学界一部分对现状不满的学者,开始对这种倾向进行批评并寻找纠正的途径.这种努力开始产生了效果,统计学家瑞德在评介弗莱塞的一篇关于结构概率的文章时写道:

"在 20 世纪 60 年代,特别是在美国,对将严格的数学方法用于统计推断,特别是对于推断程序的优良性,有非常大的着重.费歇尔对统计推断的做法与此很不相同,而弗莱塞觉得在统计学界中费歇尔被忽视了.从那时起,费歇尔在统计学史上的卓越地位用多种方法重建起来,一个例子是 1980 年出版了由菲因伯格和欣克利编辑的文集."(这就是前面提到的 1978 年美国明尼苏达系列讲座的文集).另一个有象征意义的事件是:1930 年创刊的《数理统计学纪事》在 1973 年分为统计和概率两本杂志,前者的名称是"统计学纪事",从原名中去掉了"数理"这个字眼.

在实际的努力方面,目前有一定影响的还是由图基发起、并由一些有影响的追随者所提倡的"数据分析".图基 1962 年的文章已勾画出了他主张的基本轮廓,以后不少学者就这个题目发表了不少文章及专著.其基本精神,可摘引这些著作中的一些主张来说明.

- 我们应当寻求全新的问题来研究.
- 我们应当在更现实的框架下去研究老问题.
- 我们应当寻求观测数据的原来不熟悉的处理方法,并弄清楚其有用的性质.

这几条关系到研究题材,以往研究的问题不少是学究式的,于现实无补,应以全新而有用的问题取代之.以往许多研究,为了迁就数学上的方便,可能采取了一种过于简化的模型或不现实的假定,应当根据实际中出现的情况加以调整,使问题更具有现实意义;不要拘泥于习惯上常用的一些方法,如样本均值、线性回归之类,要寻找一些更好的整理数据的方法,弄清楚其有用的性质,以备选用.

- 许多人认为重要的是从包含参数的概率模型出发,然后去为参数找一个好的估计 …… 许多人忘记了:数据分析可以且有时更宜于在给定概率模型之前进行.
- 数据分析寻求的是有用性而非严格性.
- 数据分析必须容许适当程度的错误,以使所获的不周全的证据可以经常启示一个正确的解法.
- 数据分析使用数学论证和结果,是以之作为判断的一种根据,而非用于证明或方法合法性的印记.

这几条是批评现行数理统计学中程式化的僵硬做法:必得选择概率模型;必得对参数寻求最优化的估计;必得对所用方法有严格的数学证明.这些做法把数学上的合法性和形式上的指标(优良性、精度可靠度之类)置于对现实数列的充分考察以从中挖掘更多信息这一更重要的目标之上,导致形式上漂亮而于实际问题无补的解.

- 存在一个关于"找最优解"的进一步的困难.经常,在找到一个最优解后,某个人沿着这个方向找到了更好的解,而他做到这一点只通过简单地指出还存在一个未曾考虑到的因素.依我的经验,在找到一个适度好的解后,很少值得再费劲去寻找最优解.这个时间更好是花在脚踏实地的研究工作上.

这些议论虽然也指出了数据分析该遵循的原则,也批评了教条式地对待现行统计方法的做法,但具体该如何做呢? 这问题在诸家的作品中谈得不多,原因当然是做来难,也有些基本上仍是属于原则性的意见.

· 多用简单的、易行易懂的方法.

· 稳健性重于有效性.

· 数据分析是"数据研究"(data investigation),而传统的统计方法是"数据处理".

"数理处理",意味着按一种既定的程式去处理数据,即套公式;"数据研究"强调人的判断的重要作用:针对具体情况选择较好的方法;必要时做适当的变通;对分析结果的解释采取不盲从而是有批判性的立场等.

1983 年,在伯克利加利福尼亚大学举行的纪念统计学家耐曼和基弗的一次会议上,统计学家休伯发表了一篇题为《名分未定的数据分析》(*Data Analysis in Search of an Identity*) 的文章,仅从这文题就可以看出,对"数据分析究竟是什么" 这个问题,还没有一个清楚的回答,因而,至少在近期内,也就谈不上由它来取代传统统计学的地位而成为发展的主流了.依本书作者的观点看,在一定程度上可以说,"数据分析"的提倡者所主张的,是数理统计学的"艺术化".这倒应了《不列颠百科全书》中"统计学是收集和分析数据的艺术"的说法.因为,图基等人一方面不否认原有统计方法的作用,数据分析论者一般都把现有统计方法视为数据分析的组成部分,另一方面又主张不谨守这些方法中的基本规矩,如概率模型,对不确定性做精确的计算或估计,最优准则和最优解等,他们不是无条件地反对这一些,而是主张对此采取一种灵活的态度:合用则留,不合用则去,而合用或不合用,很大程度上靠人的判断,虽则一般讲这种判断并非依人的好恶,而是与问题的专业知识和经验有关,因而必然含有"艺术"的成分,或者说,把数理统计学的"硬科学"性质软化一些.

这种主张的出现,不完全是出于对统计学研究过分数学化的倾向的一种反动,在很大的程度上与高性能计算机的出现有关.数据分析的基本命题是"从数据中挖掘尽可能多的信息",故而有"数据采掘"(data mining)的提法.其反面的含义是不要把重点放在模型上,或说得确切一些,不要一开始就从某种既定的模型出发,模型应当在对数据充分挖掘的基础上产生,可是如果数据量太少,这个做起来就很难.例如在可靠性分析中某种寿命有了五六个数据,在寿命服从某种分布(如指数分布、威布尔分布之类)的模型下,还可以做些统计分析.如什么也不假定,单从这很少几个数据,就很难挖出什么重要的信息来.同时,数据分析多少有一种"试错"(trial and error) 性质,有时需要分析许多模型或方案,使用多种不同的方法,或者需要进行大量的模拟,这多种结果可与经验和现实比较以决定取舍,所涉及的极大的计算量,在计算机时代以前是不可想象的.计算机提供了这种可能,即打破传统统计方法过多的条条框框的束缚的可能,这为"数据分析"思想的产生准备了最有利的条件.

最有可能的前途或许是:数据分析不大可能发展成一门符合现今数学分支严格性标准的那种"硬"科学分支,而会以一个其领域没有明确界定的实体而存在,其中将包括现行的一些有用的统计方法、数学方法,计算机软件将在其中起重大的作用,也会强调数据分析工作者与其他应用学科保持密切联系的重要性.它不会取代现行的数理统计学,但未来的实用者可能会更多地采用数据分析论者所主张的那种原则和方法去处理他们在工作中涉及的数据处理问题.

几十年来,一些对"数据统计学向何处去"这个问题关心的统计学家,以举办专题讨论会和撰写论文的形式,表达他们对这一问题的看法并提出一些主张.如1967年在美国威斯康星大学举办的"统计学的未来"讨论会,1974年在加拿大埃德蒙顿举办的"统计学的方向"讨论会等,发言的主旨,与前述数据分析论者原则上一样,不外是批评当今理论研究与实际脱节的现象,在应用中拘泥于模型和概率论证等,也提出过一些具体的建议,如拆除(统计)系、学会和杂志的围墙,鼓励其他学科的侵入;杂志编辑部应扩大视野,只发表有用的文章;要研究困难问题,不满足于对简单问题的回答,以及改革统计学教学,多看看具体工作人员是如何分析数据的,等等.这些建议,相当部分已有所实施.笔者20世纪80年代在美国一所大学的统计系做访问学者,考察过该系应用统计课的情况,学生的习题多是取自各应用领域现实数据的分析问题,学生相当多的时间花在计算机房里,利用统计软件来处理这些数据的分析问题.另外,一些统计杂志,如 *Technometrics*,*Biometrics*,以至 *JASA*,其刊载的论文多是与其他实用领域结合的问题,或一般统计方法的问题,纯数学的理论文章比重很小.

1997 年,统计学家休伯发表了一篇题为《对统计学未来的猜测》的文章,休伯是当代有影响的统计学家,他在 20 世纪六七十年代提出的关于位置参数及一般线性模型的稳健估计方法(M 估计),被认为是 20 世纪统计学的重要成就之一.他后来成为"数据分析"这一思潮中的一个重要人物.在上述论文中,他回顾了自图基 1962 年的文章《数据分析的未来》发表后直到现在的几十年间,一部分统计学家对统计学未来发展方向的讨论情况和意见,他自己也提出了两点有意思的看法.

第一,他提出了一种螺旋式的统计学发展的观点.笔者理解他的意思是一个"否定之否定".他画的那条螺线起点是格朗特的《观察》一书(见第 6 章),向外伸展至于无穷. 第一阶段大致上自起点至于卡尔·皮尔逊. 然后经过 Student－费歇尔－耐曼－埃贡·皮尔逊－瓦尔德,统计学由前一阶段描述的性质上升到以严格数学为基础的推断性质,这是一个否定.接着将要出现的是第二个否定,其内容是数据分析,它在一定意义上可视为向第一阶段描述统计的回复,当然是在提高了的意义上.这提高反映在数据分析要吸收前一阶段的成果并有计算机这一有力工具的帮助,这都是早先描述性阶段所不具备的.这一看法的实质是,肯定了数据分析是统计学未来发展的方向.

第二,如果对现今统计学不进行"改革"——这改革是指将统计学的发展转到数据分析的轨道上,统计学可能会发生存在性的危机.他指的是这样一种情况:数理统计学家的工作将不为实用部门的人所注意,统计学将会消融到一些实用科学领域中去,在那里,一些有能力并对统计学抱实用取向的学者,将在各领域内与该领域专家发展针对该领域的统计方法,这种情况与 20 世纪以前统计学的发展情况相似.当时发展统计方法的人都不以为自己是统计学家.他们对自己领域中出现的数据分析问题有兴趣,并常以结合自己专业领域的方式去研究它,高尔顿、威尔登和卡尔·皮尔逊等都是典型的例子.因此,休伯这一观点与其前一观点一样,总的都认为统计学发展有向前一段回归的形势.

对这一切谁也不能肯定或否定.有一点也许是不少人能够认同的:"后费歇尔时代"的统计学确实谈不上有多少突破性的成就.当前的统计学理论研究确有比较显著的与实际脱节的现象,积累了不少矛盾,而这可能意味着,新一轮的突破性进展正在孕育中,它也许就是数据分析?这个恐怕还不能说得太早.

参考文献

［1］HALD A. A history of probability and statistics and their applications before 1750［M］. New York：Wiley，1990.

［2］STIGLER S M. The history of statistics：the measurement of uncertainty before 1900［M］. Cambridge：Belknap Press，1986.

［3］FIENBERG S E，HINKLEY D V. R. A. Fisher：an appreciation，lecture notes in statistics：V. 1［M］. New York：Springer-Verlag，1980.

［4］BOX J F. R. A. Fisher：the life of a scientist［M］. New York：Wiley，1978.

［5］PEARSON E S，KENDALL M G. Studies in the history of statistics and probability［M］. London：Griffin，1970.

［6］瑞德. 耐曼：现代统计学家［M］. 姚慕生，陈克艰，王顺义，译. 上海：上海翻译出版公司，1987.

［7］陈善林，张浙. 统计发展史［M］. 上海：立信会计图书用品社，1987.

［8］CRAMÉR H. Mathematical methods of statistics［M］. Princeton：Princeton University Press，1946.